内容简介

本书介绍了探地雷达(GPR)数值模拟方法及其完全匹配层(PML)边界条件研究现状和发展趋势；系统推导了 Debye 和 Cole-Cole 频散介质 GPR 时域有限元模拟中二阶电磁波动方程及其弱形式、弱形式的空间离散和时间离散及时间域迭代公式；重点阐述了 PML 和复频移完全匹配层(CFS-PML)在 Debye 和 Cole-Cole 频散介质 GPR 模拟中的实现方法及其 GPR 时域有限元模拟算法；开展了典型地电模型的模拟计算，从多角度对比分析了 GPR 高频电磁波在 Debye 和 Cole-Cole 频散介质中的传播特征，以及 CFS-PML 和 PML 的吸收效果，以期推动时域有限元法在复杂频散介质 GPR 高效模拟中的广泛应用。

本书可供从事 GPR 数值模拟研究的相关研究人员参考使用，也可作为高等院校相关专业教师和研究生教学参考用书。书中提供了详细的公式推导和 Matlab 程序，可让研究人员快速进入研究状态，希望研究人员在本书基础上能够开展进一步创新，取得更为丰硕的研究成果。

图书在版编目（CIP）数据

基于完全匹配层边界条件的探地雷达频散介质时域有限元数值模拟方法 / 王洪华，王敏玲，吴祺铭著．北京：地质出版社，2024. 9. -- ISBN 978-7-116-14335-7

Ⅰ. TN959. 1

中国国家版本馆 CIP 数据核字第 2024RC1744 号

JIYU WANQUAN PIPEICENG BIANJIE TIAOJIAN DE TANDI LEIDA PINSAN JIEZHI SHIYU YOUXIANYUAN SHUZHI MONI FANGFA

责任编辑：杨　艺
责任校对：关风云
出版发行：地质出版社
社址邮编：北京市海淀区学院路 31 号，100083
电　　话：（010）66554528（邮购部）；（010）66554590（编辑室）
网　　址：https：//www. gph. clmpg. com
传　　真：（010）66554686
印　　刷：北京地大彩印有限公司
开　　本：710 mm×1000 mm　1/16
印　　张：10. 25
字　　数：220 千字
版　　次：2024 年 9 月北京第 1 版
印　　次：2024 年 9 月北京第 1 次印刷
定　　价：42. 00 元
书　　号：ISBN 978-7-116-14335-7

基于完全匹配层边界条件的探地雷达频散介质时域有限元数值模拟方法

王洪华　王敏玲　吴祺铭　著

地质出版社

·北　京·

前　言

数值模拟是分析探地雷达(Ground Penetrating Radar，GPR)探测问题、研究高频电磁波在地下介质中传播规律的有效手段，基于电磁波波动方程的数值模拟一直是该领域理论研究的热点之一。目前，GPR 数值模拟方法主要有时域有限差分法(FDTD)、时域伪谱法(PSTD)和时域有限元法(FETD)。其中，FETD 以其具有非结构化网格离散复杂地电模型、起伏地表网格剖分的几何离散误差小的优点，在复杂 GPR 模型的数值模拟中得到广泛应用。近年来，GPR 工程检测日益细化，给数值模拟带来快速高精度要求，考虑介质频散特性的 GPR 数值模拟方法得到广泛关注。因此，深入研究频散介质 GPR 高精度数值模拟方法，有助于分析和掌握高频电磁波在频散介质中的传播规律和回波特征，进而提高实测雷达数据的处理与成像精度，对提高雷达资料的解译水平具有重要意义。

本书介绍了 GPR 时域有限元数值模拟理论与方法，开展了非频散介质、Debye 频散介质和 Cole-Cole 频散介质 GPR 时域有限元模拟及其 PML 边界条件实现方法研究，以提高复杂地质结构 GPR 数值模拟精度和效率，推动 GPR 数值模拟方法研究的快速发展，为 GPR 高精度偏移、波形反演等成像方法提供技术支撑。

全书共分为 7 章。第 1 章介绍了研究目的和意义、GPR 数值模拟方法研究现状、完全匹配层边界条件和 FETD 在 GPR 数值模拟研究中的应用现状和进展、频散介质 GPR 数值模拟研究现状和进展。第 2 章介绍了 GPR 方法原理、电磁波波动方程及其本构方程、赫姆霍兹方程及其二阶电磁波动方程和 GPR 数值模拟常用的激励源函数。第 3 章系统阐述了非频散介质 GPR 时域有限元模拟理论与方法，推导了二阶电磁波动方程的弱形式及其时域有限元方程、弱形式的三角形和四边形空间离散方法、中心差分和 Newmark 差分等时间离散方法，给出了相应的时间域迭代公式。第 4 章详细阐述了基于波场分裂/非分裂的常规 PML 和 CFS-PML 边界条件在 GPR 时域有限元模拟中的加载方法，推导了基于 PML 边界条件和 CFS-PML 边界条件的 GPR 时域有限元方程及求解方法，并通过数值算例分析了 PML

和CFS-PML边界条件的吸收效果、复杂GPR模型中高频电磁波的传播特征和三角形网格剖分在时域有限元模拟中的优势。第5章介绍了Debye频散介质GPR时域有限元模拟理论，推导了Debye频散介质中的二阶电磁波动方程及其时域有限元方程求解方法、CFS-PML边界条件实现方法，并通过数值模拟算例对比分析了GPR高频电磁波在复杂Debye频散介质模型中的传播规律及回波特征。第6章介绍了Cole-Cole频散介质GPR时域有限元模拟理论，基于Pade逼近算法推导了Cole-Cole频散介质中的电磁波动方程及其时域有限元方程求解方法、CFS-PML边界条件实现方法，并通过数值模拟算例分析了GPR高频电磁波在复杂Cole-Cole频散介质模型中的传播规律及回波特征和三角形剖分应用于模拟高频电磁波在频散介质中传播的优势。第7章为总结与展望部分，主要对本书的研究成果进行了总结，并对GPR频散介质模拟理论和应用研究方向进行了分析和展望。

本书是在国家自然科学基金(42364010、41604102)，广西自然科学基金(2022GXNSFAA035595、2020GXNSFAA159121、2016GXNSFBA380082)和桂林理工大学出版基金的联合资助下完成的。

由于作者水平有限，书中难免存在疏漏、不足之处，敬请广大读者批评指正。

王洪华

2024年7月于桂林理工大学

目　　录

第1章 绪　　论

1.1 研究目的和意义

探地雷达（Ground Penetrating Radar，GPR）作为一种以介质电磁性质差异为物理前提的高频电磁（10 MHz~10 GHz）探测技术，一直是浅层结构精细探测的重要电磁地球物理方法之一。与其他地球物理方法相比，GPR 具有探测效率高、分辨率高、实时成像、无损探测等优点，几十年来被广泛应用于工程检测、水文地质调查、文物考古、环境检测等领域，解决了很多工程实际问题[1~5]。数值模拟是分析复杂 GPR 探测问题、研究高频电磁波在复杂介质中传播规律和回波特征的有效手段[6]。通过数值模拟既可获得高频电磁波在复杂介质中的传播规律，分析不同电性和尺寸目标体的 GPR 响应特征，为准确解译实测 GPR 资料提供参考；又可为开展高精度 GPR 偏移、层析成像、全波形反演等研究提供高效的电磁波场模拟方法，且数值模拟精度和计算效率直接影响成像质量和效率[7~9]。

近年来，GPR 工程检测日益细化和快速高精度要求，给当前 GPR 数值模拟研究带来巨大机遇和极大挑战。主要表现之一：GPR 探测对象如岩石、混凝土、土壤等大多具有频散特性，其相对介电常数不是一个固定的常数，而是关于电磁波频率的复函数，与高频电磁波在非频散介质中的传播特征相比，高频电磁波在频散介质中传播时，电磁波的能量、频率、相位、走时等均会发生显著变化[10~12]。因而，在 GPR 数值模拟研究中考虑介质的频散特征可有效匹配实测 GPR 信号的振幅、频率、走时、相位等参数，有助于提高实测数据的偏移、层析成像、全波形反演的精度和可靠性[13~17]。主要表现之二：目前 GPR 数值模拟方法大多采用规则网格对地电模型进行离散，规则网格大多采用阶梯状网格近似离散不规则界面，几何离散误差较大，模拟精度低；若要减小几何离散误差，提高模拟精度，剖分网格数则急剧增大，降低计算效率[18~20]。对于复杂地电模型的高效模拟，通常难以在模拟精度和计算效率之间取得平衡。

因此，深入研究频散介质 GPR 高效数值模拟方法，分析 GPR 高频电磁波在复杂地质结构中的传播规律及其回波特征，实现复杂地质结构的 GPR 高效数值模拟，将有助于提高实测 GPR 资料处理与解译水平，促进 GPR 技术的快速发展，具有较高的理论和实际应用价值。

1.2 探地雷达数值模拟方法研究现状

GPR 高频电磁波探测的理论基础是 19 世纪 80 年代由英国物理学家麦克斯韦提出的麦克斯韦方程组，但利用数值模拟方法开展电磁波场模拟研究却是近几十年的事。近几十年来，国内外学者针对电磁波场模拟问题，先后提出以有限差分法、伪谱法和有限元法为主的一系列数值模拟方法，这些方法各有优势特色[6]。根据求解域的不同，GPR 数值模拟主要分为频率域和时间域两大类。由于频率域模拟虽然公式推导较为简单，但涉及许多频点的多次重复计算，计算效率降低[21]。考虑到 GPR 属于时间域电磁探测方法，因而时域有限差分法（Finite Difference Time Domain，FDTD）、时域伪谱法（Pseudo Spectral Time Domain，PSTD）、时域有限元法（Finite Element Time Domain，FETD）在 GPR 数值模拟领域得到广泛关注[22]。

FDTD 最早是由加拿大麦吉尔大学的 Yee 博士提出的，该方法以差分原理为基础，通过将时空域电磁场的微分算子用微商代替进行离散，从而将连续变量的偏微分方程转化为只含有限个未知数的差分方程，并把相应的差分方程的解作为边值问题的数值近似解[23]。FDTD 因其原理简单、计算效率高、编程易实现等优点，而成为 GPR 数值模拟应用最广泛、最成熟的方法[24]。国内外众多学者利用 FDTD 方法开展了二、三维地电模型的模拟计算[25~29]，分析了金属管线[30]、隧道衬砌病害[31,32]、沥青混凝土[33]、供水管线渗漏[34]模型中高频电磁波的传播规律和回波特征。然而常规 FDTD 应用于 GPR 数值模拟时存在以下不足：一是 FDTD 模拟时大多采用正方形或立方体网格离散地电模型，对管状体、球体、起伏界面等不规则目标体进行离散会产生网格阶梯近似，带来明显的网格离散误差[35]。虽然加大网格密度可减弱网格离散误差、提高网格离散精度，但会造成网格数目明显增大，降低计算效率。为提高复杂几何结构模型的模拟精度，近年来弹性波数值模拟领域中的许多不规则网格剖分如亚网格[36]、贴体网格[37]、旋转网格[38]技术被引入 GPR 数值模拟中。与常规 Yee 网格相比，贴体网格能够完美匹配目标体的不规则界面和起伏地表，使得复杂地电模型的几何离散误差更小、数值色散更弱，不规则界面产生的散射能量更弱，有效提高了数值模拟精度[39]。应用基于旋转网格的 FDTD 进行 GPR 模拟可在满足稳定性条件的情况下，增大时间步长，提高计算效率[40]。亚网格技术可根据物性变化剧烈程度，分别采用细网格和粗网格剖分，在保证计算效率的同时，提高模拟精度[41]。二是常规中心差分仅仅具有二阶精度，应用于复杂地电模型的模拟时，计算精度有限。为此，一些学者在常规 FDTD 算法基础上，提出了高阶差分、交替方向隐式 FDTD、局部一维时域有限差分（LOD-

FDTD)等方法，并被广泛应用于 GPR 数值模拟，极大地改善了数值色散问题，提高了正演模拟精度[42~46]。

PSTD 最早由 Kreiss 和 Oliger(1972)[47]提出，并在弹性波正演模拟领域得到广泛应用[48~50]，其基本原理可看作是高阶 FDTD 在空间差分阶数达到无穷时的极限情况，通过利用快速傅里叶变换将空间与电磁波变换为傅里叶级数的展开形式，避免了空间求导和差分计算，只需在时间上作差分计算。Liu(1997)[51]首次实现了 PSTD GPR 数值模拟，并通过数值实验发现：相比 FDTD，PSTD 在达到同等模拟精度时采用的节点和内存更少，模拟效率更高。Fan 等(2002)[52]提出了一种适合模拟非规则目标体和起伏地表模型的多域 PSTD 算法；姜永金等(2006)[53]将变空间的 PSTD 应用于 GPR 模拟，只需在每个波长内剖分 3 个网格，就可达到 FDTD 的模拟精度，有效提高了计算效率。然而，应用 PSTD 开展 GPR 模拟时大多采用与 FDTD 类似的正方形或立方体网格，同时存在 Gibbs 效应[54]。为克服上述缺点、提高计算精度和效率，基于 Chebyshev 多项式插值的 PSTD 算法被提出并应用于 GPR 模拟[55]，提高了模拟精度；快速傅里叶变换的应用进一步提高了 GPR 模拟效率[56~57]。各种并行技术广泛应用于基于 PSTD 的 GPR 正演模拟[58~60]。

在 FDTD 和 PSTD 被广泛应用于 GPR 正演模拟的同时，一些学者也开发了许多新型的 GPR 波动方程正演模拟方法，如时域辛算法[61]、时域谱元法[62]、FETD[63~64]、时域无网格法等[65~66]。其中，时域辛算法具有保持总能量不变的优点，相比 FDTD，其计算精度得到有效提高。FETD 可利用不规则网格实现复杂几何结构地电模型高精度离散，模拟精度高，但由于需要求解大型稀疏线性方程组，其计算效率低。相比 FETD，时域无网格法只需要节点，不需要单元，且可采用高阶插值函数，具有前处理简单、解高次连续等优点。

1.3　探地雷达时域有限元法数值模拟研究现状及进展

FETD 相比于 FDTD 和 PSTD，是较晚应用于 GPR 模拟的数值方法[67]。在地球物理数值模拟领域，FETD 最开始应用于弹性波和声波数值模拟[68~70]。相比于 FDTD 和 PSTD 大多直接离散麦克斯韦方程(一阶电磁波动方程)，求解变量多，计算内存需求较大；且 Yee 网格离散复杂介质结构，阶梯状网格会产生较大的几何离散误差，数值频散严重，在模拟强非均匀介质时会出现数值不稳定现象[71~73]。而 FETD 大都求解二阶电磁波动方程，求解变量较少，降低计算内存，提高计算效率；而且可采用非结构化网格离散复杂地质结构，减少模型离散误差，提高模拟精度[74~78]。因而，在 FETD 广泛应用于地震波数值模拟的同时，借鉴电磁波与弹性波传播规律和观测方式的相似性，国内外一些学者开始将 FETD 引入 GPR 数值模拟领域，并开展了一系列典型地电模型的模拟计算[63,79~84]。上述研究大多基于矩形网格和线性基函数的 FETD，难以实现复杂地电模型的快速高精度模拟。为此，国内外学者对常规 FETD 方法进行了一系列改进，以提高模拟精度。首先在网格剖分上，非结构化三角形网格[85~87]、非规则四边形网格[6]用于离散复杂 GPR 模型时的几何离散误差更小，可在保证模拟精度的同时，降低网格节点数量，提高计算效率。其次在插值基函数的选择上，高阶拉格朗日插值基函数[62,88]、小波插值基函数[89~91]等高阶插值基函数已经被成功应用于 FETD 正演模拟中，数值试验结果表明：相同节点数目条件下，高阶插值基函数与 FETD 结合，可有效提高 GPR 模拟精度。目前，FETD 及其改进方法被广泛应用于复杂地质结构的 GPR 模拟，成为研究分析 GPR 高频电磁波在复杂地质结构中传播特征的有效手段[18,76,92,93]。

1.4　完全匹配层边界条件研究现状及进展

由于计算机内存空间的有限性，利用数值模拟方法求解 GPR 波动方程时，不完善的空间数值截断会产生明显的虚假反射，严重影响 GPR 模拟的精度[26,64,94~97]。早期的旁轴近似边界条件[98,99]、Sarma 边界条件[100]、Mur 吸收边界条件[101,102]对模型截断边界产生的超强反射能量吸收效果不佳[90]。发展高效、高精度的吸收边界条件是目前 GPR 数值模拟的研究热点。

Berenger（1994）[103]在电磁波场模拟中提出的完全匹配层（Perfect Matched Layer，PML）边界条件是众多边界条件中吸收效果最好的边界条件，其基本原理是通过在计算网格外边界加载一种非物理的吸收介质，从而达到电磁波在 PML 层内按指数规律衰减的目的。自 PML 边界条件被提出以来，PML 边界条件被广泛应用于 GPR 数值模拟中[6,72,104~109]。但 Berenger 提出的 PML 理论体系是非 Maxwell 方程且物理机制模糊，同时其电磁场分裂计算增加了计算内存与数值实现的难度[90,110]。为此，Chew 和 Liu（1996）[111]通过引入复数伸展坐标系对 PML 边界条件进行公式化，证明了 PML 的本质是在复拉伸坐标系中进行坐标变换，避免了电磁场分裂，推导过程简单，更易理解。Sacks 等（1995）[112]和 Gedney（1996）[113]通过在 PML 层内引入各向异性介质，提出了单轴各向异性完全匹配层（Uniaxisal PML，UPML）边界条件。相比于传统 PML 边界条件，UPML 边界条件虽然与传统 PML 边界条件具有等价的吸收性能[114]，但避免了电磁场分裂，减弱了数值实现难度[27,43,92,115]。然而，PML 和 UPML 边界条件离散化后的反射系数不严格为零，特别是当激励源靠近边界、大偏移距接收等条件下，电磁波以近掠射角进入 PML 界面，会造成大量虚假反射[116]。为此，Kuzuoglu 和 Mittra（1996）[117]通过改进坐标变换关系，提出了复频移完全匹配层边界条件(Complex Frequency Shifted PML，CFS-PML)[118]。数值计算结果表明，相比于常规 PML 和 UPML，CFS-PML 更能有效吸收掠射波和低频波。Wrenger(2002)[119]比较了 PML 和 CFS-PML 边界条件的吸收效果，验证了 CFS-PML 边界条件在吸收倏逝波的可行性和有效性。目前，CFS-PML 边界条件在 GPR 正演模拟中得到了广泛应用[26,97,120,121]。

应用 CFS-PML 边界条件在时间域中求解复拉伸坐标系下的 GPR 波动方程时，常规分裂场形式的 PML 实现方法提高了数值实现的难度，增加了计算内存[6,78]。为此，一些非分裂形式的 CFS-PML 实现方法相继被提出，如卷积 PML[122]、递归积分 PML[95]、匹配 Z 变换 PML[123]和辅助微分方程 PML[124]。卷积 PML 通过利用递推方法来计算时域 PML 方程中出现的卷积项来实现，可避免直接计算卷积。递归积分 PML 采用递归积分离散时域 PML 方程中出现的卷积项，相比卷积 PML 实现方法，减少了计算量[118,125]。上述两种方法都属于近似法，且辅助变量的计算涉及当前步之前的多个时间步的电磁场值，增加了实现难度和计算内存。与卷积 PML 利用傅里叶变换推导时间域 PML 方程不同，匹配 Z 变换 PML 考虑到时间域内的卷积运算等价于 Z 域的乘法运算，通过 Z 变换推导时间域 PML 方程，其推导过程更为简单，实现更为方便[126]。辅助微分方程 PML 通过引入辅助变量来构建辅助微分方程，以避免时间域卷积项的计算，具有计算精度高的优点[90]。目前，通过辅助微分方程实现 CFS-PML 边界条件在电磁波和弹性波领域得到广泛应用[127~131]。然而，现有的辅助微分方程 PML 实现方法中引入的辅助变量较多，推导过程复杂，不易被推广。加之，上述 CFS-PML 边界条件实现方法大多在 FDTD 数值模拟中得到成功应用，如何将 CFS-PML 边界条件与 FETD 结合并应用于 GPR 数值模拟中，是当前 GPR 理论研究的热点。

1.5 频散介质探地雷达数值模拟研究现状及进展

在利用数值模拟方法开展非频散介质 GPR 数值模拟的同时，国内外学者考虑实际介质的频散特性，在频散介质 GPR 数值模拟方面开展了一系列卓有成效的研究。由于频率域中电位移矢量可表示为电场强度与复相对介电常数的乘积，因而在频率域开展频散介质 GPR 模拟具有原理简单和易实现的优点[15,132,133]，频率域有限差分法(Finite Difference Frequency Domain，FDFD)被应用于 Debye 频散介质 GPR 数值模拟，对比分析了 GPR 高频电磁波在频散介质中的传播特征[134~136]；具有非结构化网格剖分灵活性的频率域有限元法(Finite Element Frequency Domain，FEFD)也开始应用于 Debye、Cole-Cole 频散介质 GPR 数值模拟中，取得了良好效果[133,137]。然而，应用频率域数值模拟方法开展频散介质 GPR 数值模拟时，涉及许多频点的多次重复计算，降低了计算效率。虽然时间域中电位移矢量表示为电场强度与复相对介电常数的卷积，但借助辅助微分方程法可避免卷积计算，而且时间域模拟可利用当前时刻前多个时间步的电磁场来迭代求解当前时刻的电磁场，可显著提高计算效率。因而，利用时间域数值模拟方法如 FDTD[138~141]、PSTD[10,52,142]、时域辛算法[143~145]等分析高频电磁波在 Debye 和 Dude 频散介质中传播规律和异常体响应特征得到了广泛应用[29,92,106,146~153]。

相比于 Debye、Lorentz 与 Drude 频散介质模型，Cole-Cole 模型与实际介质的频散特性更加相符[72,154]，因而开展 Cole-Cole 频散介质的 GPR 数值模拟研究也得到重视，Giannakis 等(2012)[151]提出了一种应用多级 Debye 频散介质模型的线性组合拟合 Cole-Cole 频散介质模型方法，该方法拟合精度高，可较好地应用于 Cole-Cole 频散介质 GPR 数值模拟中。针对 Cole-Cole 频散介质时域模拟公式中出现时间分数阶导数、常规时间差分难以直接离散的问题，Rekanos 和 Papadopoulos(2010)[155]引入了 Pade 逼近算法对分数阶幂函数进行有理逼近，将含有分数阶导数的频率域 Cole-Cole 频散介质电磁波方程函数转化为一组只含整数解导数的频率域 Cole-Cole 频散介质电磁波动方程，方便时域转化的离散求解；数值试验结果表明，Pade 逼近的 Cole-Cole 频散介质的相对介电常数与真实相对介电常数非常拟合，误差非常微小，可较好地应用于 Cole-Cole 频散介质 GPR 时域模拟中。王洪华等(2018)[156]基于 Pade 逼近算法和 FETD 开展了 Cole-Cole 频散介质 GPR 数值模拟研究，分析了 GPR 高频电磁波在 Cole-Cole 频散介质中的传播规律和目标体回波特征。

1.6　本书结构和主要研究工作

本书针对频散介质 GPR 高精度模拟问题，基于 FETD 开展了非频散介质、Debye 频散介质、Cole-Cole 频散介质的 GPR 数值模拟研究，系统推导了 GPR 时域有限元模拟理论及其 PML 和 CFS-PML 边界条件加载方法，详细推导了 Debye 和 Cole-Cole 频散介质的 GPR 时域有限元模拟公式及时空离散方法；开展了一系列典型地电模型的数值测试，从多角度分析了方法的正确性和有效性、PML/CFS-PML 边界条件的吸收效果和 Debye/Cole-Cole 频散介质中 GPR 高频电磁波的传播特征。基于上述内容，具体到各章节的内容安排如下：

第 1 章介绍了研究目的和意义、GPR 数值模拟方法研究现状、完全匹配层边界条件和时域有限元法在 GPR 数值模拟研究中的应用现状和进展、频散介质 GPR 数值模拟研究现状和进展。

第 2 章介绍了 GPR 方法原理、电磁波波动方程及其本构方程、赫姆霍兹方程及其二阶电磁波动方程和 GPR 数值模拟常用的激励源函数。

第 3 章系统阐述了非频散介质 GPR 时域有限元模拟理论与方法，推导了二阶电磁波动方程的弱形式及其时域有限元方程，弱形式的四边形、三角形网格空间离散方法，中心差分、Newmark 差分时间离散方法，时域有限元方程组的求解，给出了相关时间域迭代公式。

第 4 章详细阐述了基于波场分裂/非分裂的常规 PML 和 CFS-PML 边界条件在 GPR 时域有限元模拟中的加载方法，推导了基于 PML 边界条件和 CFS-PML 边界条件的 GPR 时域有限元方程及求解方法，并通过数值算例分析了 PML 边界条件和 CFS-PML 边界条件加载方法的正确性和有效性及三角形网格剖分在时域有限元模拟中的优势。

第 5 章介绍了 Debye 频散介质 GPR 时域有限元模拟理论，推导了 Debye 频散介质中的二阶电磁波动方程及其时域有限元方程求解方法、CFS-PML 边界条件实现方法，并通过数值模拟算例对比分析了 GPR 高频电磁波在复杂 Debye 频散介质模型中的传播规律及回波特征。

第 6 章介绍了 Cole-Cole 频散介质 GPR 时域有限元模拟理论，基于 Pade 逼近算法推导了 Cole-Cole 频散介质中的电磁波动方程及其时域有限元方程求解方法、CFS-PML 边界条件实现方法，并通过数值模拟算例分析了 Pade 逼近算法用于估计 Cole-Cole 频散介质中的复相对介电常数的有效性和 GPR 高频电磁波在复杂 Cole-Cole 频散介质模型中的传播规律及回波特征。

第 7 章为总结与展望部分，主要对本书的研究成果进行了总结，并对 GPR 频散介质模拟理论和应用研究方向进行了分析和展望。

第2章　探地雷达电磁波基本理论

2.1　探地雷达方法原理

探地雷达(Ground Penetrating Radar，GPR)是一种重要的地球物理高频电磁探测方法，其基本原理是通过发射天线T向地下地质结构(电磁波速度为v)辐射宽频带高频脉冲电磁波，当电磁波遇到不同电性介质分界面或目标体时会发生反射、绕射和散射等现象，电磁波返回地表时会被位于地表、收发天线间距为x的接收天线R接收并记录下来；然后对接收到的电磁波进行信号处理和分析，从而实现地下探测目标的精确定位[6,157,158]，如图2.1所示。

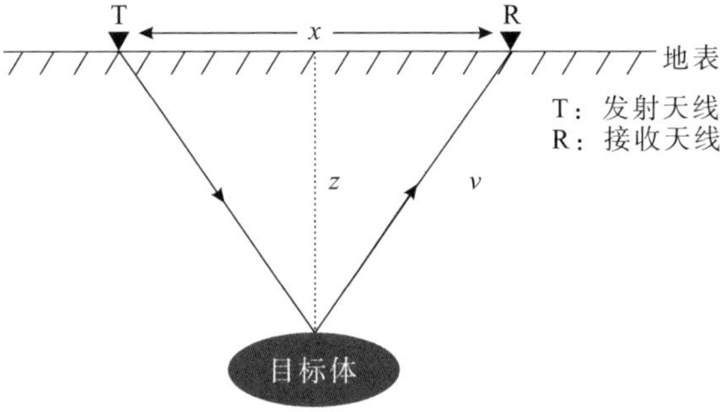

图2.1　GPR探测原理示意图

根据收发天线移动方式的不同，GPR测量方式主要分为剖面法、宽角法和共中心点法[157~159]。剖面法测量方式如图2.2(a)所示，收发天线间距固定不变，同时沿测线方向进行等距离同步移动，具有操作简单、工作效率高，适用于连续、快速和大范围检测的优点，是目前商用探地雷达设备最为广泛应用的测量方式。宽角法是指发射天线(接收天线)固定不动，接收天线(发射天线)按固定步长沿测线方向进行移动的测量方式，如图2.2(b)所示。宽角法测量方式通常采集多偏移距GPR数据，主要用于估计地下介质的电磁波传播速度。相比于剖面法测量方式，宽角法测量方式由于需要多次重复移动天线，故而探测效率低。共中心点法测量方式，顾名思义，收发天线沿测线方向移动过程中，保持地表中心点位置不变，如图2.2(c)所示。共中心点法测量方式与宽角法测量方式类似，通常用于采集多偏移距GPR数据；由于测量过程中需要多次重复移动收发天线，探测效率低。

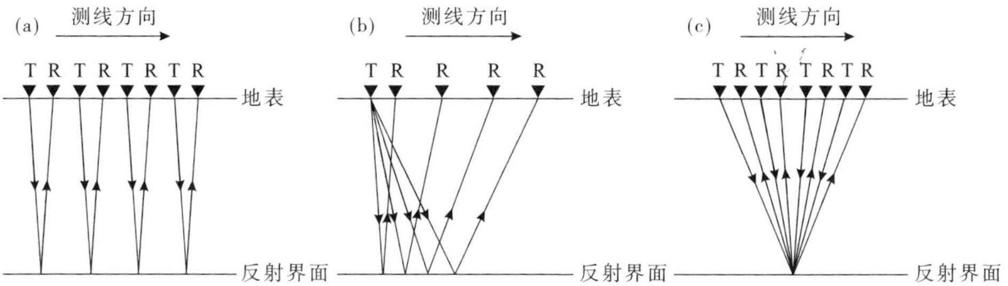

图2.2　GPR测量方式示意图

(a)剖面法；(b)宽角法；(c)共中心点法

GPR 信号根据扫描维数的不同，主要分为 A-Scan、B-Scan 和 C-Scan 3 种数据格式。其中，A-Scan 数据是当收发天线沿测线方向进行移动采集时，在固定测点位置采集的每一道数据或连续记录多道数据后输出的单道平均数据，其通常显示为单道波形图，如图 2.3(a)所示。B-Scan 数据是当收发天线沿测线方向移动并连续采集到多个不同测点位置处的多条 A-Scan 数据的组合，其结果通常显示为波形堆积图、灰度堆积图或彩色堆积图，如图 2.3(b)所示。C-Scan 数据是当收发天线沿多条平行测线对某区域进行三维探测，得到的许多 B-Scan 数据的平行排列组合，通常采用三维图像展示，如图 2.3(c)所示；其中各 B-Scan 剖面图间距为测线间距，能直观地反映出探测数据与测量位置之间的对应关系。

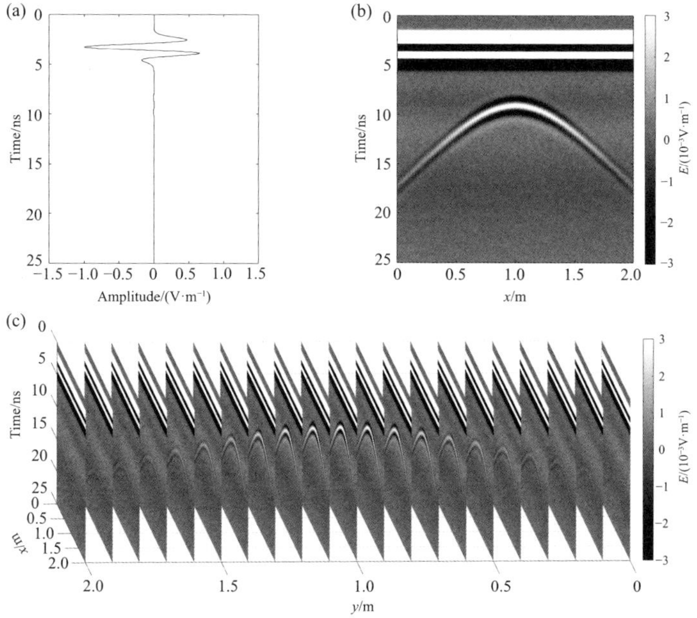

图2.3　GPR数据格式

(a)A-Scan；(b)B-Scan；(c)C-Scan

2.2 电磁波动理论

GPR 作为一种地球物理高频电磁波探测方法，其理论基础是电磁波动理论。电磁学提供的两大基本方程——麦克斯韦方程和本构方程，是描述电磁场与地下介质之间相互作用联系的普遍规律，是电磁波波动理论研究的基础[6,160]。

2.2.1 麦克斯韦方程

麦克斯韦（Maxwell）方程描述了时变电场和磁场之间以及它们与电荷和电流之间相互关系，是研究时变电磁场运动学和动力学的基本方程。微分形式的麦克斯韦方程可表示为[6,160]

$$\begin{cases}\nabla \times \boldsymbol{E} = -\partial \boldsymbol{B}/\partial t \\ \nabla \times \boldsymbol{H} = \boldsymbol{J} + \partial \boldsymbol{D}/\partial t \\ \nabla \cdot \boldsymbol{B} = 0 \\ \nabla \cdot \boldsymbol{D} = \rho\end{cases} \tag{2.1}$$

式（2.1）中：ρ 为电荷密度（C/m^3）；$\boldsymbol{J}$ 为电流密度（A/m^2）；$\boldsymbol{E}$ 为电场强度（V/m）；$\boldsymbol{D}$ 为电位移矢量（C/m^2）；$\boldsymbol{B}$ 为磁感应强度（T）；$\boldsymbol{H}$ 为磁场强度（A/m）。其中，第一个方程为法拉第电磁感应定律，第二个方程为安培电流环路定律，第三个方程为磁荷不存在定律，第四个方程为电场高斯定理。

2.2.2 本构方程

本构方程，也称本构关系，它主要用于描述电磁场各分量之间的关系，取决于电磁场所在介质的性质[6]。介质由分子或原子组成，在电场和磁场的作用下，会产生极化和磁化现象。因此，由于介质的复杂和多样性，本构关系也相当复杂[161]。若介质为均匀、线性和各向同性介质，则其本构关系可表示为

$$\begin{cases}\boldsymbol{J} = \sigma \boldsymbol{E} \\ \boldsymbol{D} = \varepsilon \boldsymbol{E} \\ \boldsymbol{B} = \mu \boldsymbol{H}\end{cases} \tag{2.2}$$

式（2.2）中：σ、ε、μ 分别为介质的电导率（S/m）、介电常数（F/m）和磁导率（H/m），均为标量常量，是描述介质电性性质的主要参数。若介质为非均匀、各向异性和频散介质，σ、ε、μ 不再是一个常量，随电磁波频率或空间位置变化而变化。

本构关系表明，$\boldsymbol{E}$ 和 $\boldsymbol{B}$ 是两个独立的实际场矢量，而 $\boldsymbol{D}$ 和 $\boldsymbol{H}$ 是非独立的引出场矢量。麦克斯韦方程组中的两个旋度方程和两个散度方程正好充分地描述了两个实际矢量场 $\boldsymbol{E}$ 和 $\boldsymbol{B}$ 的运动学规律。将本构关系式代入微分形式的麦克斯韦方程组，则可写成只含有两个矢量场的形式为[6,160]

$$\begin{cases} \nabla \times \boldsymbol{E} = -\mu \partial \boldsymbol{H}/\partial t \\ \nabla \times \boldsymbol{H} = \varepsilon \partial \boldsymbol{E}/\partial t + \boldsymbol{J} \\ \nabla \cdot (\mu \boldsymbol{H}) = 0 \\ \nabla \cdot (\varepsilon \boldsymbol{E}) = \rho \end{cases} \tag{2.3}$$

2.2.3 赫姆霍兹方程

根据麦克斯韦方程组和本构关系，可进一步推导描述电磁场在介质中传播规律的方程。将式(2.1)中第一式两边求旋度，则为

$$\nabla \times \nabla \times \boldsymbol{E} = \nabla \times \left(-\frac{\partial \boldsymbol{B}}{\partial t}\right) \tag{2.4}$$

将式(2.2)中第三式代入式(2.4)，可得

$$\nabla \times \nabla \times \boldsymbol{E} = -\mu \frac{\partial}{\partial t}(\nabla \times \boldsymbol{H}) \tag{2.5}$$

将式(2.1)中第二式代入式(2.5)，可得

$$\nabla \times \nabla \times \boldsymbol{E} = -\mu \frac{\partial}{\partial t}\left(\boldsymbol{J} + \frac{\partial \boldsymbol{D}}{\partial t}\right) \tag{2.6}$$

将式(2.2)中第一式和第二式代入式(2.6)，可得

$$\nabla \times \nabla \times \boldsymbol{E} = -\mu\sigma \frac{\partial \boldsymbol{E}}{\partial t} - \mu\varepsilon \frac{\partial^2 \boldsymbol{E}}{\partial t^2} \tag{2.7}$$

同理，磁场满足的方程可推导为

$$\nabla \times \nabla \times \boldsymbol{H} = -\mu\sigma \frac{\partial \boldsymbol{H}}{\partial t} - \mu\varepsilon \frac{\partial^2 \boldsymbol{H}}{\partial t^2} \tag{2.8}$$

式(2.7)和式(2.8)分别为电场和磁场形式的赫姆霍兹方程。

根据矢量相乘法则得

$$\nabla \times \nabla \times \boldsymbol{A} = -\nabla^2 \boldsymbol{A} + \nabla(\nabla \cdot \boldsymbol{A}) \tag{2.9}$$

二维地电条件下，电磁场的散度为零，即 $\nabla \cdot \boldsymbol{A}=0$，则式(2.9)可写为

$$\nabla \times \nabla \times \boldsymbol{A} = -\nabla^2 \boldsymbol{A} \tag{2.10}$$

将电场和磁场形式的式(2.10)分别代入式(2.7)和式(2.8)可得

$$\nabla^2 \boldsymbol{E} = \mu\sigma \frac{\partial \boldsymbol{E}}{\partial t} + \mu\varepsilon \frac{\partial^2 \boldsymbol{E}}{\partial t^2} \tag{2.11}$$

$$\nabla^2 \boldsymbol{H} = \mu\sigma \frac{\partial \boldsymbol{H}}{\partial t} + \mu\varepsilon \frac{\partial^2 \boldsymbol{H}}{\partial t^2} \tag{2.12}$$

式(2. 11)和式(2. 12)分别为电场和磁场形式的二阶电磁波动方程，它们把电磁场矢量随空间、时间的变化联系在一起，说明电磁场是以波动方式在空间传播的。然而，式(2. 11)和式(2. 12)并没有表达出电场和磁场之间的关系，可见波动方程的解不一定满足麦克斯韦方程组，即不一定是客观存在的电磁波。实际上，通过先从一个波动方程求解出电场或磁场，然后将它代入麦克斯方程组中，从而计算出另一个场，这样就保证了它们是客观存在的电磁场。

2.3 激励源函数

实际 GPR 探测过程中通常利用发射天线激发子波，并向地下进行辐射传播，子波的频带决定着 GPR 探测精度和分辨率。然而，实际发射天线激发的子波通常难以获得，因此，GPR 数值模拟通常将数学上形态特征与实际发射天线发射的子波形态类似的函数作为激励源函数。目前，GPR 数值模拟中，常用的激励源函数主要有布莱克曼-哈里斯脉冲和雷克子波[159]。

2.3.1 布莱克曼-哈里斯（Blechman-Harris）脉冲

布莱克曼-哈里斯脉冲函数为

$$f(t) = \begin{cases} \sum_{n=0}^{3} a_n \cos\left(\frac{2n\pi t}{T}\right) & 0 < t < T \\ 0 & \text{其他} \end{cases} \tag{2.13}$$

式(2. 13)中，T 为激励源持续时间，可表示为

$$T = \frac{1.14}{f_c} \tag{2.14}$$

式(2. 14)中，f_c 为激励源的中心频率。

式(2. 13)中，系数 a_n(n =0，1，2，3)分别为

$$\begin{cases} a_0 = 0.35322222 \\ a_1 = -0.488 \\ a_2 = 0.145 \\ a_3 = -0.010222 \end{cases} \tag{2.15}$$

图 2. 4 展示的是中心频率为 400 MHz 的布莱克曼-哈里斯脉冲函数的时域波形和频谱。

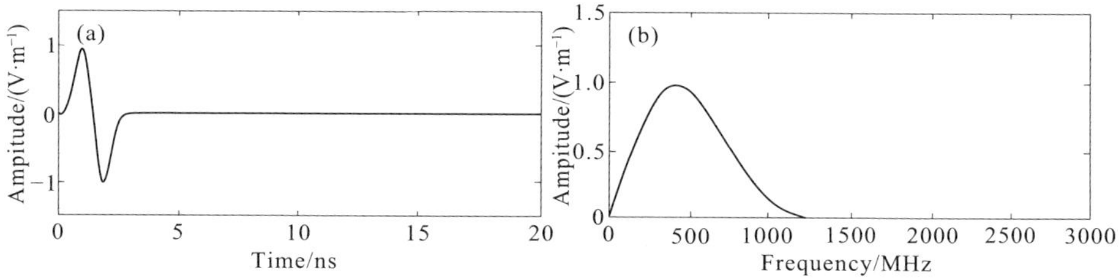

图2.4 中心频率为400 MHz的布莱克曼-哈里斯脉冲时域波形(a)与频谱图(b)

2.3.2 雷克子波

雷克子波(Ricker wavelet)是地震领域与GPR领域中常用的激励源。它是一种零相位子波，其时间域表达式为

$$f(t)=[1-2\pi^2 f_m^2 t^2]\mathrm{e}^{-\pi^2 f_m^2 t^2} \tag{2.16}$$

式(2.16)中，f_m 为激励源的中心频率。

利用傅里叶变换，可得雷克子波的频率域表达式为

$$F(f)=\frac{2f^2}{\sqrt{\pi}\,f_m^2}\mathrm{e}^{f^2/f_m^2} \tag{2.17}$$

假设雷克子波的中心频率为400 MHz，利用式(2.16)和式(2.17)进行计算，获得的雷克子波的时域波形和频谱图如图2.5所示。

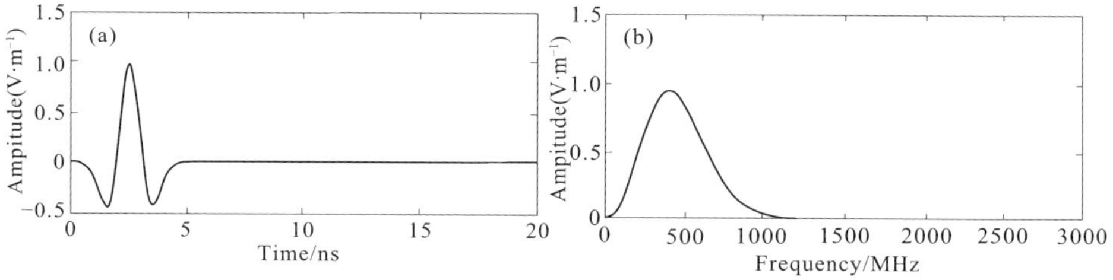

图2.5 中心频率为400 MHz的雷克子波时域波形(a)与频谱图(b)

2.4 本章小结

本章简要介绍了GPR探测原理和测量方式，回顾了电磁波动理论，并基于麦克斯韦方程和本构方程，详细推导了相应的赫姆霍兹方程及其二阶电磁波动方程，给出了GPR数值模拟常用的时域和频域激励源函数，为后面章节的研究提供理论基础。

第 3 章　探地雷达时域有限元数值模拟方法

FETD 是求解麦克斯韦方程或其导出的二阶电磁波动方程的一种重要数值模拟方法，其基本思想是首先从电磁波动方程出发，利用伽辽金(Galerkin)加权余量法或变分法推导二阶电磁波波动方程的弱形式。然后将计算区域剖分成一系列网格单元，在每个单元上利用插值基函数对所有变量进行多项式展开。在此基础上，利用数值积分对波动方程的弱形式进行空间离散，推导相应的时域有限元方程。最后利用差分法对时域有限元方程进行时间离散，从而实现 GPR 电磁波场的时空域迭代求解[159]。FETD 求解过程较为规范，主要包括以下步骤[67]：

1）电磁波动方程弱形式的推导。从麦克斯韦方程组出发，推导待求解的电磁波动方程及其边界条件；利用 Galerkin 加权余量法推导电磁波动方程的弱形式。

2）模型单元剖分。将计算模型剖分成有限个单元，单元类型很多，常见的有四边形单元、三角形单元、四面体单元等。

3）单元插值。根据模拟精度要求，选择合适的插值基函数，常用的有线性基函数、二次基函数等。

4）电磁波动方程弱形式的空间离散。根据选择的剖分单元和插值基函数，计算单元的质量矩阵、阻尼矩阵和刚度矩阵，推导相应的时域有限元方程。

5）时域有限元方程的时间离散。利用中心差分法或 Newmark 差分法对空间离散后形成的时域有限元方程进行时间差分近似，推导出相应的时间域迭代公式。

6）时域有限元方程组的求解。根据边界条件，利用大型稀疏线性方程组求解形成的有限元方程组，获取所有单元节点上的场值。

3.1　直角坐标系下的二阶电磁波动方程

由电磁波理论可知，麦克斯韦方程组中的双旋度方程为[160,162]

$$\begin{cases} \nabla \times \boldsymbol{E} = -\mu \dfrac{\partial \boldsymbol{H}}{\partial t} \\ \nabla \times \boldsymbol{H} = \varepsilon \dfrac{\partial \boldsymbol{E}}{\partial t} + \sigma \boldsymbol{E} \end{cases} \tag{3.1}$$

式(3.1)中电磁场量的旋度在直角坐标系下展开可表示为

$$\nabla \times \boldsymbol{E} = \boldsymbol{i}\left(\frac{\partial E_z}{\partial y} - \frac{\partial E_y}{\partial z}\right) + \boldsymbol{j}\left(\frac{\partial E_x}{\partial z} - \frac{\partial E_z}{\partial x}\right) + \boldsymbol{k}\left(\frac{\partial E_y}{\partial x} - \frac{\partial E_x}{\partial y}\right) \tag{3.2}$$

$$\nabla \times \boldsymbol{H} = \boldsymbol{i}\left(\frac{\partial H_z}{\partial y} - \frac{\partial H_y}{\partial z}\right) + \boldsymbol{j}\left(\frac{\partial H_x}{\partial z} - \frac{\partial H_z}{\partial x}\right) + \boldsymbol{k}\left(\frac{\partial H_y}{\partial x} - \frac{\partial H_x}{\partial y}\right) \tag{3.3}$$

式(3.2)和式(3.3)中：$\boldsymbol{i}$、$\boldsymbol{j}$ 和 $\boldsymbol{k}$ 分别为 x、y 和 z 方向上的单位矢量；E_x、E_y 和 E_z 分别为 x、y 和 z 方向上的电场分量；H_x、H_y 和 H_z 分别为 x、y 和 z 方向上的磁场分量。

将式(3.2)和式(3.3)分别代入式(3.1)中的两式，并整理可得

$$\begin{aligned} \nabla \times \boldsymbol{E} &= \left(\frac{\partial E_z}{\partial y} - \frac{\partial E_y}{\partial z}\right)\boldsymbol{i} + \left(\frac{\partial E_x}{\partial z} - \frac{\partial E_z}{\partial x}\right)\boldsymbol{j} + \left(\frac{\partial E_y}{\partial x} - \frac{\partial E_x}{\partial y}\right)\boldsymbol{k} \\ &= -\mu \frac{\partial H_x}{\partial t}\boldsymbol{i} - \mu \frac{\partial H_y}{\partial t}\boldsymbol{j} - \mu \frac{\partial H_z}{\partial t}\boldsymbol{k} \end{aligned} \tag{3.4}$$

$$\begin{aligned} \nabla \times \boldsymbol{H} &= \left(\frac{\partial H_z}{\partial y} - \frac{\partial H_y}{\partial z}\right)\boldsymbol{i} + \left(\frac{\partial H_x}{\partial z} - \frac{\partial H_z}{\partial x}\right)\boldsymbol{j} + \left(\frac{\partial H_y}{\partial x} - \frac{\partial H_x}{\partial y}\right)\boldsymbol{k} \\ &= \left(\varepsilon \frac{\partial E_x}{\partial t} + \sigma E_x\right)\boldsymbol{i} + \left(\varepsilon \frac{\partial E_y}{\partial t} + \sigma E_y\right)\boldsymbol{j} + \left(\varepsilon \frac{\partial E_z}{\partial t} + \sigma E_z\right)\boldsymbol{k} \end{aligned} \tag{3.5}$$

式(3.4)中相同单位矢量前的系数相同，则其可写为

$$\begin{cases} \dfrac{\partial E_z}{\partial y} - \dfrac{\partial E_y}{\partial z} = -\mu \dfrac{\partial H_x}{\partial t} \\ \dfrac{\partial E_x}{\partial z} - \dfrac{\partial E_z}{\partial x} = -\mu \dfrac{\partial H_y}{\partial t} \\ \dfrac{\partial E_y}{\partial x} - \dfrac{\partial E_x}{\partial y} = -\mu \dfrac{\partial H_z}{\partial t} \end{cases} \tag{3.6}$$

式(3.5)中相同单位矢量前的系数相同，则其可写为

$$\begin{cases} \dfrac{\partial H_z}{\partial y} - \dfrac{\partial H_y}{\partial z} = \varepsilon \dfrac{\partial E_x}{\partial t} + \sigma E_x \\ \dfrac{\partial H_x}{\partial z} - \dfrac{\partial H_z}{\partial x} = \varepsilon \dfrac{\partial E_y}{\partial t} + \sigma E_y \\ \dfrac{\partial H_y}{\partial x} - \dfrac{\partial H_x}{\partial y} = \varepsilon \dfrac{\partial E_z}{\partial t} + \sigma E_z \end{cases} \tag{3.7}$$

假设二维地电结构的走向为 y 轴，如图 3.1 所示，异常体沿 y 轴无限延伸，电磁场分量关于 y 方向的导数均为零，即 $\partial/\partial y = 0$。将其代入式(3.6)和式(3.7)，可得

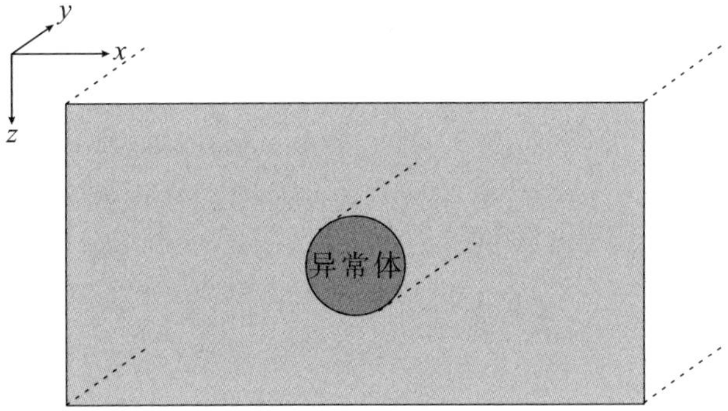

图3.1　二维地电模型示意图

$$\begin{cases} -\dfrac{\partial E_y}{\partial z} = -\mu \dfrac{\partial H_x}{\partial t} \\ \dfrac{\partial E_x}{\partial z} - \dfrac{\partial E_z}{\partial x} = -\mu \dfrac{\partial H_y}{\partial t} \\ \dfrac{\partial E_y}{\partial x} = -\mu \dfrac{\partial H_z}{\partial t} \end{cases} \qquad \begin{cases} -\dfrac{\partial H_y}{\partial z} = \varepsilon \dfrac{\partial E_x}{\partial t} + \sigma E_x \\ \dfrac{\partial H_x}{\partial z} - \dfrac{\partial H_z}{\partial x} = \varepsilon \dfrac{\partial E_y}{\partial t} + \sigma E_y \\ \dfrac{\partial H_y}{\partial x} = \varepsilon \dfrac{\partial E_z}{\partial t} + \sigma E_z \end{cases} \tag{3.8}$$

式(3.8)分解成两组独立的方程组为

$$\begin{cases} \dfrac{\partial H_x}{\partial z} - \dfrac{\partial H_z}{\partial x} = \varepsilon \dfrac{\partial E_y}{\partial t} + \sigma E_y \\ -\dfrac{\partial E_y}{\partial z} = -\mu \dfrac{\partial H_x}{\partial t} \\ \dfrac{\partial E_y}{\partial x} = -\mu \dfrac{\partial H_z}{\partial t} \end{cases} \tag{3.9}$$

$$\begin{cases} \dfrac{\partial E_x}{\partial z} - \dfrac{\partial E_z}{\partial x} = -\mu \dfrac{\partial H_y}{\partial t} \\ -\dfrac{\partial H_y}{\partial z} = \varepsilon \dfrac{\partial E_x}{\partial t} + \sigma E_x \\ \dfrac{\partial H_y}{\partial x} = \varepsilon \dfrac{\partial E_z}{\partial t} + \sigma E_z \end{cases} \tag{3.10}$$

式(3.9)和式(3.10)分别是二维地电条件下横磁波(Transverse Magnetic，TM)和横电波(Transverse Electric，TE)模式对应的电磁波方程组。

将式(3.9)第一式两边进行关于 t 的求导，可得

$$\frac{\partial}{\partial z}\left(\frac{\partial H_x}{\partial t}\right)-\frac{\partial}{\partial x}\left(\frac{\partial H_z}{\partial t}\right)=\varepsilon\frac{\partial^2 E_y}{\partial t^2}+\sigma\frac{\partial E_y}{\partial t} \tag{3.11}$$

将式(3.9)第二式和第三式代入式(3.11)，并整理可得

$$\frac{\partial^2 E_y}{\partial x^2}+\frac{\partial^2 E_y}{\partial z^2}=\mu\varepsilon\frac{\partial^2 E_y}{\partial t^2}+\mu\sigma\frac{\partial E_y}{\partial t} \tag{3.12}$$

将式(3.10)进行反傅里叶变换，转换到频率域可得

$$\begin{cases}\dfrac{\partial \tilde{E}_x}{\partial z}-\dfrac{\partial \tilde{E}_z}{\partial x}=-\mathrm{i}\omega\mu\tilde{H}_y\\[2mm] -\dfrac{\partial \tilde{H}_y}{\partial z}=\mathrm{i}\omega\varepsilon\tilde{E}_x+\sigma\tilde{E}_x\\[2mm] \dfrac{\partial \tilde{H}_y}{\partial x}=\mathrm{i}\omega\varepsilon\tilde{E}_z+\sigma\tilde{E}_z\end{cases} \tag{3.13}$$

式(3.13)中，$\tilde{H}_y$、$\tilde{E}_x$、$\tilde{E}_z$ 分别为 H_y、E_x、E_z 的频率域形式。

将式(3.13)中第二式和第三式分别对 z 和 x 求导，并整理可得

$$\begin{cases}\dfrac{\partial \tilde{E}_x}{\partial z}=-\dfrac{1}{(\mathrm{i}\omega\varepsilon+\sigma)}\dfrac{\partial^2 \tilde{H}_y}{\partial z^2}\\[2mm] \dfrac{\partial \tilde{E}_z}{\partial x}=\dfrac{1}{(\mathrm{i}\omega\varepsilon+\sigma)}\dfrac{\partial^2 \tilde{H}_y}{\partial x^2}\end{cases} \tag{3.14}$$

将式(3.14)代入式(3.13)第一式，可得

$$\frac{1}{(\mathrm{i}\omega\varepsilon+\sigma)}\frac{\partial^2 \tilde{H}_y}{\partial z^2}+\frac{1}{(\mathrm{i}\omega\varepsilon+\sigma)}\frac{\partial^2 \tilde{H}_y}{\partial x^2}=\mathrm{i}\omega\mu\tilde{H}_y \tag{3.15}$$

将式(3.15)两边同乘以$(\mathrm{i}\omega\varepsilon+\sigma)$，并进行反傅里叶变换转换到时间域可得

$$\frac{\partial^2 H_y}{\partial x^2}+\frac{\partial^2 H_y}{\partial z^2}=\mu\varepsilon\frac{\partial^2 H_y}{\partial t^2}+\mu\sigma\frac{\partial H_y}{\partial t} \tag{3.16}$$

将式(3.12)和式(3.16)两边同除以 $\mu\varepsilon$，并整理可得

$$\frac{\partial^2 E_y}{\partial t^2}+\frac{\sigma}{\varepsilon}\frac{\partial E_y}{\partial t}-\frac{1}{\mu\varepsilon}\frac{\partial^2 E_y}{\partial x^2}-\frac{1}{\mu\varepsilon}\frac{\partial^2 E_y}{\partial z^2}=0 \tag{3.17}$$

$$\frac{\partial^2 H_y}{\partial t^2}+\frac{\sigma}{\varepsilon}\frac{\partial H_y}{\partial t}-\frac{1}{\mu\varepsilon}\frac{\partial^2 H_y}{\partial x^2}-\frac{1}{\mu\varepsilon}\frac{\partial^2 H_y}{\partial z^2}=0 \tag{3.18}$$

式(3.17)和式(3.18)分别表示电场和磁场 y 分量满足的二阶时间域电磁波动方程。通过求解式(3.17)和式(3.18)可分别获得电场和磁场的 y 分量，再代入式(3.9)或式(3.10)中的后两式，可计算出电磁场的其他分量。

3.2 二阶电磁波动方程的弱形式

以电场 y 分量满足的二阶时间域电磁波动方程式(3.17)为例，将 E_y 统一写为 E，并将右端加入激励源，则式(3.17)可表示为[79]

$$\frac{\partial^2 E}{\partial t^2}+\frac{\sigma}{\varepsilon}\frac{\partial E}{\partial t}-\frac{1}{\mu\varepsilon}\frac{\partial^2 E}{\partial x^2}-\frac{1}{\mu\varepsilon}\frac{\partial^2 E}{\partial z^2}=S \tag{3.19}$$

式(3.19)中，S 为激励源函数。

根据 Galerkin 加权余量法，当 E 为非严格解时，将其代入式(3.19)中，所得结果不为零，相应的加权余量 R 为[67]

$$R=\frac{\partial^2 E}{\partial t^2}+\frac{\sigma}{\varepsilon}\frac{\partial E}{\partial t}-\frac{1}{\mu\varepsilon}\frac{\partial^2 E}{\partial x^2}-\frac{1}{\mu\varepsilon}\frac{\partial^2 E}{\partial z^2}-S \tag{3.20}$$

用试函数 φ 乘以式(3.20)并沿计算区域进行积分，可得

$$R=\iint_{\Omega}\varphi\left(\frac{\partial^2 E}{\partial t^2}+\frac{\sigma}{\varepsilon}\frac{\partial E}{\partial t}-\frac{1}{\mu\varepsilon}\frac{\partial^2 E}{\partial x^2}-\frac{1}{\mu\varepsilon}\frac{\partial^2 E}{\partial z^2}-S\right)\mathrm{d}\Omega \tag{3.21}$$

根据高斯积分理论，函数乘积的分部积分公式为

$$\begin{cases}\displaystyle\iint_{\Omega}\varphi\frac{\partial E}{\partial x}\mathrm{d}x\mathrm{d}z=-\iint_{\Omega}\frac{\partial\varphi}{\partial x}E\,\mathrm{d}x\mathrm{d}z+\int_{\Gamma}\varphi E n_x\,\mathrm{d}\Gamma\\ \displaystyle\iint_{\Omega}\varphi\frac{\partial E}{\partial z}\mathrm{d}x\mathrm{d}z=-\iint_{\Omega}\frac{\partial\varphi}{\partial z}E\,\mathrm{d}x\mathrm{d}z+\int_{\Gamma}\varphi E n_z\,\mathrm{d}\Gamma\end{cases} \tag{3.22}$$

式(3.21)和式(3.22)中：Ω 和 Γ 分别为计算区域及人工截断边界条件；n_x、n_z 分别为计算区域 x 方向和 z 方向上的边界外法向量。

将式(3.22)代入式(3.21)，并整理可得

$$\begin{aligned}R=&\int_{\Omega}\frac{\partial^2 E}{\partial t^2}\varphi\mathrm{d}\Omega+\int_{\Omega}\frac{\sigma}{\varepsilon}\frac{\partial E}{\partial t}\varphi\mathrm{d}\Omega-\int_{\Gamma}\frac{1}{\mu\varepsilon}\left(\frac{\partial E}{\partial x}n_x+\frac{\partial E}{\partial z}n_z\right)\varphi\mathrm{d}\Gamma\\&+\int_{\Omega}\frac{1}{\mu\varepsilon}\left(\frac{\partial E}{\partial x}\frac{\partial\varphi}{\partial x}+\frac{\partial E}{\partial z}\frac{\partial\varphi}{\partial z}\right)\mathrm{d}\Omega-\int_{\Omega}S\varphi\,\mathrm{d}\Omega\end{aligned} \tag{3.23}$$

令上述加权余量 R 为零，并整理可得

$$\begin{aligned}&\int_{\Omega}\frac{\partial^2 E}{\partial t^2}\varphi\mathrm{d}\Omega+\int_{\Omega}\frac{\sigma}{\varepsilon}\frac{\partial E}{\partial t}\varphi\mathrm{d}\Omega-\int_{\Gamma}\frac{1}{\mu\varepsilon}\left(\frac{\partial E}{\partial x}n_x+\frac{\partial E}{\partial z}n_z\right)\varphi\mathrm{d}\Gamma\\&+\int_{\Omega}\frac{1}{\mu\varepsilon}\left(\frac{\partial E}{\partial x}\frac{\partial\varphi}{\partial x}+\frac{\partial E}{\partial z}\frac{\partial\varphi}{\partial z}\right)\mathrm{d}\Omega=\int_{\Omega}S\varphi\,\mathrm{d}\Omega\end{aligned} \tag{3.24}$$

假设模型人工截断边界 Γ 的电场值为零，应用狄利克雷(Dirichlet)边界条件，式(3.24)可变为

$$
\begin{aligned}
&\int_{\Omega}\frac{\partial^2 E}{\partial t^2}\varphi \mathrm{d}\Omega + \int_{\Omega}\frac{\sigma}{\varepsilon}\frac{\partial E}{\partial t}\varphi \mathrm{d}\Omega + \int_{\Omega}\frac{1}{\mu\varepsilon}\left(\frac{\partial E}{\partial x}\frac{\partial \varphi}{\partial x} + \frac{\partial E}{\partial z}\frac{\partial \varphi}{\partial z}\right)\mathrm{d}\Omega \\
&= \int_{\Omega} S\varphi \,\mathrm{d}\Omega
\end{aligned}
\tag{3.25}
$$

式(3.25)即为二阶电磁波动方程式(3.19)对应的弱形式。GPR 数值模拟通常需在人工截断边界上施加吸收边界条件，以压制虚假反射波[78]。吸收边界条件的加载方式将在下章详细介绍。

3.3 弱形式的空间离散

实现电磁波动方程弱形式空间离散的关键是计算模型的精确网格剖分。网格剖分的优劣直接影响着 FETD 模拟精度和效率。网格剖分方法有两种，即规则结构化网格和非规则非结构化网格[6]。规则网格如矩形网格可按固定的单元和节点编号自动生成，具有网格剖分效率高的优点，但利用规则网格离散复杂地质结构时大多采用阶梯状网格近似起伏界面，模型几何离散误差大，模拟精度低；加密网格可有效减小网格几何离散误差，但单元和网格节点数急剧增大，计算效率降低[41]。可见，利用矩形网格开展复杂地质结构 GPR 模拟时通常难以在模拟精度和计算效率之间取得平衡。为此，非结构化网格应运而生，非结构化网格打破了结构化网格的结构性限制，节点和单元可任意分布，对复杂地质结构的网格离散具有更大的灵活性，而且在非结构化网格中删除或加入节点更容易，方便合理调整网格的疏密程度[163]。但是非结构化网格相比于规则网格生成效率低，所以通常采用 Matlab、Comsol、CFD 等商业软件实现复杂地质结构的非结构化网格离散。

3.3.1 基于 Comsol 软件的非结构化网格剖分

Comsol 软件是非结构化网格剖分应用最为广泛的商业数值模拟软件之一，在地球物理数值模拟中得到广泛应用[6,164]。利用 Comsol 软件通常可将计算区域剖分成三角形网格、四边形网格、六面体网格、四面体网格等结构化网格和非结构化网格，网格大小可随空间位置变化而变化，具有很好的网格剖分灵活性。无论网格形状是否规则，最终可通过映射变换从物理区域变换到规则的标准求解区域。然后，将每个单元变换到标准区域进行数值积分，从而实现波动方程弱形式的空间离散。

Comsol 软件可实现复杂 GPR 模型的非结构化网格剖分，且具有操作简单、清晰直观的优点。下面以一个大小为 1.0 m × 1.0 m 的正方形模型为例，详细介绍利用该软件进行模型非结构化网格剖分的主要步骤。

（1）建立模型环境

首先选择空间维度，选取空间维度为“二维”，由于仅需利用 Comsol 来实现非结构化网格剖分，可不选择物理场，直接点击“完成”后，进入 Comsol 的操作界面。

（2）定义几何参数

在模型开发器处右键点击“几何”选项，创建正方形模型。在“设置”界面确定模型大小信息，如设置正方形边长为 1.0 m，且将左下角基准点设置为 $x = 0$ m，$z = 0$ m。模型正中心位置(0.5 m，0.5 m)设置一个网格节点，作为后续 GPR 数值模拟中激励源空间位置。

（3）网格剖分

在上侧工具栏中选取“网格”选项，选择自由三角形网格，设置三角形网格剖分大小。实际模拟过程中，在“设置”窗口选择三角形网格最大单元大小为 0.01 m，三角形网格剖分方法为 Delaunay 剖分。

（4）网格信息导出

完成网格剖分后，右键“网格”选项，在“导出”窗口中选择要导出的数据，由于在 GPR 数值模拟中，需要使用到“顶点单元”与“边界单元”信息，将其选中后以“.mphtxt”文件类型导出。在此基础上，使用 Matlab 软件读取导出的网格剖分数据，提取节点信息与网格信息。

图 3.2 为二维地电模型利用四边形网格和三角形网格进行空间离散的网格剖分示意图。

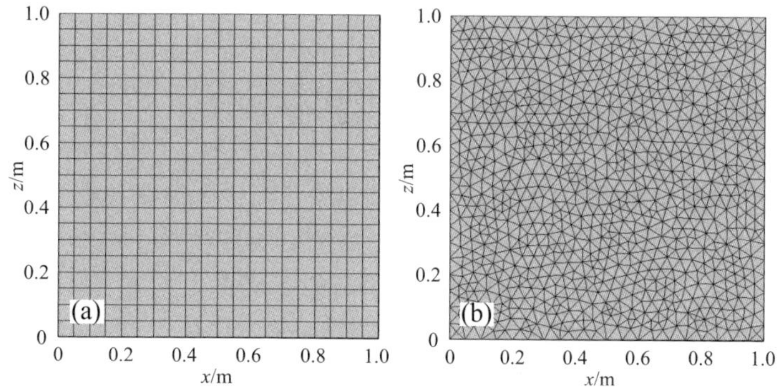

图3.2　四边形网格(a)和三角形网格(b)剖分示意图

3.3.2　四边形单元分析与总体合成

计算模型被剖分成多个四边形网格单元后，可将任一子单元 e 映射到求解

母单元上，如图 3.3 所示。则四边形单元上 4 个节点的形函数可表示为[67]

$$\begin{cases} N_1^e = \dfrac{1}{4}(1-\xi)(1+\eta) \\ N_2^e = \dfrac{1}{4}(1-\xi)(1-\eta) \\ N_3^e = \dfrac{1}{4}(1+\xi)(1-\eta) \\ N_4^e = \dfrac{1}{4}(1+\xi)(1+\eta) \end{cases} \tag{3.26}$$

式(3.26)中，ξ 和 η 为母单元的坐标。

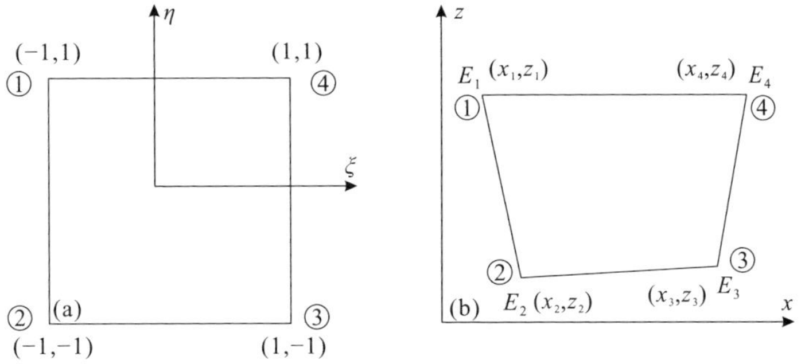

图3.3　母单元和子单元映射关系示意图

(a)母单元；(b)子单元

子单元内的坐标可表示为

$$\begin{cases} x = N_1^e x_1 + N_2^e x_2 + N_3^e x_3 + N_4^e x_4 = \sum\limits_{i=1}^{4} N_i^e x_i \\ z = N_1^e z_1 + N_2^e z_2 + N_3^e z_3 + N_4^e z_4 = \sum\limits_{i=1}^{4} N_i^e z_i \end{cases} \tag{3.27}$$

假设四边形子单元上 4 个节点的电场值为 $E_i(i = 1,\ 2,\ 3,\ 4)$，如图 3.3 所示，则单元内的电场值可表示为

$$E_e(x,\ z) = N_1^e E_1 + N_2^e E_2 + N_3^e E_3 + N_4^e E_4 = \sum_{i=1}^{4} N_i^e E_i \tag{3.28}$$

根据 Galerkin 法，用插值基函数式(3.26)开展电场 E，取试函数 $\varphi = N_i^e$，将式(3.27)和式(3.28)代入任一单元的式(3.25)，则有如下的单元积分：

$$\begin{aligned} &\int_{\Omega^e} N_i^e \frac{\partial^2}{\partial t^2}\left(\sum_{j=1}^{4} N_j^e E_j\right) \mathrm{d}\Omega + \int_{\Omega^e} \frac{\sigma}{\varepsilon} N_i^e \frac{\partial}{\partial t}\left(\sum_{j=1}^{4} N_j^e E_j\right) \mathrm{d}\Omega \\ &+ \int_{\Omega^e} \frac{1}{\mu\varepsilon}\left[\frac{\partial N_i^e}{\partial x}\left(\sum_{j=1}^{4} E_j \frac{\partial N_j^e}{\partial x}\right) + \frac{\partial N_i^e}{\partial z}\left(\sum_{j=1}^{4} E_j \frac{\partial N_j^e}{\partial z}\right)\right] \mathrm{d}\Omega = \int_{\Omega^e} N_i^e \left(\sum_{j=1}^{4} S_j N_j^e\right) \mathrm{d}\Omega \end{aligned} \tag{3.29}$$

式(3.29)中，Ω^e 为单元 e 的面积。

将式(3.29)进一步整理可得

$$\begin{aligned}&\sum_{j=1}^{4}\frac{\partial^2 E_i}{\partial t^2}\int_{\Omega^e}N_iN_j\mathrm{d}x\mathrm{d}z+\sum_{j=1}^{4}\frac{\partial E_i}{\partial t}\int_{\Omega^e}\frac{\sigma}{\varepsilon}N_iN_j\mathrm{d}x\mathrm{d}z\\&+\sum_{j=1}^{4}E_i\int_{\Omega^e}\frac{1}{\mu\varepsilon}\left(\frac{\partial N_i}{\partial x}\frac{\partial N_j}{\partial x}+\frac{\partial N_i}{\partial z}\frac{\partial N_j}{\partial z}\right)\mathrm{d}x\mathrm{d}z=\sum_{j=1}^{4}S_i\int_{\Omega^e}N_iN_j\mathrm{d}x\mathrm{d}z\end{aligned}\tag{3.30}$$

式(3.30)写成矩阵形式可表示为[64]

$$\boldsymbol{M}_e\ddot{\boldsymbol{E}}_e+\boldsymbol{C}_e\dot{\boldsymbol{E}}_e+\boldsymbol{K}_e\boldsymbol{E}_e=\boldsymbol{S}_e\tag{3.31}$$

式(3.31)中：$\boldsymbol{E}_e$ 为单元 e 中 4 个节点的电场值组成的向量；$\ddot{\boldsymbol{E}}_e$ 和 $\dot{\boldsymbol{E}}_e$ 分别为 $\boldsymbol{E}_e$ 关于时间 t 的二次和一次导数；$\boldsymbol{M}_e$ 为单元质量矩阵；$\boldsymbol{C}_e$ 为单元阻尼矩阵；$\boldsymbol{K}_e$ 为单元刚度矩阵；$\boldsymbol{S}_e$ 为单元激励源向量。各表达式为

$$\begin{cases}\boldsymbol{M}_e=\displaystyle\int_{\Omega_e}\boldsymbol{N}\boldsymbol{N}^{\mathrm{T}}\mathrm{d}x\mathrm{d}z,\ \boldsymbol{C}_e=\int_{\Omega_e}\frac{\sigma}{\varepsilon}\boldsymbol{N}\boldsymbol{N}^{\mathrm{T}}\mathrm{d}x\mathrm{d}z\\ \boldsymbol{K}_e=\displaystyle\int_{\Omega_e}\frac{1}{\mu\varepsilon}\left(\frac{\partial\boldsymbol{N}}{\partial x}\frac{\partial\boldsymbol{N}^{\mathrm{T}}}{\partial x}+\frac{\partial\boldsymbol{N}}{\partial z}\frac{\partial\boldsymbol{N}^{\mathrm{T}}}{\partial z}\right)\mathrm{d}x\mathrm{d}z,\ \boldsymbol{S}_e=\int_{\Omega_e}\boldsymbol{N}\boldsymbol{N}^{\mathrm{T}}\mathrm{d}x\mathrm{d}z\end{cases}\tag{3.32}$$

式(3.32)中：$\boldsymbol{N}$ 为单元 e 中 4 个节点的形函数组成的向量；上角标 T 表示矩阵的转置。对于不规则四边形，单元系数矩阵可用高斯数值积分进行计算[67]。

假设单元足够小，其介电参数在单元内可以近似为均匀，与积分无关，式(3.32)可写为

$$\begin{cases}\boldsymbol{M}_e=\displaystyle\int_{\Omega_e}\boldsymbol{N}\boldsymbol{N}^{\mathrm{T}}\mathrm{d}x\mathrm{d}z,\ \boldsymbol{C}_e=\frac{\sigma}{\varepsilon}\int_{\Omega_e}\boldsymbol{N}\boldsymbol{N}^{\mathrm{T}}\mathrm{d}x\mathrm{d}z\\ \boldsymbol{K}_e=\displaystyle\frac{1}{\mu\varepsilon}\int_{\Omega_e}\left(\frac{\partial\boldsymbol{N}}{\partial x}\frac{\partial\boldsymbol{N}^{\mathrm{T}}}{\partial x}+\frac{\partial\boldsymbol{N}}{\partial z}\frac{\partial\boldsymbol{N}^{\mathrm{T}}}{\partial z}\right)\mathrm{d}x\mathrm{d}z,\ \boldsymbol{S}_e=\int_{\Omega_e}\boldsymbol{N}\boldsymbol{N}^{\mathrm{T}}\mathrm{d}x\mathrm{d}z\end{cases}\tag{3.33}$$

将式(3.30)表示为所有单元的积分之和，即

$$\begin{aligned}&\sum_{e=1}^{Ne}\left(\sum_{j=1}^{4}\frac{\partial^2 E_i}{\partial t^2}\int_{\Omega^e}N_iN_j\mathrm{d}x\mathrm{d}z\right)+\sum_{e=1}^{Ne}\left(\sum_{j=1}^{4}\frac{\partial E_i}{\partial t}\int_{\Omega^e}\frac{\sigma}{\varepsilon}N_iN_j\mathrm{d}x\mathrm{d}z\right)\\&+\sum_{e=1}^{Ne}\left[\sum_{j=1}^{4}E_i\int_{\Omega^e}\frac{1}{\mu\varepsilon}\left(\frac{\partial N_i}{\partial x}\frac{\partial N_j}{\partial x}+\frac{\partial N_i}{\partial z}\frac{\partial N_j}{\partial z}\right)\mathrm{d}x\mathrm{d}z\right]=\sum_{e=1}^{Ne}\left(\sum_{j=1}^{4}S_i\int_{\Omega^e}N_iN_j\mathrm{d}x\mathrm{d}z\right)\end{aligned}\tag{3.34}$$

式(3.34)中，Ne 为单元数量。

式(3.34)可进一步写成矩阵形式：

$$\boldsymbol{M}\ddot{\boldsymbol{E}}+\boldsymbol{C}\dot{\boldsymbol{E}}+\boldsymbol{K}\boldsymbol{E}=\boldsymbol{S}\tag{3.35}$$

式(3.35)中：$\boldsymbol{E}$、$\dot{\boldsymbol{E}}$ 和 $\ddot{\boldsymbol{E}}$ 分别为所有单元的列向量 $\boldsymbol{E}_e$、$\dot{\boldsymbol{E}}_e$ 和 $\ddot{\boldsymbol{E}}_e$ 扩展成全体节点的列向量；$\boldsymbol{M}$、$\boldsymbol{C}$、$\boldsymbol{K}$ 分别为单元系数矩阵 $\boldsymbol{M}_e$、$\boldsymbol{C}_e$、$\boldsymbol{K}_e$ 扩展成所有节点后的总体质量矩阵、总体阻尼矩阵和总体刚度矩阵，其表达式为

$$
\begin{cases}
\boldsymbol{M} = \int_{\Omega} \boldsymbol{N}\boldsymbol{N}^{\mathrm{T}} \mathrm{d}x\mathrm{d}z, \quad \boldsymbol{C} = \int_{\Omega} \dfrac{\sigma}{\varepsilon} \boldsymbol{N}\boldsymbol{N}^{\mathrm{T}} \mathrm{d}x\mathrm{d}z \\
\boldsymbol{K} = \int_{\Omega} \dfrac{1}{\mu\varepsilon} \left(\dfrac{\partial \boldsymbol{N}}{\partial x} \dfrac{\partial \boldsymbol{N}^{\mathrm{T}}}{\partial x} + \dfrac{\partial \boldsymbol{N}}{\partial z} \dfrac{\partial \boldsymbol{N}^{\mathrm{T}}}{\partial z} \right) \mathrm{d}x\mathrm{d}z, \quad \boldsymbol{S} = \int_{\Omega} \boldsymbol{N}\boldsymbol{N}^{\mathrm{T}} \mathrm{d}x\mathrm{d}z
\end{cases}
\tag{3.36}
$$

3.3.3 三角形单元分析与总体合成

图 3.2(b)所示计算模型已被剖分成多个三角形单元，将任一子单元 e 映射到求解母单元如图 3.4 所示，利用线性插值基函数进行单元插值，则三角形单元上 3 个节点的形函数可表示为[67]

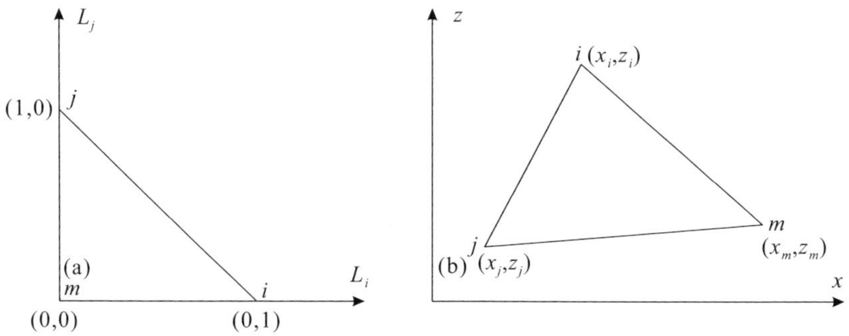

图3.4　三角形母单元(a)和子单元(b)示意图

$$
\begin{cases}
N_i^e = \dfrac{1}{2\Delta}\left[(z_j - z_m)x + (x_m - x_j)z + (x_j z_m - x_m z_j)\right] = \dfrac{1}{2\Delta}(a_i x + b_i z + c_i) \\
N_j^e = \dfrac{1}{2\Delta}\left[(z_m - z_i)x + (x_i - x_m)z + (x_m z_i - x_i z_m)\right] = \dfrac{1}{2\Delta}(a_j x + b_j z + c_j) \\
N_m^e = \dfrac{1}{2\Delta}\left[(z_i - z_j)x + (x_j - x_i)z + (x_i z_j - x_j z_i)\right] = \dfrac{1}{2\Delta}(a_m x + b_m z + c_m)
\end{cases}
\tag{3.37}
$$

式(3.37)中：$(x_i,\ z_i)$、$(x_j,\ z_j)$、$(x_m,\ z_m)$分别为三角形单元上 3 个节点 i、j、m 的坐标；Δ 为三角形单元的面积；a_i，b_i，…，c_m 是与三角形顶点坐标有关的常数。各表达式为

$$
\begin{cases}
a_i = z_j - z_m, \quad b_i = x_m - x_j, \quad c_i = x_j z_m - x_m z_j \\
a_j = z_m - z_i, \quad b_j = x_i - x_m, \quad c_j = x_m z_i - x_i z_m \\
a_m = z_i - z_j, \quad b_m = x_j - x_i, \quad c_m = x_i z_j - x_j z_i \\
\Delta = \dfrac{1}{2}(a_i b_j - a_j b_i)
\end{cases}
\tag{3.38}
$$

假设三角形单元上的 3 个节点的电场值为 E_i、E_j 和 E_m，则单元内的电场可表示为

$$
E_e(x,\ z) = N_i^e E_i + N_j^e E_j + N_m^e E_m \tag{3.39}
$$

计算区域剖分成多个三角形单元后，式(3.25)中的积分可写成各个单元积分之和，即

$$\begin{aligned}&\sum_{e=1}^{Ne}\int_{\Omega^e}\frac{\partial^2 E}{\partial t^2}\varphi\mathrm{d}\Omega+\sum_{e=1}^{Ne}\int_{\Omega^e}\frac{\sigma}{\varepsilon}\frac{\partial E}{\partial t}\varphi\mathrm{d}\Omega\\&+\sum_{e=1}^{Ne}\int_{\Omega^e}\frac{1}{\mu\varepsilon}\left(\frac{\partial E}{\partial x}\frac{\partial\varphi}{\partial x}+\frac{\partial E}{\partial z}\frac{\partial\varphi}{\partial z}\right)\mathrm{d}\Omega=\sum_{e=1}^{Ne}\int_{\Omega^e}S\varphi\mathrm{d}\Omega\end{aligned}\tag{3.40}$$

根据伽辽金法，用插值基函数式(3.37)对电场 E 进行插值处理，取试函数 $\varphi=N_i^e$，用 1、2、3 表示节点 i、j、m，将式(3.39)代入式(3.40)，可得

$$\begin{aligned}&\int_{\Omega^e}N_i^e\frac{\partial^2}{\partial t^2}\left(\sum_{j=1}^{3}N_j^eE_j\right)\mathrm{d}\Omega+\int_{\Omega^e}\frac{\sigma}{\varepsilon}N_i^e\frac{\partial}{\partial t}\left(\sum_{j=1}^{3}N_j^eE_j\right)\mathrm{d}\Omega\\&+\int_{\Omega^e}\frac{1}{\mu\varepsilon}\left[\frac{\partial N_i^e}{\partial x}\left(\sum_{j=1}^{3}E_j\frac{\partial N_j^e}{\partial x}\right)+\frac{\partial N_i^e}{\partial z}\left(\sum_{j=1}^{3}E_j\frac{\partial N_j^e}{\partial z}\right)\right]\mathrm{d}\Omega=\int_{\Omega^e}N_i^e\left(\sum_{j=1}^{3}S_jN_j^e\right)\mathrm{d}\Omega\end{aligned}\tag{3.41}$$

将式(3.41)进一步整理可得

$$\begin{aligned}&\sum_{j=1}^{3}\frac{\partial^2E_i}{\partial t^2}\int_{\Omega^e}N_iN_j\mathrm{d}x\mathrm{d}z+\sum_{j=1}^{3}\frac{\partial E_i}{\partial t}\int_{\Omega^e}\frac{\sigma}{\varepsilon}N_iN_j\mathrm{d}x\mathrm{d}z\\&+\sum_{j=1}^{3}E_i\int_{\Omega^e}\frac{1}{\mu\varepsilon}\left(\frac{\partial N_i}{\partial x}\frac{\partial N_j}{\partial x}+\frac{\partial N_i}{\partial z}\frac{\partial N_j}{\partial z}\right)\mathrm{d}x\mathrm{d}z=\sum_{j=1}^{3}S_i\int_{\Omega^e}N_iN_j\mathrm{d}x\mathrm{d}z\end{aligned}\tag{3.42}$$

对所有单元进行积分之和，即

$$\begin{aligned}&\sum_{e=1}^{Ne}\left(\sum_{j=1}^{3}\frac{\partial^2E_i}{\partial t^2}\int_{\Omega^e}N_iN_j\mathrm{d}x\mathrm{d}z\right)+\sum_{e=1}^{Ne}\left(\sum_{j=1}^{3}\frac{\partial E_i}{\partial t}\int_{\Omega^e}\frac{\sigma}{\varepsilon}N_iN_j\mathrm{d}x\mathrm{d}z\right)\\&+\sum_{e=1}^{Ne}\left[\sum_{j=1}^{3}E_i\int_{\Omega^e}\frac{1}{\mu\varepsilon}\left(\frac{\partial N_i}{\partial x}\frac{\partial N_j}{\partial x}+\frac{\partial N_i}{\partial z}\frac{\partial N_j}{\partial z}\right)\mathrm{d}x\mathrm{d}z\right]=\sum_{e=1}^{Ne}\left(\sum_{j=1}^{3}S_i\int_{\Omega^e}N_iN_j\mathrm{d}x\mathrm{d}z\right)\end{aligned}\tag{3.43}$$

式(3.43)可进一步写成矩阵形式：

$$\boldsymbol{M}\ddot{\boldsymbol{E}}+\boldsymbol{C}\dot{\boldsymbol{E}}+\boldsymbol{K}\boldsymbol{E}=\boldsymbol{S}\tag{3.44}$$

有限元方程形成的系数矩阵通常为大型稀疏矩阵，若全部存储需要很大的内存空间。本书对系数矩阵采用压缩存储行(Compressed Sparse Row，CSR)格式，只需存储其非零元素，可极大减少所需存储空间[165]。此外，采用集中质量矩阵技术[166]以避免矩阵 **M** 的求逆运算，提高计算效率。

3.4 时域有限元方程的时间离散

式(3.44)是经过空间离散后形成的时域有限元方程组，为获得不同时刻的电场值，还需对其在时间域进行离散。根据电磁波理论可知，电磁波在介质中

传播速度既与介质的电性参数有关，又与电磁波频率有关。利用数值模拟方法对波动方程进行时空离散后，当时间、空间步长取值过大时，电磁波传播速度会发生改变，发生数值频散现象。为保证 GPR 数值模拟的稳定性与正确性，有效压制数值色散，时间和空间步长需满足相应的稳定性条件[163,167]。为此，国内外学者先后提出了两种主要时间差分法——中心差分法和 Newmark 差分法，对时域有限方程进行时间离散。

3.4.1 中心差分法

中心差分法是有限差分法中应用最为广泛的一种重要形式，其基本思想是用相邻两点函数值的差商近似中心点的导数值。假设 T 为时间长度，把时间域[0 T]分为 n 等分，那么时间步长 $\Delta t = T/n$，则 t 时刻的 $\dot{\boldsymbol{E}}$ 和 $\ddot{\boldsymbol{E}}$ 的中心差分格式可分别表示为

$$\dot{\boldsymbol{E}} = \frac{\boldsymbol{E}_{t+\Delta t} - \boldsymbol{E}_{t-\Delta t}}{2\Delta t} \tag{3.45}$$

$$\ddot{\boldsymbol{E}} = \frac{\boldsymbol{E}_{t+\Delta t} - 2\boldsymbol{E}_t + \boldsymbol{E}_{t-\Delta t}}{\Delta t^2} \tag{3.46}$$

式(3.45)和式(3.46)中，$\boldsymbol{E}_t$、$\boldsymbol{E}_{t-\Delta t}$、$\boldsymbol{E}_{t+\Delta t}$ 分别为 t 时刻、t 时刻之前和之后时刻的电场值。

将式(3.45)和式(3.46)代入 t 时刻的式(3.44)，并整理可得

$$\left(\frac{\boldsymbol{M}}{\Delta t^2} + \frac{\boldsymbol{C}}{2\Delta t}\right)\boldsymbol{E}_{t+\Delta t} = \left(\frac{2\boldsymbol{M}}{\Delta t^2} - \boldsymbol{K}\right)\boldsymbol{E}_t + \left(-\frac{\boldsymbol{M}}{\Delta t^2} + \frac{\boldsymbol{C}}{2\Delta t}\right)\boldsymbol{E}_{t-\Delta t} + \boldsymbol{S}_t \tag{3.47}$$

由式(3.47)可知，给定 $\boldsymbol{S}_t$、$\boldsymbol{E}_{t-\Delta t}$、$\boldsymbol{E}_t$，则可计算出 $\boldsymbol{E}_{t+\Delta t}$，从而可迭代求解不同时间步的电场值。由于每个时间步求解的矩阵方程不包括刚度矩阵 $\boldsymbol{K}$，这种形式称为显式时间差分法。中心差分法是一种条件稳定性算法，只有当 Δt 很小时，才能保证数值稳定。数学理论证明，其数值稳定性条件为[6]

$$\Delta t \leqslant \frac{2}{\sqrt{\rho(\boldsymbol{M}^{-1}\boldsymbol{K})}} \tag{3.48}$$

式(3.48)中，$\rho(\boldsymbol{M}^{-1}\boldsymbol{K})$ 为矩阵 $\boldsymbol{M}^{-1}\boldsymbol{K}$ 的谱半径。

3.4.2 Newmark 差分法

由于中心差分法应用时 Δt 选择受限，Newmark 在中心差分法的基础上，提出了 Newmark 差分法[168]。根据 Newmark 差分法原理，$\boldsymbol{E}$ 及 $\dot{\boldsymbol{E}}$ 在 $t + \Delta t$ 时刻的 Newmark 差分格式可表示为

$$\begin{cases} \boldsymbol{E}_{t+\Delta t} = \boldsymbol{E}_t + \Delta t\dot{\boldsymbol{E}}_t + \Delta t^2\left[\left(\dfrac{1}{2} - \beta\right)\ddot{\boldsymbol{E}}_t + \beta\ddot{\boldsymbol{E}}_{t+\Delta t}\right] \\ \dot{\boldsymbol{E}}_{t+\Delta t} = \dot{\boldsymbol{E}}_t + (1-\gamma)\Delta t\ddot{\boldsymbol{E}}_t + \gamma\Delta t\ddot{\boldsymbol{E}}_{t+\Delta t} \end{cases} \tag{3.49}$$

式(3.49)中：γ 为鉴于 0 和 1 之间的可选择参数，表示在 t 和 $t+\Delta t$ 时刻的电场加速度对电场速度改变影响的权重；β 为鉴于 0 和 1 之间的可选择参数，表示在 t 和 $t+\Delta t$ 时刻的电场加速度对电场改变影响的权重。γ 与 β 的作用是控制时间迭代的精度和稳定性。

为求解 $t+\Delta t$ 时刻的电场值 $\boldsymbol{E}_{t+\Delta t}$ 的时间域迭代公式，首先列出 $t-\Delta t$、t 和 $t+\Delta t$ 时刻的式(3.44)为

$$\begin{cases} \boldsymbol{M}\ddot{\boldsymbol{E}}_{t-\Delta t} + \boldsymbol{C}\dot{\boldsymbol{E}}_{t-\Delta t} + \boldsymbol{K}\boldsymbol{E}_{t-\Delta t} = \boldsymbol{S}_{t-\Delta t} \\ \boldsymbol{M}\ddot{\boldsymbol{E}}_t + \boldsymbol{C}\dot{\boldsymbol{E}}_t + \boldsymbol{K}\boldsymbol{E}_t = \boldsymbol{S}_t \\ \boldsymbol{M}\ddot{\boldsymbol{E}}_{t+\Delta t} + \boldsymbol{C}\dot{\boldsymbol{E}}_{t+\Delta t} + \boldsymbol{K}\boldsymbol{E}_{t+\Delta t} = \boldsymbol{S}_{t+\Delta t} \end{cases} \tag{3.50}$$

式(3.50)中第一式和第三式两边同乘以 $\Delta t^2\beta$，第二式两边同乘以 $\Delta t^2(1-2\beta)$，可得

$$\begin{cases} \Delta t^2\beta\boldsymbol{M}\ddot{\boldsymbol{E}}_{t-\Delta t} + \Delta t^2\beta\boldsymbol{C}\dot{\boldsymbol{E}}_{t-\Delta t} + \Delta t^2\beta\boldsymbol{K}\boldsymbol{E}_{t-\Delta t} = \Delta t^2\beta\boldsymbol{S}_{t-\Delta t} \\ \Delta t^2(1-2\beta)\boldsymbol{M}\ddot{\boldsymbol{E}}_t + \Delta t^2(1-2\beta)\boldsymbol{C}\dot{\boldsymbol{E}}_t + \Delta t^2(1-2\beta)\boldsymbol{K}\boldsymbol{E}_t = \Delta t^2(1-2\beta)\boldsymbol{S}_t \\ \Delta t^2\beta\boldsymbol{M}\ddot{\boldsymbol{E}}_{t+\Delta t} + \Delta t^2\beta\boldsymbol{C}\dot{\boldsymbol{E}}_{t+\Delta t} + \Delta t^2\beta\boldsymbol{K}\boldsymbol{E}_{t+\Delta t} = \Delta t^2\beta\boldsymbol{S}_{t+\Delta t} \end{cases} \tag{3.51}$$

式(3.50)中第二式和第一式两边相减后，同乘以 $\Delta t^2\left(\gamma - \dfrac{1}{2}\right)$，可得

$$\begin{aligned} &\Delta t^2\left(\gamma - \frac{1}{2}\right)\left[\boldsymbol{M}(\ddot{\boldsymbol{E}}_t - \ddot{\boldsymbol{E}}_{t-\Delta t}) + \boldsymbol{C}(\dot{\boldsymbol{E}}_t - \dot{\boldsymbol{E}}_{t-\Delta t}) + \boldsymbol{K}(\boldsymbol{E}_t - \boldsymbol{E}_{t-\Delta t})\right] \\ &= \Delta t^2\left(\gamma - \frac{1}{2}\right)(\boldsymbol{S}_t - \boldsymbol{S}_{t-\Delta t}) \end{aligned} \tag{3.52}$$

将式(3.51)和式(3.52)中的所有公式等号左右两边相加，整理可得

$$\begin{aligned} &\boldsymbol{M}\left[\Delta t^2\beta\ddot{\boldsymbol{E}}_{t-\Delta t} + \Delta t^2(1-2\beta)\ddot{\boldsymbol{E}}_t + \Delta t^2\beta\ddot{\boldsymbol{E}}_{t+\Delta t} + \Delta t^2\left(\gamma - \frac{1}{2}\right)(\ddot{\boldsymbol{E}}_t - \ddot{\boldsymbol{E}}_{t-\Delta t})\right] \\ &+ \boldsymbol{C}\left[\Delta t^2\beta\dot{\boldsymbol{E}}_{t-\Delta t} + \Delta t^2(1-2\beta)\dot{\boldsymbol{E}}_t + \Delta t^2\beta\dot{\boldsymbol{E}}_{t+\Delta t} + \Delta t^2\left(\gamma - \frac{1}{2}\right)(\dot{\boldsymbol{E}}_t - \dot{\boldsymbol{E}}_{t-\Delta t})\right] \\ &+ \boldsymbol{K}\left[\Delta t^2\beta\boldsymbol{E}_{t-\Delta t} + \Delta t^2(1-2\beta)\boldsymbol{E}_t + \Delta t^2\beta\boldsymbol{E}_{t+\Delta t} + \Delta t^2\left(\gamma - \frac{1}{2}\right)(\boldsymbol{E}_t - \boldsymbol{E}_{t-\Delta t})\right] \\ &= \Delta t^2\beta\boldsymbol{S}_{t-\Delta t} + \Delta t^2(1-2\beta)\boldsymbol{S}_t + \Delta t^2\beta\boldsymbol{S}_{t+\Delta t} + \Delta t^2\left(\gamma - \frac{1}{2}\right)(\boldsymbol{S}_t - \boldsymbol{S}_{t-\Delta t}) \end{aligned} \tag{3.53}$$

式(3.53)中矩阵 $\boldsymbol{M}$ 的系数，整理可得

$$
\begin{aligned}
&\Delta t^2\beta\ddot{\boldsymbol{E}}_{t-\Delta t}+\Delta t^2(1-2\beta)\ddot{\boldsymbol{E}}_t+\Delta t^2\beta\ddot{\boldsymbol{E}}_{t+\Delta t}+\Delta t^2\left(\gamma-\frac{1}{2}\right)(\ddot{\boldsymbol{E}}_t-\ddot{\boldsymbol{E}}_{t-\Delta t})\\
&=\Delta t^2\left[\beta\ddot{\boldsymbol{E}}_{t-\Delta t}+\beta\ddot{\boldsymbol{E}}_{t+\Delta t}+(1-2\beta)\ddot{\boldsymbol{E}}_t+\left(\gamma-\frac{1}{2}\right)(\ddot{\boldsymbol{E}}_t-\ddot{\boldsymbol{E}}_{t-\Delta t})\right]\\
&=\Delta t^2\left\{\begin{array}{l}\left[\beta\ddot{\boldsymbol{E}}_{t+\Delta t}+\left(\dfrac{1}{2}-\beta\right)\ddot{\boldsymbol{E}}_t\right]-\left[\beta\ddot{\boldsymbol{E}}_t+\left(\dfrac{1}{2}-\beta\right)\ddot{\boldsymbol{E}}_{t-\Delta t}\right]\\+\dfrac{1}{2}(\ddot{\boldsymbol{E}}_t+\ddot{\boldsymbol{E}}_{t-\Delta t})+\left(\gamma-\dfrac{1}{2}\right)(\ddot{\boldsymbol{E}}_t-\ddot{\boldsymbol{E}}_{t-\Delta t})\end{array}\right\}\\
&=\Delta t^2\left[\beta\ddot{\boldsymbol{E}}_{t+\Delta t}+\left(\frac{1}{2}-\beta\right)\ddot{\boldsymbol{E}}_t\right]-\Delta t^2\left[\beta\ddot{\boldsymbol{E}}_t+\left(\frac{1}{2}-\beta\right)\ddot{\boldsymbol{E}}_{t-\Delta t}\right]\\
&\quad+\frac{1}{2}\Delta t^2(\ddot{\boldsymbol{E}}_t+\ddot{\boldsymbol{E}}_{t-\Delta t})+\Delta t^2\left(\gamma-\frac{1}{2}\right)(\ddot{\boldsymbol{E}}_t-\ddot{\boldsymbol{E}}_{t-\Delta t})
\end{aligned}
\tag{3.54}
$$

$t+\Delta t$ 和 t 时刻的式(3.49)第一式的表达式为

$$
\begin{cases}
\boldsymbol{E}_{t+\Delta t}=\boldsymbol{E}_t+\Delta t\dot{\boldsymbol{E}}_t+\Delta t^2\left[\left(\dfrac{1}{2}-\beta\right)\ddot{\boldsymbol{E}}_t+\beta\ddot{\boldsymbol{E}}_{t+\Delta t}\right]\\
\boldsymbol{E}_t=\boldsymbol{E}_{t-\Delta t}+\Delta t\dot{\boldsymbol{E}}_{t-\Delta t}+\Delta t^2\left[\left(\dfrac{1}{2}-\beta\right)\ddot{\boldsymbol{E}}_{t-\Delta t}+\beta\ddot{\boldsymbol{E}}_t\right]
\end{cases}
\tag{3.55}
$$

将式(3.55)进一步整理可得

$$
\begin{cases}
\Delta t^2\left[\left(\dfrac{1}{2}-\beta\right)\ddot{\boldsymbol{E}}_t+\beta\ddot{\boldsymbol{E}}_{t+\Delta t}\right]=\boldsymbol{E}_{t+\Delta t}-\boldsymbol{E}_t-\Delta t\dot{\boldsymbol{E}}_t\\
\Delta t^2\left[\left(\dfrac{1}{2}-\beta\right)\ddot{\boldsymbol{E}}_{t-\Delta t}+\beta\ddot{\boldsymbol{E}}_t\right]=\boldsymbol{E}_t-\boldsymbol{E}_{t-\Delta t}-\Delta t\dot{\boldsymbol{E}}_{t-\Delta t}
\end{cases}
\tag{3.56}
$$

将式(3.56)代入式(3.54)可得矩阵 $\boldsymbol{M}$ 的系数为

$$
\begin{aligned}
&\Delta t^2\left[\beta\ddot{\boldsymbol{E}}_{t+\Delta t}+\left(\frac{1}{2}-\beta\right)\ddot{\boldsymbol{E}}_t\right]-\Delta t^2\left[\beta\ddot{\boldsymbol{E}}_t+\left(\frac{1}{2}-\beta\right)\ddot{\boldsymbol{E}}_{t-\Delta t}\right]\\
&\quad+\frac{1}{2}\Delta t^2(\ddot{\boldsymbol{E}}_t+\ddot{\boldsymbol{E}}_{t-\Delta t})+\Delta t^2\left(\gamma-\frac{1}{2}\right)(\ddot{\boldsymbol{E}}_t-\ddot{\boldsymbol{E}}_{t-\Delta t})\\
&=(\boldsymbol{E}_{t+\Delta t}-\boldsymbol{E}_t-\Delta t\dot{\boldsymbol{E}}_t)-(\boldsymbol{E}_t-\boldsymbol{E}_{t-\Delta t}-\Delta t\dot{\boldsymbol{E}}_{t-\Delta t})\\
&\quad+\frac{1}{2}\Delta t^2(\ddot{\boldsymbol{E}}_t+\ddot{\boldsymbol{E}}_{t-\Delta t})+\Delta t^2\left(\gamma-\frac{1}{2}\right)(\ddot{\boldsymbol{E}}_t-\ddot{\boldsymbol{E}}_{t-\Delta t})\\
&=\boldsymbol{E}_{t+\Delta t}-2\boldsymbol{E}_t+\boldsymbol{E}_{t-\Delta t}-\Delta t(\dot{\boldsymbol{E}}_t-\dot{\boldsymbol{E}}_{t-\Delta t})\\
&\quad+\frac{1}{2}\Delta t^2(\ddot{\boldsymbol{E}}_t+\ddot{\boldsymbol{E}}_{t-\Delta t})+\Delta t^2\left(\gamma-\frac{1}{2}\right)(\ddot{\boldsymbol{E}}_t-\ddot{\boldsymbol{E}}_{t-\Delta t})
\end{aligned}
\tag{3.57}
$$

式(3.49)第一式 t 时刻的表达式为

$$\dot{\boldsymbol{E}}_t = \dot{\boldsymbol{E}}_{t-\Delta t} + (1-\gamma)\Delta t\ddot{\boldsymbol{E}}_{t-\Delta t} + \gamma\Delta t\ddot{\boldsymbol{E}}_t \tag{3.58}$$

式(3.58)进一步改写为

$$\dot{\boldsymbol{E}}_t - \dot{\boldsymbol{E}}_{t-\Delta t} = (1-\gamma)\Delta t\ddot{\boldsymbol{E}}_{t-\Delta t} + \gamma\Delta t\ddot{\boldsymbol{E}}_t \tag{3.59}$$

将式(3.59)代入式(3.57)的等号右端项可推导矩阵 $\boldsymbol{M}$ 的系数为

$$\begin{aligned}
&\boldsymbol{E}_{t+\Delta t} - 2\boldsymbol{E}_t + \boldsymbol{E}_{t-\Delta t} - \Delta t(\dot{\boldsymbol{E}}_t - \dot{\boldsymbol{E}}_{t-\Delta t}) + \frac{1}{2}\Delta t^2(\ddot{\boldsymbol{E}}_t + \ddot{\boldsymbol{E}}_{t-\Delta t})\\
&+ \Delta t^2\left(\gamma - \frac{1}{2}\right)(\ddot{\boldsymbol{E}}_t - \ddot{\boldsymbol{E}}_{t-\Delta t}) = \boldsymbol{E}_{t+\Delta t} - 2\boldsymbol{E}_t + \boldsymbol{E}_{t-\Delta t}\\
&- \Delta t((1-\gamma)\Delta t\ddot{\boldsymbol{E}}_{t-\Delta t} + \gamma\Delta t\ddot{\boldsymbol{E}}_t) + \frac{1}{2}\Delta t^2(\ddot{\boldsymbol{E}}_t + \ddot{\boldsymbol{E}}_{t-\Delta t})\\
&+ \Delta t^2\left(\gamma - \frac{1}{2}\right)(\ddot{\boldsymbol{E}}_t - \ddot{\boldsymbol{E}}_{t-\Delta t}) = \boldsymbol{E}_{t+\Delta t} - 2\boldsymbol{E}_t + \boldsymbol{E}_{t-\Delta t}\\
&+ \left[-(1-\gamma)\Delta t^2 + \frac{1}{2}\Delta t^2 - \Delta t^2\left(\gamma - \frac{1}{2}\right)\right]\ddot{\boldsymbol{E}}_{t-\Delta t}\\
&+ \left[-\gamma\Delta t^2 + \frac{1}{2}\Delta t^2 + \Delta t^2\left(\gamma - \frac{1}{2}\right)\right]\ddot{\boldsymbol{E}}_t = \boldsymbol{E}_{t+\Delta t} - 2\boldsymbol{E}_t + \boldsymbol{E}_{t-\Delta t}
\end{aligned} \tag{3.60}$$

可见，矩阵 $\boldsymbol{M}$ 的系数为 $\boldsymbol{E}_{t+\Delta t} - 2\boldsymbol{E}_t + \boldsymbol{E}_{t-\Delta t}$。
式(3.53)中矩阵 $\boldsymbol{C}$ 的系数为

$$\Delta t^2\beta\dot{\boldsymbol{E}}_{t-\Delta t} + \Delta t^2(1-2\beta)\dot{\boldsymbol{E}}_t + \Delta t^2\beta\dot{\boldsymbol{E}}_{t+\Delta t} + \Delta t^2\left(\gamma - \frac{1}{2}\right)(\dot{\boldsymbol{E}}_t - \dot{\boldsymbol{E}}_{t-\Delta t}) \tag{3.61}$$

同理，式(3.61)可写为

$$\begin{aligned}
&\Delta t^2\beta\dot{\boldsymbol{E}}_{t-\Delta t} + \Delta t^2(1-2\beta)\dot{\boldsymbol{E}}_t + \Delta t^2\beta\dot{\boldsymbol{E}}_{t+\Delta t} + \Delta t^2\left(\gamma - \frac{1}{2}\right)(\dot{\boldsymbol{E}}_t - \dot{\boldsymbol{E}}_{t-\Delta t})\\
&= \Delta t^2\left[\beta(\dot{\boldsymbol{E}}_{t-\Delta t} + \dot{\boldsymbol{E}}_{t+\Delta t}) + (1-2\beta)\dot{\boldsymbol{E}}_t + \left(\gamma - \frac{1}{2}\right)(\dot{\boldsymbol{E}}_t - \dot{\boldsymbol{E}}_{t-\Delta t})\right]\\
&= \Delta t^2\begin{bmatrix}\frac{1}{2}\dot{\boldsymbol{E}}_t + \frac{1}{2}\dot{\boldsymbol{E}}_{t-\Delta t} + \beta(\dot{\boldsymbol{E}}_{t+\Delta t} - \dot{\boldsymbol{E}}_t)\\ +\left(\frac{1}{2} - \beta\right)(\dot{\boldsymbol{E}}_t - \dot{\boldsymbol{E}}_{t-\Delta t}) + \left(\gamma - \frac{1}{2}\right)(\dot{\boldsymbol{E}}_t - \dot{\boldsymbol{E}}_{t-\Delta t})\end{bmatrix}
\end{aligned} \tag{3.62}$$

由式(3.55)可知，$t - \Delta t$ 和 t 时刻的 $\dot{\boldsymbol{E}}$ 可表示为

$$\begin{cases}
\Delta t\dot{\boldsymbol{E}}_t = \boldsymbol{E}_{t+\Delta t} - \boldsymbol{E}_t - \Delta t^2\left[\left(\frac{1}{2} - \beta\right)\ddot{\boldsymbol{E}}_t + \beta\ddot{\boldsymbol{E}}_{t+\Delta t}\right]\\
\Delta t\dot{\boldsymbol{E}}_{t-\Delta t} = \boldsymbol{E}_t - \boldsymbol{E}_{t-\Delta t} - \Delta t^2\left[\left(\frac{1}{2} - \beta\right)\ddot{\boldsymbol{E}}_{t-\Delta t} + \beta\ddot{\boldsymbol{E}}_t\right]
\end{cases} \tag{3.63}$$

将式(3.63)代入式(3.62)右端项，并整理可得

$$
\begin{aligned}
&\Delta t^2\left[\begin{array}{l}\frac{1}{2}\dot{\boldsymbol{E}}_t+\frac{1}{2}\dot{\boldsymbol{E}}_{t-\Delta t}+\beta(\dot{\boldsymbol{E}}_{t+\Delta t}-\dot{\boldsymbol{E}}_t)\\ +\left(\frac{1}{2}-\beta\right)(\dot{\boldsymbol{E}}_t-\dot{\boldsymbol{E}}_{t-\Delta t})+\left(\gamma-\frac{1}{2}\right)(\dot{\boldsymbol{E}}_t-\dot{\boldsymbol{E}}_{t-\Delta t})\end{array}\right]\\
&=\Delta t\left[\begin{array}{l}\frac{1}{2}\Delta t\dot{\boldsymbol{E}}_t+\frac{1}{2}\Delta t\dot{\boldsymbol{E}}_{t-\Delta t}+\Delta t\beta(\dot{\boldsymbol{E}}_{t+\Delta t}-\dot{\boldsymbol{E}}_t)\\ +\Delta t\left(\frac{1}{2}-\beta\right)(\dot{\boldsymbol{E}}_t-\dot{\boldsymbol{E}}_{t-\Delta t})+\Delta t\left(\gamma-\frac{1}{2}\right)(\dot{\boldsymbol{E}}_t-\dot{\boldsymbol{E}}_{t-\Delta t})\end{array}\right]\\
&=\Delta t\left\{\begin{array}{l}\frac{1}{2}\left[\boldsymbol{E}_{t+\Delta t}-\boldsymbol{E}_t-\Delta t^2\left[\left(\frac{1}{2}-\beta\right)\ddot{\boldsymbol{E}}_t+\beta\ddot{\boldsymbol{E}}_{t+\Delta t}\right]\right]\\ +\frac{1}{2}\left[\boldsymbol{E}_t-\boldsymbol{E}_{t-\Delta t}-\Delta t^2\left[\left(\frac{1}{2}-\beta\right)\ddot{\boldsymbol{E}}_{t-\Delta t}+\beta\ddot{\boldsymbol{E}}_t\right]\right]\\ +\Delta t\beta(\dot{\boldsymbol{E}}_{t+\Delta t}-\dot{\boldsymbol{E}}_t)+\Delta t\left(\frac{1}{2}-\beta\right)(\dot{\boldsymbol{E}}_t-\dot{\boldsymbol{E}}_{t-\Delta t})\\ +\Delta t\left(\gamma-\frac{1}{2}\right)(\dot{\boldsymbol{E}}_t-\dot{\boldsymbol{E}}_{t-\Delta t})\end{array}\right\}
\end{aligned}
\tag{3.64}
$$

式(3.49)第二式在 $t+\Delta t$ 和 t 时刻的表达式为

$$
\begin{cases}\dot{\boldsymbol{E}}_{t+\Delta t}=\dot{\boldsymbol{E}}_t+(1-\gamma)\Delta t\ddot{\boldsymbol{E}}_t+\gamma\Delta t\ddot{\boldsymbol{E}}_{t+\Delta t}\\ \dot{\boldsymbol{E}}_t=\dot{\boldsymbol{E}}_{t-\Delta t}+(1-\gamma)\Delta t\ddot{\boldsymbol{E}}_{t-\Delta t}+\gamma\Delta t\ddot{\boldsymbol{E}}_t\end{cases}
\tag{3.65}
$$

式(3.65)可改为

$$
\begin{cases}\dot{\boldsymbol{E}}_{t+\Delta t}-\dot{\boldsymbol{E}}_t=(1-\gamma)\Delta t\ddot{\boldsymbol{E}}_t+\gamma\Delta t\ddot{\boldsymbol{E}}_{t+\Delta t}\\ \dot{\boldsymbol{E}}_t-\dot{\boldsymbol{E}}_{t-\Delta t}=(1-\gamma)\Delta t\ddot{\boldsymbol{E}}_{t-\Delta t}+\gamma\Delta t\ddot{\boldsymbol{E}}_t\end{cases}
\tag{3.66}
$$

将式(3.66)代入式(3.64)右端项可得矩阵 $\boldsymbol{C}$ 的系数为

$$
\begin{aligned}
&\Delta t\left\{\begin{array}{l}\frac{1}{2}(\boldsymbol{E}_{t+\Delta t}-\boldsymbol{E}_{t-\Delta t})-\frac{1}{2}\left(\frac{1}{2}-\beta\right)\Delta t^2(\ddot{\boldsymbol{E}}_t+\ddot{\boldsymbol{E}}_{t-\Delta t})\\ -\frac{1}{2}\beta\Delta t^2(\ddot{\boldsymbol{E}}_{t+\Delta t}+\ddot{\boldsymbol{E}}_t)+\beta\Delta t^2[(1-\gamma)\ddot{\boldsymbol{E}}_t+\gamma\ddot{\boldsymbol{E}}_{t+\Delta t}]\\ +\left(\frac{1}{2}-\beta\right)\Delta t^2[(1-\gamma)\ddot{\boldsymbol{E}}_{t-\Delta t}+\gamma\ddot{\boldsymbol{E}}_t]+\Delta t\left(\gamma-\frac{1}{2}\right)(\dot{\boldsymbol{E}}_t-\dot{\boldsymbol{E}}_{t-\Delta t})\end{array}\right\}\\
&=\Delta t\left\{\begin{array}{l}\frac{1}{2}(\boldsymbol{E}_{t+\Delta t}-\boldsymbol{E}_{t-\Delta t})+\Delta t^2\left(\gamma-\frac{1}{2}\right)\left[\left(\frac{1}{2}-\beta\right)\ddot{\boldsymbol{E}}_t+\beta\ddot{\boldsymbol{E}}_{t+\Delta t}\right]\\ -\left(\frac{1}{2}-\beta\right)\ddot{\boldsymbol{E}}_{t-\Delta t}-\beta\ddot{\boldsymbol{E}}_t+\Delta t\left(\gamma-\frac{1}{2}\right)(\dot{\boldsymbol{E}}_t-\dot{\boldsymbol{E}}_{t-\Delta t})\end{array}\right\}
\end{aligned}
\tag{3.67}
$$

式(3.49)可写为

$$\begin{cases}\Delta t^2\left[\left(\frac{1}{2}-\beta\right)\ddot{\boldsymbol{E}}_t+\beta\ddot{\boldsymbol{E}}_{t+\Delta t}\right]=\boldsymbol{E}_{t+\Delta t}-\boldsymbol{E}_t-\Delta t\dot{\boldsymbol{E}}_t \\ \Delta t^2\left[\left(\frac{1}{2}-\beta\right)\ddot{\boldsymbol{E}}_{t-\Delta t}+\beta\ddot{\boldsymbol{E}}_t\right]=\boldsymbol{E}_t-\boldsymbol{E}_{t-\Delta t}-\Delta t\dot{\boldsymbol{E}}_{t-\Delta t}\end{cases} \tag{3.68}$$

将式(3.68)代入式(3.67)，并整理可得

$$\begin{aligned}
&\Delta t\left\{\begin{aligned}&\frac{1}{2}(\boldsymbol{E}_{t+\Delta t}-\boldsymbol{E}_{t-\Delta t})\\&+\Delta t^2\left(\gamma-\frac{1}{2}\right)\left[\left(\frac{1}{2}-\beta\right)\ddot{\boldsymbol{E}}_t+\beta\ddot{\boldsymbol{E}}_{t+\Delta t}-\left(\frac{1}{2}-\beta\right)\ddot{\boldsymbol{E}}_{t-\Delta t}-\beta\ddot{\boldsymbol{E}}_t\right]\\&+\Delta t\left(\gamma-\frac{1}{2}\right)(\dot{\boldsymbol{E}}_t-\dot{\boldsymbol{E}}_{t-\Delta t})\end{aligned}\right\}\\
&=\Delta t\left\{\begin{aligned}&\frac{1}{2}(\boldsymbol{E}_{t+\Delta t}-\boldsymbol{E}_{t-\Delta t})\\&+\left(\gamma-\frac{1}{2}\right)\left[\boldsymbol{E}_{t+\Delta t}-2\boldsymbol{E}_t-\Delta t(\dot{\boldsymbol{E}}_t-\dot{\boldsymbol{E}}_{t-\Delta t})+\boldsymbol{E}_{t-\Delta t}\right]\\&+\Delta t\left(\gamma-\frac{1}{2}\right)(\dot{\boldsymbol{E}}_t-\dot{\boldsymbol{E}}_{t-\Delta t})\end{aligned}\right\}\\
&=\Delta t\left\{\begin{aligned}&\frac{1}{2}(\boldsymbol{E}_{t+\Delta t}-\boldsymbol{E}_{t-\Delta t})\\&+\left(\gamma-\frac{1}{2}\right)\left[\boldsymbol{E}_{t+\Delta t}-2\boldsymbol{E}_t-\Delta t(\dot{\boldsymbol{E}}_t-\dot{\boldsymbol{E}}_{t-\Delta t})+\boldsymbol{E}_{t-\Delta t}\right]\\&+\Delta t\left(\gamma-\frac{1}{2}\right)(\dot{\boldsymbol{E}}_t-\dot{\boldsymbol{E}}_{t-\Delta t})\end{aligned}\right\}\\
&=\Delta t\left[\frac{1}{2}(\boldsymbol{E}_{t+\Delta t}-\boldsymbol{E}_{t-\Delta t})+\left(\gamma-\frac{1}{2}\right)(\boldsymbol{E}_{t+\Delta t}-2\boldsymbol{E}_t+\boldsymbol{E}_{t-\Delta t})\right]\\
&=\Delta t[\gamma\boldsymbol{E}_{t+\Delta t}+(1-2\gamma)\boldsymbol{E}_t+(\gamma-1)\boldsymbol{E}_{t-\Delta t}]
\end{aligned} \tag{3.69}$$

矩阵 $\boldsymbol{C}$ 的系数为 $\Delta t[\gamma\boldsymbol{E}_{t+\Delta t}+(1-2\gamma)\boldsymbol{E}_t+(\gamma-1)\boldsymbol{E}_{t-\Delta t}]$。

式(3.53)中矩阵 $\boldsymbol{K}$ 的系数为

$$\begin{aligned}
&\Delta t^2\beta\boldsymbol{E}_{t-\Delta t}+\Delta t^2(1-2\beta)\boldsymbol{E}_t+\Delta t^2\beta\boldsymbol{E}_{t+\Delta t}+\Delta t^2\left(\gamma-\frac{1}{2}\right)(\boldsymbol{E}_t-\boldsymbol{E}_{t-\Delta t})\\
&=\Delta t^2\left[\beta\boldsymbol{E}_{t-\Delta t}+\beta\boldsymbol{E}_{t+\Delta t}+(1-2\beta)\boldsymbol{E}_t+\left(\gamma-\frac{1}{2}\right)(\boldsymbol{E}_t-\boldsymbol{E}_{t-\Delta t})\right]\\
&=\Delta t^2\left[\beta\boldsymbol{E}_{t+\Delta t}+\left(\frac{1}{2}+\gamma-2\beta\right)\boldsymbol{E}_t+\left(\beta-\gamma+\frac{1}{2}\right)\boldsymbol{E}_{t-\Delta t}\right]
\end{aligned} \tag{3.70}$$

式(3.53)中的右端项为

$$\begin{aligned}&\Delta t^2\beta S_{t-\Delta t}+\Delta t^2(1-2\beta)S_t+\Delta t^2\beta S_{t+\Delta t}+\Delta t^2\left(\gamma-\frac{1}{2}\right)(S_t-S_{t-\Delta t})\\&=\Delta t^2\left[\beta S_{t-\Delta t}+\beta S_{t+\Delta t}+(1-2\beta)S_t+\left(\gamma-\frac{1}{2}\right)(S_t-S_{t-\Delta t})\right]\\&=\Delta t^2\left[\beta S_{t+\Delta t}+\left(\frac{1}{2}+\gamma-2\beta\right)S_t+\left(\frac{1}{2}+\beta-\gamma\right)S_{t-\Delta t}\right]\end{aligned}\tag{3.71}$$

将 $\boldsymbol{M}$、$\boldsymbol{C}$、$\boldsymbol{K}$ 的系数和右端项代入式(3.53)，可得

$$\begin{aligned}&\boldsymbol{M}(\boldsymbol{E}_{t+\Delta t}-2\boldsymbol{E}_t+\boldsymbol{E}_{t-\Delta t})+\Delta t\boldsymbol{C}[\gamma\boldsymbol{E}_{t+\Delta t}+(1-2\gamma)\boldsymbol{E}_t+(\gamma-1)\boldsymbol{E}_{t-\Delta t}]\\&+\Delta t^2\boldsymbol{K}\left[\beta\boldsymbol{E}_{t+\Delta t}+\left(\frac{1}{2}+\gamma-2\beta\right)\boldsymbol{E}_t+\left(\beta-\gamma+\frac{1}{2}\right)\boldsymbol{E}_{t-\Delta t}\right]\\&=\Delta t^2\left[\beta S_{t+\Delta t}+\left(\frac{1}{2}+\gamma-2\beta\right)S_t+\left(\frac{1}{2}+\beta-\gamma\right)S_{t-\Delta t}\right]\end{aligned}\tag{3.72}$$

式(3.72)进一步整理可得

$$\begin{aligned}&(\boldsymbol{M}+\gamma\Delta t\boldsymbol{C}+\beta\Delta t^2\boldsymbol{K})\boldsymbol{E}_{t+\Delta t}\\&=\left[2\boldsymbol{M}-(1-2\gamma)\Delta t\boldsymbol{C}-\left(\frac{1}{2}+\gamma-2\beta\right)\Delta t^2\boldsymbol{K}\right]\boldsymbol{E}_t\\&-\left[\boldsymbol{M}+(\gamma-1)\Delta t\boldsymbol{C}+\left(\beta-\gamma+\frac{1}{2}\right)\Delta t^2\right]\boldsymbol{E}_{t-\Delta t}\\&+\Delta t^2\left[\beta S_{t+\Delta t}+\left(\frac{1}{2}+\gamma-2\beta\right)S_t+\left(\frac{1}{2}+\beta-\gamma\right)S_{t-\Delta t}\right]\end{aligned}\tag{3.73}$$

式(3.73)两边同除以 Δt^2，可得

$$\begin{aligned}&\left(\frac{\boldsymbol{M}}{\Delta t^2}+\frac{\gamma}{\Delta t}\boldsymbol{C}+\beta\boldsymbol{K}\right)\boldsymbol{E}_{t+\Delta t}\\&=\left[\frac{2}{\Delta t^2}\boldsymbol{M}-\frac{(1-2\gamma)}{\Delta t}\boldsymbol{C}-\left(\frac{1}{2}+\gamma-2\beta\right)\boldsymbol{K}\right]\boldsymbol{E}_t\\&-\left[\frac{\boldsymbol{M}}{\Delta t^2}+\frac{(\gamma-1)}{\Delta t}\boldsymbol{C}+\left(\beta-\gamma+\frac{1}{2}\right)\right]\boldsymbol{E}_{t-\Delta t}\\&+\left[\beta S_{t+\Delta t}+\left(\frac{1}{2}+\gamma-2\beta\right)S_t+\left(\frac{1}{2}+\beta-\gamma\right)S_{t-\Delta t}\right]\end{aligned}\tag{3.74}$$

理论分析表明：当 $2\beta \geqslant \gamma \geqslant 1/2$ 时，Newmark 差分法是无条件稳定的隐式算法；当不满足此条件时，为显式算法。当 $\gamma = 1/2$ 时，算法达到二阶精度，且是保能量的。此时，式(3.74)变为

$$\begin{aligned}\left(\frac{\boldsymbol{M}}{\Delta t^2}+\frac{1}{2\Delta t}\boldsymbol{C}+\beta\boldsymbol{K}\right)\boldsymbol{E}_{t+\Delta t}&=\left[\frac{2}{\Delta t^2}\boldsymbol{M}-(1-2\beta)\boldsymbol{K}\right]\boldsymbol{E}_t\\&-\left(\frac{\boldsymbol{M}}{\Delta t^2}-\frac{1}{2\Delta t}\boldsymbol{C}+\beta\boldsymbol{K}\right)\boldsymbol{E}_{t-\Delta t}+[\beta\boldsymbol{S}_{t+\Delta t}+(1-2\beta)\boldsymbol{S}_t+\beta\boldsymbol{S}_{t-\Delta t}]\end{aligned}\tag{3.75}$$

假设激励源在相邻的前后时间步中能量变化非常微小，即 $\boldsymbol{S}_{t+\Delta t}=\boldsymbol{S}_{t-\Delta t}=\boldsymbol{S}_t$，则式（3.75）可转化为

$$\begin{aligned}\left(\frac{\boldsymbol{M}}{\Delta t^2}+\frac{1}{2\Delta t}\boldsymbol{C}+\beta\boldsymbol{K}\right)\boldsymbol{E}_{t+\Delta t}&=\left[\frac{2}{\Delta t^2}\boldsymbol{M}-(1-2\beta)\boldsymbol{K}\right]\boldsymbol{E}_t\\&-\left(\frac{\boldsymbol{M}}{\Delta t^2}-\frac{1}{2\Delta t}\boldsymbol{C}+\beta\boldsymbol{K}\right)\boldsymbol{E}_{t-\Delta t}+\boldsymbol{S}_t\end{aligned}\tag{3.76}$$

当 $\beta=0$ 时，式(3.76)退化为中心差分公式，这说明中心差分法是 Newmark 差分法的一种特殊形式。当 $\beta\geqslant0.25$ 时，式(3.76)是无条件稳定的，因此，通常采用 $\beta=0.25$ 进行时间迭代计算，式(3.76)变为

$$\begin{aligned}\left(\frac{\boldsymbol{M}}{\Delta t^2}+\frac{1}{2\Delta t}\boldsymbol{C}+\frac{1}{4}\boldsymbol{K}\right)\boldsymbol{E}_{t+\Delta t}&=\left[\frac{2}{\Delta t^2}\boldsymbol{M}-\left(1-\frac{1}{2}\right)\boldsymbol{K}\right]\boldsymbol{E}_t\\&-\left(\frac{\boldsymbol{M}}{\Delta t^2}-\frac{1}{2\Delta t}\boldsymbol{C}+\frac{1}{4}\boldsymbol{K}\right)\boldsymbol{E}_{t-\Delta t}+\boldsymbol{S}_t\end{aligned}\tag{3.77}$$

式(3.77)可简写成如下形式的线性方程组：

$$\boldsymbol{Ax}=\boldsymbol{B}\tag{3.78}$$

目前，线性方程组的求解方法有很多，各有特色和优势。其中，不完全 LU 分解预处理的 BICGSTAB(Biconjugate Gradient Stabilized)算法因具有计算效率高、精度高，程序实现简单的优点而得到广泛应用。本书采用该方法求解形如式(3.78)的大型稀疏线性方程组。

3.5 本章小结

本章从麦克斯韦方程组出发，详细推导了 GPR 二阶电磁波动方程；利用 Galerkin 法详细推导了二阶电磁波动方程的弱形式，并分别基于四边形网格、三角形网格、线性插值基函数推导了波动方程弱形式的空间离散公式及其时域有限元方程；基于中心差分法和 Newmark 差分法详细推导了时域有限元方程的时间迭代公式；给出了时域有限元模拟的稳定性条件。

第 4 章　探地雷达时域有限元模拟的完全匹配层实现方法

吸收边界条件是 GPR 波动方程数值模拟的研究热点[64,94,95]。由于计算机内存空间的有限性，利用数值模拟方法求解 GPR 波动方程时，不完善的空间数值截断会产生严重的非物理反射，严重影响电磁波数值模拟的精度[26,96,97]。为此，前人对吸收边界条件进行了深入研究，并发展了多种边界条件，如旁轴近似边界条件[98~99]、Sarma 边界条件[100]、Mur 吸收边界条件[101,102]和 PML 边界条件[103]。其中 PML 边界条件吸收效果最佳，被广泛应用于 GPR 数值模拟中，然而 PML 边界条件大多是在电磁波 FDTD 模拟问题中提出的，FDTD 是一种基于一阶波动方程的数值模拟方法，然而 FETD 求解的波动方程大多以二阶形式出现[67,129,130,165]。相比于一阶电磁波动方程，二阶电磁波动方程涉及的电磁场分量更少，因此，利用 FETD 求解二阶电磁波动方程可有效提高计算效率[169]。

由于 FETD 与 FDTD 求解波动方程形式不同，广泛应用于 FDTD 的各种 PML 边界条件不能直接应用于 FETD 正演模拟中。因此，如何高效地将 PML 边界条件以变分形式加载到二阶电磁波波动方程的 FETD 正演算法中，成为当前波动方程数值模拟的研究热点。为此，Komatitsch 和 Tromp(2003)[170]根据一阶弹性波方程 FDTD 模拟中构建 PML 边界条件的思想，首次推导了适用于二阶弹性波波动方程的分裂式 PML 边界条件，数值算例表明在人工截断边界上，以变分形式将 PML 边界条件引入 FETD 方程组中，可取得良好的吸收效果。目前，基于二阶波动方程的 PML 边界条件在声波[171~173]、弹性波[45,166,174,175]、面波[176]FETD 数值模拟中得到广泛应用，并得到不断发展[127,129]。

4.1　复拉伸坐标系下的二阶电磁波动方程

PML 边界条件的主要原理[103]是在计算区域外边界施加一定厚度的衰减吸收层(PML 层)，并在 PML 层内重构波动方程，以使计算区域内波场能量在 PML 层中呈指数衰减，传播至边界处不产生反射，使得计算区域和 PML 区域之间的反射系数趋于零，如图 4.1 所示。

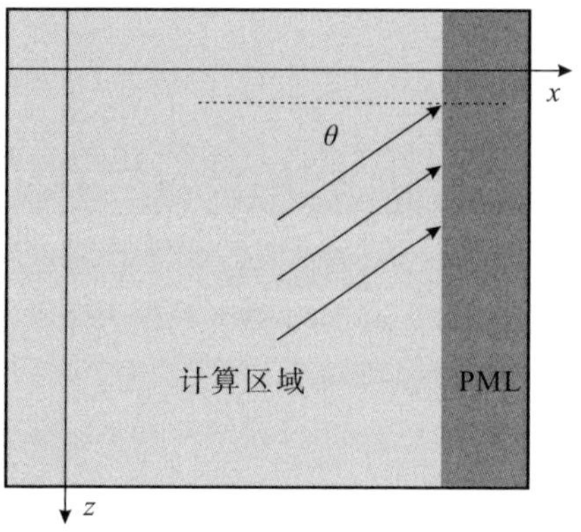

图4.1　计算区域与PML区域示意图

根据复拉伸坐标系下 PML 边界条件构建思想，其理论公式通常在频率域中推导。忽略激励源，将式(3.17)转化到频率域，并整理可得[78]

$$\frac{1}{\mu\varepsilon}\frac{\partial^2\tilde{E}}{\partial x^2}+\frac{1}{\mu\varepsilon}\frac{\partial^2\tilde{E}}{\partial z^2}=\left(-\omega^2+\mathrm{i}\omega\frac{\sigma}{\varepsilon}\right)\tilde{E} \tag{4.1}$$

式(4.1)中：$\tilde{E}$ 为 E 关于时间的傅里叶变换；ω 为角频率；i 为虚数单位。

二维均匀各向同性介质中，式(4.1)对应的平面波解形式为

$$\tilde{E}=A\mathrm{e}^{\mathrm{i}(k_x x+k_z z-\omega t)} \tag{4.2}$$

式(4.2)中：A 为平面波振幅；k_x、k_z 分别为直角坐标系中 x、z 方向的波数。

为重构 PML 层内的波动方程，引入复坐标系 $\tilde{x}$，$\tilde{z}$[111]：

$$\tilde{x}=x-\frac{\mathrm{i}}{\omega}\int_0^x d_x\,\mathrm{d}x,\ \tilde{z}=z-\frac{\mathrm{i}}{\omega}\int_0^z d_z\,\mathrm{d}z \tag{4.3}$$

式(4.3)中，d_x、d_z 分别为 x、z 方向上的衰减系数。

由式(4.3)可推导复坐标系和原坐标系下的空间导数之间的映射关系为[170,177]

$$\begin{cases}\partial_{\tilde{x}}=\dfrac{1}{S_x}\partial_x,\ \partial_{\tilde{z}}=\dfrac{1}{S_z}\partial_z\\ S_x=1+\dfrac{d_x}{\mathrm{i}\omega},\ S_z=1+\dfrac{d_z}{\mathrm{i}\omega}\end{cases} \tag{4.4}$$

式(4.4)中，S_x、S_z 分别为 x、z 方向上的复拉伸函数。

将式(4.3)中第一式代入式(4.2)，整理可得

$$\tilde{E}_{\mathrm{PML}}=\tilde{E}\mathrm{e}^{\mathrm{i}k_x x}\mathrm{e}^{\frac{k_x}{\omega}\int_0^x d_x\mathrm{d}x} \tag{4.5}$$

由式(4.5)可知，由于 k_x 是 x 方向的波数，PML 层内波场能量衰减效果与入射角有关。当入射角接近 0°、近垂直入射时，k_x 近似为 1，吸收效果最好；当入射角接近 90°、沿切向方向入射时，k_x 近似为 0，常规 PML 的吸收效果最

差。可见，常规 PML 仅考虑波场在不同方向上的衰减系数；当激励源靠近 PML 层或偏移距较大时，难以有效吸收大角度入射波和低频反射波。

式(4.4)为常规 PML 边界条件对应的复拉伸函数，只对行波有效，对平行于 PML 和计算区域交界处传播的隐失波和低频波吸收效果差。为解决该问题，Sacks 等(1995)[112]和 Gedney(1996)[113]通过在常规复拉伸函数中增加坐标收缩因子和频移因子两个参数，以改进坐标变换关系，提出了复频移完全匹配层边界条件(CFS-PML)，其复拉伸函数可写为

$$S_x = k_x + \frac{d_x}{\alpha_x + \mathrm{i}\omega} \qquad S_z = k_z + \frac{d_z}{\alpha_z + \mathrm{i}\omega} \tag{4.6}$$

式(4.6)中：$k_x \geqslant 1$、$k_z \geqslant 1$ 分别为 x、z 方向上的坐标收缩因子；$\alpha_x \geqslant 0$、$\alpha_z \geqslant 0$ 分别为 x、z 方向上的频移因子。

收缩因子的作用是将大角度入射波矫正为垂直入射波，从而使得进入 PML 区域中能够得到充分衰减[95]。频移因子的引入可使得复平面的极点从实轴移动到虚负半平面，从而有效吸收切入射波引起的低频波和隐失波[124]。

实际计算中，复拉伸坐标函数式(4.6)中的各参数通常要求沿 PML 区域和求解区域的交界面外法线方向渐进变化，其表达式为[78,177]

$$\begin{cases} d_\eta = d_{\max}(\eta/L)^m \\ k_\eta = 1 + (k_{\max} - 1)(\eta/L)^m \qquad \eta = x,\ z \\ \alpha_\eta = \alpha_{\max}(1 - \eta/L) \end{cases} \tag{4.7}$$

式(4.7)中：η 为 PML 层中的节点到 PML 层内界面的距离；L 为 PML 层厚度；m 为调解因子，一般介于 1~4 之间；$d_{\max}$、$k_{\max}$、$\alpha_{\max}$ 为常数，通常取 $d_{\max} = -(m+1)v\log R_c/2L$，$v$ 为电磁波在介质中传播的最大速度，R_c 为理论反射系数，一般介于 10^{-2}~10^{-6} 之间，$\alpha_{\max} = \pi f_0$，f_0 为激励源子波的主频[177]。

将式(4.4)第一式代入式(4.1)，则可推导复拉伸坐标系下的二阶频率域电磁波动方程为

$$\frac{1}{\mu\varepsilon}\left[\frac{1}{S_x}\frac{\partial}{\partial x}\left(\frac{1}{S_x}\frac{\partial \tilde{E}}{\partial x}\right) + \frac{1}{S_z}\frac{\partial}{\partial z}\left(\frac{1}{S_z}\frac{\partial \tilde{E}}{\partial z}\right)\right] = \left(-\omega^2 + \mathrm{i}\omega\frac{\sigma}{\varepsilon}\right)\tilde{E} \tag{4.8}$$

4.2 基于波场分裂的常规 PML 边界条件实现方法

目前 PML 边界条件实现方法主要分为波场分裂法和波场非分裂法。其中，波场分裂 PML 实现方法由于需对波场进行分裂，且大多涉及复频移拉伸

算子对空间坐标的求导和波场关于时间的二次导数，增加计算内存和程序实现难度；波场非分裂实现方法大多引入较多的辅助变量和辅助微分方程，推导过程复杂，不易被推广[78]。目前，CFS-PML 实现方法主要有卷积法[122]、递归积分法[95]、匹配 Z 变换法[123]和辅助微分方程法等[178,179]。卷积法通过时间递推计算时域 PML 方程中出现的卷积项，可避免直接计算卷积[180]。递归积分法采用递归积分离散时域 PML 方程中出现的卷积项，相比卷积法，减少了计算量[181,182]。这两种方法为避免卷积项引入的辅助变量计算涉及当前时间步前多个时间步的波场。与卷积法利用傅里叶变换推导时间域 PML 方程不同，匹配 Z 变换 PML 考虑到时间域内的卷积运算等价于 Z 域的乘法运算，通过 Z 变换推导时间域 PML 方程，其推导过程更为简单，实现更为方便[126]。辅助微分方程法通过引入辅助变量并构建辅助微分方程，以避免时间域卷积项的计算，具有计算精度高的优点[124,127]。

4.2.1 常规 PML 边界条件下复拉伸坐标系中的二阶电磁波动方程

波场分裂 PML 边界条件实现方法的基本思想是将电磁场进行分裂，并用多个变量分别表示电磁场方程的某一部分[131]。

将式(4.4)第二式代入式(4.8)，可得

$$\begin{aligned}&\frac{1}{\mu\varepsilon}\left[\frac{\mathrm{i}\omega}{d_x+\mathrm{i}\omega}\frac{\partial}{\partial x}\left(\frac{\mathrm{i}\omega}{d_x+\mathrm{i}\omega}\frac{\partial\tilde{E}}{\partial x}\right)+\frac{\mathrm{i}\omega}{d_z+\mathrm{i}\omega}\frac{\partial}{\partial z}\left(\frac{\mathrm{i}\omega}{d_z+\mathrm{i}\omega}\frac{\partial\tilde{E}}{\partial z}\right)\right]\\&=\left(-\omega^2+\mathrm{i}\omega\frac{\sigma}{\varepsilon}\right)\tilde{E}\end{aligned}\tag{4.9}$$

将式(4.9)进一步整理可得

$$\begin{aligned}&\frac{1}{\mu\varepsilon}\left[\left(\frac{\mathrm{i}\omega}{d_x+\mathrm{i}\omega}\right)^2\frac{\partial^2\tilde{E}}{\partial x^2}+\frac{-(\mathrm{i}\omega)^2d_x'}{(d_x+\mathrm{i}\omega)^3}\frac{\partial\tilde{E}}{\partial x}\right]\\&+\frac{1}{\mu\varepsilon}\left[\left(\frac{\mathrm{i}\omega}{d_z+\mathrm{i}\omega}\right)^2\frac{\partial^2\tilde{E}}{\partial z^2}+\frac{-(\mathrm{i}\omega)^2d_z'}{(d_z+\mathrm{i}\omega)^3}\frac{\partial\tilde{E}}{\partial z}\right]=\left(-\omega^2+\mathrm{i}\omega\frac{\sigma}{\varepsilon}\right)\tilde{E}\end{aligned}\tag{4.10}$$

式(4.10)中：d_x' 和 d_z' 分别为 d_x 和 d_z 的导数。

引入变量 $\tilde{Q}$，并假定其为

$$\tilde{Q}=\left(-\omega^2+\mathrm{i}\omega\frac{\sigma}{\varepsilon}\right)\tilde{E}\tag{4.11}$$

变量 $\tilde{Q}$ 分裂为 4 项[170]，即：

$$\tilde{Q}=\tilde{Q}_1+\tilde{Q}_2+\tilde{Q}_3+\tilde{Q}_4\tag{4.12}$$

由式(4.10)和式(4.11)可知，变量 $\tilde{Q}$ 分裂后的4项可分别表示为

$$\begin{cases} \tilde{Q}_1 = \dfrac{1}{\mu\varepsilon}\left(\dfrac{\mathrm{i}\omega}{d_x + \mathrm{i}\omega}\right)^2 \dfrac{\partial^2 \tilde{E}}{\partial x^2}, \ \tilde{Q}_2 = \dfrac{1}{\mu\varepsilon} \dfrac{-(\mathrm{i}\omega)^2 d'_x}{(d_x + \mathrm{i}\omega)^3} \dfrac{\partial \tilde{E}}{\partial x} \\ \tilde{Q}_3 = \dfrac{1}{\mu\varepsilon}\left(\dfrac{\mathrm{i}\omega}{d_z + \mathrm{i}\omega}\right)^2 \dfrac{\partial^2 \tilde{E}}{\partial z^2}, \ \tilde{Q}_4 = \dfrac{1}{\mu\varepsilon} \dfrac{-(\mathrm{i}\omega)^2 d'_z}{(d_z + \mathrm{i}\omega)^3} \dfrac{\partial \tilde{E}}{\partial z} \end{cases} \tag{4.13}$$

将式(4.13)两端同乘以 $(d_x + \mathrm{i}\omega)^2$ 或 $(d_z + \mathrm{i}\omega)^2$，并整理可得

$$\begin{cases} (d_x + \mathrm{i}\omega)^2 \tilde{Q}_1 = \dfrac{1}{\mu\varepsilon}(\mathrm{i}\omega)^2 \dfrac{\partial^2 \tilde{E}}{\partial x^2}, \ (d_x + \mathrm{i}\omega)^2 \tilde{Q}_2 = \dfrac{1}{\mu\varepsilon} \dfrac{-(\mathrm{i}\omega)^2 d'_x}{(d_x + \mathrm{i}\omega)} \dfrac{\partial \tilde{E}}{\partial x} \\ (d_z + \mathrm{i}\omega)^2 \tilde{Q}_3 = \dfrac{1}{\mu\varepsilon}(\mathrm{i}\omega)^2 \dfrac{\partial^2 \tilde{E}}{\partial z^2}, \ (d_z + \mathrm{i}\omega)^2 \tilde{Q}_4 = \dfrac{1}{\mu\varepsilon} \dfrac{-(\mathrm{i}\omega)^2 d'_z}{(d_z + \mathrm{i}\omega)} \dfrac{\partial \tilde{E}}{\partial z} \end{cases} \tag{4.14}$$

将式(4.14)引入辅助变量 $\tilde{P}_x$、$\tilde{P}_z$：

$$\tilde{P}_x = \frac{\mathrm{i}\omega}{\mathrm{i}\omega + d_x} \frac{\partial \tilde{E}}{\partial x}, \ \tilde{P}_z = \frac{\mathrm{i}\omega}{\mathrm{i}\omega + d_z} \frac{\partial \tilde{E}}{\partial z} \tag{4.15}$$

则式(4.14)可表示为

$$\begin{cases} (d_x + \mathrm{i}\omega)^2 \tilde{Q}_1 = \dfrac{1}{\mu\varepsilon}(\mathrm{i}\omega)^2 \dfrac{\partial^2 \tilde{E}}{\partial x^2}, \ (d_x + \mathrm{i}\omega)^2 \tilde{Q}_2 = -\dfrac{1}{\mu\varepsilon} \mathrm{i}\omega d'_x \tilde{P}_x \\ (d_z + \mathrm{i}\omega)^2 \tilde{Q}_3 = \dfrac{1}{\mu\varepsilon}(\mathrm{i}\omega)^2 \dfrac{\partial^2 \tilde{E}}{\partial z^2}, \ (d_z + \mathrm{i}\omega)^2 \tilde{Q}_4 = -\dfrac{1}{\mu\varepsilon} \mathrm{i}\omega d'_z \tilde{P}_z \end{cases} \tag{4.16}$$

将式(4.15)进一步整理为

$$(\mathrm{i}\omega + d_x)\tilde{P}_x = \mathrm{i}\omega \frac{\partial \tilde{E}}{\partial x}, \ (\mathrm{i}\omega + d_z)\tilde{P}_z = \mathrm{i}\omega \frac{\partial \tilde{E}}{\partial z} \tag{4.17}$$

则由式(4.11)、式(4.16)和式(4.17)组合的方程组为

$$\begin{cases} \tilde{Q} = \left(-\omega^2 + \mathrm{i}\omega \dfrac{\sigma}{\varepsilon}\right)\tilde{E} \\ (d_x + \mathrm{i}\omega)^2 \tilde{Q}_1 = \dfrac{1}{\mu\varepsilon}(\mathrm{i}\omega)^2 \dfrac{\partial^2 \tilde{E}}{\partial x^2}, \ (d_x + \mathrm{i}\omega)^2 \tilde{Q}_2 = -\dfrac{1}{\mu\varepsilon} \mathrm{i}\omega d'_x \tilde{P}_x \\ (d_z + \mathrm{i}\omega)^2 \tilde{Q}_3 = \dfrac{1}{\mu\varepsilon}(\mathrm{i}\omega)^2 \dfrac{\partial^2 \tilde{E}}{\partial z^2}, \ (d_z + \mathrm{i}\omega)^2 \tilde{Q}_4 = -\dfrac{1}{\mu\varepsilon} \mathrm{i}\omega d'_z \tilde{P}_z \\ (\mathrm{i}\omega + d_x)\tilde{P}_x = \mathrm{i}\omega \dfrac{\partial \tilde{E}}{\partial x}, \ (\mathrm{i}\omega + d_z)\tilde{P}_z = \mathrm{i}\omega \dfrac{\partial \tilde{E}}{\partial z} \end{cases} \tag{4.18}$$

将式(4.18)两端关于 ω 做傅里叶逆变换，则PML区域内满足的二阶时间域波动方程为

$$
\begin{cases}
Q = \dfrac{\partial^2 E}{\partial t^2} + \dfrac{\sigma}{\varepsilon}\dfrac{\partial E}{\partial t} \\
\dfrac{\partial^2 Q_1}{\partial t^2} + 2d_x\dfrac{\partial Q_1}{\partial t} + d_x^2 Q_1 = \dfrac{1}{\mu\varepsilon}\dfrac{\partial^2}{\partial t^2}\left(\dfrac{\partial^2 E}{\partial x^2}\right) \\
\dfrac{\partial^2 Q_2}{\partial t^2} + 2d_x\dfrac{\partial Q_2}{\partial t} + d_x^2 Q_2 = -\dfrac{1}{\mu\varepsilon}d'_x\dfrac{\partial P_x}{\partial t} \\
\dfrac{\partial^2 Q_3}{\partial t^2} + 2d_z\dfrac{\partial Q_3}{\partial t} + d_z^2 Q_3 = \dfrac{1}{\mu\varepsilon}\dfrac{\partial^2}{\partial t^2}\left(\dfrac{\partial^2 E}{\partial z^2}\right) \\
\dfrac{\partial^2 Q_4}{\partial t^2} + 2d_z\dfrac{\partial Q_4}{\partial t} + d_z^2 Q_4 = -\dfrac{1}{\mu\varepsilon}d'_z\dfrac{\partial P_z}{\partial t} \\
\dfrac{\partial P_x}{\partial t} + d_x P_x = \dfrac{\partial}{\partial t}\left(\dfrac{\partial E}{\partial x}\right),\ \dfrac{\partial P_z}{\partial t} + d_z P_z = \dfrac{\partial}{\partial t}\left(\dfrac{\partial E}{\partial z}\right)
\end{cases}
\tag{4.19}
$$

式(4.19)中，Q、Q_1、Q_2、Q_3、Q_4、P_x、P_z 分别为 $\tilde{Q}$、$\tilde{Q}_1$、$\tilde{Q}_2$、$\tilde{Q}_3$、$\tilde{Q}_4$、$\tilde{P}_x$、$\tilde{P}_z$ 关于时间的反傅里叶变换。

式(4.19)即为基于分裂 PML 边界条件的时间域二阶电磁波动方程。

4.2.2 时域有限元法求解

利用 Galerkin 法和分步积分法可推导式(4.19)的弱形式为[67]

$$
\begin{cases}
\displaystyle\int_\Omega \frac{\partial^2 E}{\partial t^2}\varphi \mathrm{d}\Omega + \int_\Omega \frac{\sigma}{\varepsilon}\frac{\partial E}{\partial t}\varphi \mathrm{d}\Omega = \int_\Omega Q\varphi \mathrm{d}\Omega \\
\displaystyle\int_\Omega \frac{\partial^2 Q_1}{\partial t^2}\varphi \mathrm{d}\Omega + \int_\Omega 2d_x\frac{\partial Q_1}{\partial t}\varphi \mathrm{d}\Omega + \int_\Omega d_x^2 Q_1\varphi \mathrm{d}\Omega \\
\displaystyle= \int_\Gamma \frac{1}{\mu\varepsilon}\frac{\partial^2}{\partial t^2}\left(\frac{\partial E}{\partial x}\right)n_x\varphi \mathrm{d}\Gamma - \int_\Omega \frac{1}{\mu\varepsilon}\frac{\partial^2}{\partial t^2}\left(\frac{\partial E}{\partial x}\right)\frac{\partial \varphi}{\partial x}\mathrm{d}\Omega \\
\displaystyle\int_\Omega \frac{\partial^2 Q_2}{\partial t^2}\varphi \mathrm{d}\Omega + \int_\Omega 2d_x\frac{\partial Q_2}{\partial t}\varphi \mathrm{d}\Omega + \int_\Omega d_x^2 Q_2\varphi \mathrm{d}\Omega \\
\displaystyle= \int_\Omega -\frac{1}{\mu\varepsilon}d'_x\frac{\partial P_x}{\partial t}\varphi\, \mathrm{d}\Omega \\
\displaystyle\int_\Omega \frac{\partial^2 Q_3}{\partial t^2}\varphi \mathrm{d}\Omega + \int_\Omega 2d_z\frac{\partial Q_3}{\partial t}\varphi \mathrm{d}\Omega + \int_\Omega d_z^2 Q_3\varphi \mathrm{d}\Omega \\
\displaystyle= \int_\Gamma \frac{1}{\mu\varepsilon}\frac{\partial^2}{\partial t^2}\left(\frac{\partial E}{\partial z}\right)n_z\varphi \mathrm{d}\Gamma - \int_\Omega \frac{1}{\mu\varepsilon}\frac{\partial^2}{\partial t^2}\left(\frac{\partial E}{\partial z}\right)\frac{\partial \varphi}{\partial z}\mathrm{d}\Omega \\
\displaystyle\int_\Omega \frac{\partial^2 Q_4}{\partial t^2}\varphi \mathrm{d}\Omega + \int_\Omega 2d_z\frac{\partial Q_4}{\partial t}\varphi \mathrm{d}\Omega + \int_\Omega d_z^2 Q_4\varphi \mathrm{d}\Omega \\
\displaystyle= \int_\Omega -\frac{1}{\mu\varepsilon}d'_z\frac{\partial P_z}{\partial t}\varphi\, \mathrm{d}\Omega
\end{cases}
\tag{4.20-1}
$$

$$
\left\{\begin{aligned}
&\int_{\Omega} \frac{\partial P_x}{\partial t} \varphi \mathrm{d}\Omega + \int_{\Omega} d_x P_x \varphi \mathrm{d}\Omega = \int_{\Omega} \frac{\partial}{\partial t}\left(\frac{\partial \tilde{E}}{\partial x}\right) \varphi \,\mathrm{d}\Omega \\
&\int_{\Omega} \frac{\partial P_z}{\partial t} \varphi \mathrm{d}\Omega + \int_{\Omega} d_z P_z \varphi \mathrm{d}\Omega = \int_{\Omega} \frac{\partial}{\partial t}\left(\frac{\partial \tilde{E}}{\partial z}\right) \varphi \,\mathrm{d}\Omega
\end{aligned}\right. \tag{4.20-2}
$$

式(4.20)形成的时域有限元方程组为

$$
\left\{\begin{aligned}
&\boldsymbol{M} \frac{\partial^2 \boldsymbol{E}}{\partial t^2} + \boldsymbol{M}_1 \frac{\partial \boldsymbol{E}}{\partial t} = \boldsymbol{M}\boldsymbol{Q} \\
&\boldsymbol{M} \frac{\partial^2 \boldsymbol{Q}_1}{\partial t^2} + \boldsymbol{C}_{x1} \frac{\partial \boldsymbol{Q}_1}{\partial t} + \boldsymbol{C}_{x2} \boldsymbol{Q}_1 = -\boldsymbol{K}_x \frac{\partial^2 \boldsymbol{E}}{\partial t^2} \\
&\boldsymbol{M} \frac{\partial^2 \boldsymbol{Q}_2}{\partial t^2} + \boldsymbol{C}_{x1} \frac{\partial \boldsymbol{Q}_2}{\partial t} + \boldsymbol{C}_{x2} \boldsymbol{Q}_2 = \boldsymbol{C}_{x3} \frac{\partial \boldsymbol{P}_x}{\partial t} \\
&\boldsymbol{M} \frac{\partial^2 \boldsymbol{Q}_3}{\partial t^2} + \boldsymbol{C}_{z1} \frac{\partial \boldsymbol{Q}_3}{\partial t} + \boldsymbol{C}_{z2} \boldsymbol{Q}_3 = -\boldsymbol{K}_z \frac{\partial^2 \boldsymbol{E}}{\partial t^2} \\
&\boldsymbol{M} \frac{\partial^2 \boldsymbol{Q}_4}{\partial t^2} + \boldsymbol{C}_{z1} \frac{\partial \boldsymbol{Q}_4}{\partial t} + \boldsymbol{C}_{z2} \boldsymbol{Q}_4 = \boldsymbol{C}_{z3} \frac{\partial \boldsymbol{P}_z}{\partial t} \\
&\boldsymbol{M} \frac{\partial \boldsymbol{P}_x}{\partial t} + 2\boldsymbol{C}_{x1} \boldsymbol{P}_x = \boldsymbol{C}_{x4} \frac{\partial \boldsymbol{E}}{\partial t} \\
&\boldsymbol{M} \frac{\partial \boldsymbol{P}_z}{\partial t} + 2\boldsymbol{C}_{z1} \boldsymbol{P}_x = \boldsymbol{C}_{z4} \frac{\partial \boldsymbol{E}}{\partial t}
\end{aligned}\right. \tag{4.21}
$$

式(4.21)中，各系数矩阵的计算公式为

$$
\left\{\begin{aligned}
&\boldsymbol{M} = \int_{\Omega} \boldsymbol{N}\boldsymbol{N}^{\mathrm{T}} \mathrm{d}\Omega, \ \boldsymbol{M}_1 = \sigma/\varepsilon \int_{\Omega} \boldsymbol{N}\boldsymbol{N}^{\mathrm{T}} \mathrm{d}\Omega \\
&\boldsymbol{K}_x = \frac{1}{\mu\varepsilon} \int_{\Omega} \boldsymbol{N}_x \boldsymbol{N}_x^{\mathrm{T}} \mathrm{d}\Omega \\
&\boldsymbol{K}_z = \frac{1}{\mu\varepsilon} \int_{\Omega} \boldsymbol{N}_z \boldsymbol{N}_z^{\mathrm{T}} \mathrm{d}\Omega
\end{aligned}\right. \tag{4.22}
$$

$$
\left\{\begin{aligned}
&\boldsymbol{C}_{x1} = \int_{\Omega} 2 d_x \boldsymbol{N}\boldsymbol{N}^{\mathrm{T}} \mathrm{d}\Omega, \ \boldsymbol{C}_{z1} = \int_{\Omega} 2 d_z \boldsymbol{N}\boldsymbol{N}^{\mathrm{T}} \mathrm{d}\Omega \\
&\boldsymbol{C}_{x2} = \int_{\Omega} d_x^2 \boldsymbol{N}\boldsymbol{N}^{\mathrm{T}} \mathrm{d}\Omega, \ \boldsymbol{C}_{z2} = \int_{\Omega} d_z^2 \boldsymbol{N}\boldsymbol{N}^{\mathrm{T}} \mathrm{d}\Omega \\
&\boldsymbol{C}_{x3} = \int_{\Omega} -\frac{1}{\mu\varepsilon} d'_x \boldsymbol{N}\boldsymbol{N}^{\mathrm{T}} \mathrm{d}\Omega, \ \boldsymbol{C}_{z3} = \int_{\Omega} -\frac{1}{\mu\varepsilon} d'_z \boldsymbol{N}\boldsymbol{N}^{\mathrm{T}} \mathrm{d}\Omega \\
&\boldsymbol{C}_{x4} = \int_{\Omega} \boldsymbol{N}_x \boldsymbol{N}^{\mathrm{T}} \mathrm{d}\Omega, \ \boldsymbol{C}_{z4} = \int_{\Omega} \boldsymbol{N}_z \boldsymbol{N}^{\mathrm{T}} \mathrm{d}\Omega
\end{aligned}\right. \tag{4.23}
$$

式(4.21)可利用 3.4 节中阐述的中心差分法和 Newmark 差分法进行离散求解，从而实现 PML 区域内电磁波场的时空域迭代计算。

4.2.3 中心差分法时间离散

将式(3.45)和式(3.46)代入式(4.21)，可得

$$
\begin{cases}
\boldsymbol{M}\left(\dfrac{\boldsymbol{E}_{t+\Delta t}-2\boldsymbol{E}_{t}+\boldsymbol{E}_{t-\Delta t}}{\Delta t^{2}}\right)+\boldsymbol{M}_{1}\left(\dfrac{\boldsymbol{E}_{t+\Delta t}-\boldsymbol{E}_{t-\Delta t}}{2\Delta t}\right)=\boldsymbol{M}\boldsymbol{Q}_{t} \\
\boldsymbol{M}\left(\dfrac{\boldsymbol{Q}_{1,t+\Delta t}-2\boldsymbol{Q}_{1,t}+\boldsymbol{Q}_{1,t-\Delta t}}{\Delta t^{2}}\right)+\boldsymbol{C}_{x1}\left(\dfrac{\boldsymbol{Q}_{1,t+\Delta t}-\boldsymbol{Q}_{1,t-\Delta t}}{2\Delta t}\right)+\boldsymbol{C}_{x2}\boldsymbol{Q}_{1,t} \\
=-\boldsymbol{K}_{x}\left(\dfrac{\boldsymbol{E}_{t+\Delta t}-2\boldsymbol{E}_{t}+\boldsymbol{E}_{t-\Delta t}}{\Delta t^{2}}\right) \\
\boldsymbol{M}\left(\dfrac{\boldsymbol{Q}_{2,t+\Delta t}-2\boldsymbol{Q}_{2,t}+\boldsymbol{Q}_{2,t-\Delta t}}{\Delta t^{2}}\right)+\boldsymbol{C}_{x1}\left(\dfrac{\boldsymbol{Q}_{2,t+\Delta t}-\boldsymbol{Q}_{2,t-\Delta t}}{2\Delta t}\right)+\boldsymbol{C}_{x2}\boldsymbol{Q}_{2,t} \\
=\boldsymbol{C}_{x3}\left(\dfrac{\boldsymbol{P}_{x,t+\Delta t}-\boldsymbol{P}_{x,t-\Delta t}}{2\Delta t}\right) \\
\boldsymbol{M}\left(\dfrac{\boldsymbol{Q}_{3,t+\Delta t}-2\boldsymbol{Q}_{3,t}+\boldsymbol{Q}_{3,t-\Delta t}}{\Delta t^{2}}\right)+\boldsymbol{C}_{z1}\left(\dfrac{\boldsymbol{Q}_{3,t+\Delta t}-\boldsymbol{Q}_{3,t-\Delta t}}{2\Delta t}\right)+\boldsymbol{C}_{z2}\boldsymbol{Q}_{3,t} \\
=-\boldsymbol{K}_{z}\left(\dfrac{\boldsymbol{E}_{t+\Delta t}-2\boldsymbol{E}_{t}+\boldsymbol{E}_{t-\Delta t}}{\Delta t^{2}}\right) \\
\boldsymbol{M}\left(\dfrac{\boldsymbol{Q}_{4,t+\Delta t}-2\boldsymbol{Q}_{4,t}+\boldsymbol{Q}_{4,t-\Delta t}}{\Delta t^{2}}\right)+\boldsymbol{C}_{z1}\left(\dfrac{\boldsymbol{Q}_{4,t+\Delta t}-\boldsymbol{Q}_{4,t-\Delta t}}{2\Delta t}\right)+\boldsymbol{C}_{z2}\boldsymbol{Q}_{4,t} \\
=\boldsymbol{C}_{z3}\left(\dfrac{\boldsymbol{P}_{z,t+\Delta t}-\boldsymbol{P}_{4,t-\Delta t}}{2\Delta t}\right) \\
\boldsymbol{M}\left(\dfrac{\boldsymbol{P}_{x,t+\Delta t}-\boldsymbol{P}_{x,t-\Delta t}}{2\Delta t}\right)+2\boldsymbol{C}_{x1}\boldsymbol{P}_{x,t}=\boldsymbol{C}_{x4}\left(\dfrac{\boldsymbol{E}_{t+\Delta t}-\boldsymbol{E}_{t-\Delta t}}{2\Delta t}\right) \\
\boldsymbol{M}\left(\dfrac{\boldsymbol{P}_{x,t+\Delta t}-\boldsymbol{P}_{x,t-\Delta t}}{2\Delta t}\right)+2\boldsymbol{C}_{z1}\boldsymbol{P}_{x}=\boldsymbol{C}_{z4}\left(\dfrac{\boldsymbol{E}_{t+\Delta t}-\boldsymbol{E}_{t-\Delta t}}{2\Delta t}\right)
\end{cases}
\tag{4.24}
$$

将式(4.24)进一步整理可得

$$
\begin{cases}
\left(\dfrac{\boldsymbol{M}}{\Delta t^{2}}+\dfrac{\boldsymbol{M}_{1}}{2\Delta t}\right)\boldsymbol{E}_{t+\Delta t}=\dfrac{2\boldsymbol{M}}{\Delta t^{2}}\boldsymbol{E}_{t}+\boldsymbol{M}\boldsymbol{Q}_{t}-\left(\dfrac{\boldsymbol{M}}{\Delta t^{2}}-\dfrac{\boldsymbol{M}_{1}}{2\Delta t}\right)\boldsymbol{E}_{t-\Delta t} \\
\left(\dfrac{\boldsymbol{M}}{\Delta t^{2}}+\dfrac{\boldsymbol{C}_{x1}}{2\Delta t}\right)\boldsymbol{Q}_{1,t+\Delta t}=\left(\dfrac{2\boldsymbol{M}}{\Delta t^{2}}-\boldsymbol{C}_{x2}\right)\boldsymbol{Q}_{1,t}-\left(\dfrac{\boldsymbol{M}}{\Delta t^{2}}-\dfrac{\boldsymbol{C}_{x1}}{2\Delta t}\right)\boldsymbol{Q}_{1,t-\Delta t} \\
-\dfrac{\boldsymbol{K}_{x}}{\Delta t^{2}}\boldsymbol{E}_{t+\Delta t}+\dfrac{2\boldsymbol{K}_{x}}{\Delta t^{2}}\boldsymbol{E}_{t}-\dfrac{\boldsymbol{K}_{x}}{\Delta t^{2}}\boldsymbol{E}_{t-\Delta t} \\
\left(\dfrac{\boldsymbol{M}}{\Delta t^{2}}+\dfrac{\boldsymbol{C}_{x1}}{2\Delta t}\right)\boldsymbol{Q}_{2,t+\Delta t}=\left(\dfrac{2\boldsymbol{M}}{\Delta t^{2}}-\boldsymbol{C}_{x2}\right)\boldsymbol{Q}_{2,t}-\left(\dfrac{\boldsymbol{M}}{\Delta t^{2}}-\dfrac{\boldsymbol{C}_{x1}}{2\Delta t}\right)\boldsymbol{Q}_{2,t-\Delta t} \\
+\dfrac{\boldsymbol{C}_{x3}}{2\Delta t}\boldsymbol{P}_{x,t+\Delta t}-\dfrac{\boldsymbol{C}_{x3}}{2\Delta t}\boldsymbol{P}_{x,t-\Delta t}
\end{cases}
\tag{4.25-1}
$$

$$
\begin{cases}
\left(\frac{\boldsymbol{M}}{\Delta t^2}+\frac{\boldsymbol{C}_{z1}}{2\Delta t}\right)\boldsymbol{Q}_{3,\ t+\Delta t}=\left(\frac{2\boldsymbol{M}}{\Delta t^2}-\boldsymbol{C}_{z2}\right)\boldsymbol{Q}_{3,\ t}-\left(\frac{\boldsymbol{M}}{\Delta t^2}-\frac{\boldsymbol{C}_{z1}}{2\Delta t}\right)\boldsymbol{Q}_{3,\ t-\Delta t} \\
-\frac{\boldsymbol{K}_z}{\Delta t^2}\boldsymbol{E}_{t+\Delta t}+\frac{2\boldsymbol{K}_z}{\Delta t^2}\boldsymbol{E}_t-\frac{\boldsymbol{K}_z}{\Delta t^2}\boldsymbol{E}_{t-\Delta t} \\
\left(\frac{\boldsymbol{M}}{\Delta t^2}+\frac{\boldsymbol{C}_{z1}}{2\Delta t}\right)\boldsymbol{Q}_{4,\ t+\Delta t}=\left(\frac{2\boldsymbol{M}}{\Delta t^2}-\boldsymbol{C}_{z2}\right)\boldsymbol{Q}_{4,\ t}-\left(\frac{\boldsymbol{M}}{\Delta t^2}-\frac{\boldsymbol{C}_{z1}}{2\Delta t}\right)\boldsymbol{Q}_{4,\ t-\Delta t} \\
+\frac{\boldsymbol{C}_{z3}}{2\Delta t}\boldsymbol{P}_{z,t+\Delta t}-\frac{\boldsymbol{C}_{z3}}{2\Delta t}\boldsymbol{P}_{z,t-\Delta t} \\
\frac{\boldsymbol{M}}{2\Delta t}\boldsymbol{P}_{x,t+\Delta t}=\frac{\boldsymbol{M}}{2\Delta t}\boldsymbol{P}_{x,t-\Delta t}-2\boldsymbol{C}_{x1}\boldsymbol{P}_{x,t}+\frac{\boldsymbol{C}_{x4}}{2\Delta t}\boldsymbol{E}_{t+\Delta t}-\frac{\boldsymbol{C}_{x4}}{2\Delta t}\boldsymbol{E}_{t-\Delta t} \\
\frac{\boldsymbol{M}}{2\Delta t}\boldsymbol{P}_{z,t+\Delta t}=\frac{\boldsymbol{M}}{2\Delta t}\boldsymbol{P}_{z,t-\Delta t}-2\boldsymbol{C}_{z1}\boldsymbol{P}_{z,t}+\frac{\boldsymbol{C}_{z4}}{2\Delta t}\boldsymbol{E}_{t+\Delta t}-\frac{\boldsymbol{C}_{z4}}{2\Delta t}\boldsymbol{E}_{t-\Delta t}
\end{cases}
\tag{4.25-2}
$$

首先利用式(4.24)中的第六式和第七式分别计算 $\boldsymbol{P}_{x,\ t+\Delta t}$ 和 $\boldsymbol{P}_{z,\ t+\Delta t}$；然后将其代入第二式、第三式、第四式和第五式，分别计算 $\boldsymbol{Q}_{1,\ t+\Delta t}$、$\boldsymbol{Q}_{2,\ t+\Delta t}$、$\boldsymbol{Q}_{3,\ t+\Delta t}$、$\boldsymbol{Q}_{4,\ t+\Delta t}$；最后计算第一式，计算 $\boldsymbol{E}_{t+\Delta t}$，从而实现不同时刻的电场值的迭代求解。

4.2.4 Newmark 差分法时间离散

将 Newmark 时间差分迭代格式式(3.76)代入式(4.21)，可得

$$
\begin{cases}
\left(\frac{\boldsymbol{M}}{\Delta t^2}+\frac{\boldsymbol{M}_1}{2\Delta t}\right)\boldsymbol{E}_{t+\Delta t}=\frac{2\boldsymbol{M}}{\Delta t^2}\boldsymbol{E}_t-\left(\frac{\boldsymbol{M}}{\Delta t^2}-\frac{\boldsymbol{C}}{2\Delta t}\right)\boldsymbol{E}_{t-\Delta t}+\boldsymbol{M}\boldsymbol{Q}_t \\
\left(\frac{\boldsymbol{M}}{\Delta t^2}+\frac{\boldsymbol{C}_{x1}}{2\Delta t}+\beta\boldsymbol{C}_{x2}\right)\boldsymbol{Q}_{1,\ t+\Delta t}=\left[\frac{2\boldsymbol{M}}{\Delta t^2}-(1-2\beta)\boldsymbol{C}_{x2}\right]\boldsymbol{Q}_{1,\ t} \\
-\left(\frac{\boldsymbol{M}}{\Delta t^2}-\frac{\boldsymbol{C}_{x1}}{2\Delta t}+\beta\boldsymbol{C}_{x2}\right)\boldsymbol{Q}_{1,\ t-\Delta t}-\frac{\boldsymbol{K}_x}{\Delta t^2}\boldsymbol{E}_{t+\Delta t}+\frac{2\boldsymbol{K}_x}{\Delta t^2}\boldsymbol{E}_t-\frac{\boldsymbol{K}_x}{\Delta t^2}\boldsymbol{E}_{t-\Delta t} \\
\left(\frac{\boldsymbol{M}}{\Delta t^2}+\frac{\boldsymbol{C}_{x1}}{2\Delta t}+\beta\boldsymbol{C}_{x2}\right)\boldsymbol{Q}_{2,\ t+\Delta t}=\left[\frac{2\boldsymbol{M}}{\Delta t^2}-(1-2\beta)\boldsymbol{C}_{x2}\right]\boldsymbol{Q}_{2,\ t} \\
-\left(\frac{\boldsymbol{M}}{\Delta t^2}-\frac{\boldsymbol{C}_{x1}}{2\Delta t}+\beta\boldsymbol{C}_{x2}\right)\boldsymbol{Q}_{2,\ t-\Delta t}+\frac{\boldsymbol{C}_{x3}}{2\Delta t}\boldsymbol{P}_{x,t+\Delta t}-\frac{\boldsymbol{C}_{x3}}{2\Delta t}\boldsymbol{P}_{x,t-\Delta t} \\
\left(\frac{\boldsymbol{M}}{\Delta t^2}+\frac{\boldsymbol{C}_{z1}}{2\Delta t}+\beta\boldsymbol{C}_{z2}\right)\boldsymbol{Q}_{3,\ t+\Delta t}=\left[\frac{2\boldsymbol{M}}{\Delta t^2}-(1-2\beta)\boldsymbol{C}_{z2}\right]\boldsymbol{Q}_{3,\ t} \\
-\left(\frac{\boldsymbol{M}}{\Delta t^2}-\frac{\boldsymbol{C}_{z1}}{2\Delta t}+\beta\boldsymbol{C}_{z2}\right)\boldsymbol{Q}_{3,\ t-\Delta t}-\frac{\boldsymbol{K}_z}{\Delta t^2}\boldsymbol{E}_{t+\Delta t}+\frac{2\boldsymbol{K}_z}{\Delta t^2}\boldsymbol{E}_t-\frac{\boldsymbol{K}_z}{\Delta t^2}\boldsymbol{E}_{t-\Delta t} \\
\left(\frac{\boldsymbol{M}}{\Delta t^2}+\frac{\boldsymbol{C}_{z1}}{2\Delta t}+\beta\boldsymbol{C}_{z2}\right)\boldsymbol{Q}_{4,\ t+\Delta t}=\left[\frac{2\boldsymbol{M}}{\Delta t^2}-(1-2\beta)\boldsymbol{C}_{z2}\right]\boldsymbol{Q}_{4,\ t} \\
-\left(\frac{\boldsymbol{M}}{\Delta t^2}-\frac{\boldsymbol{C}_{z1}}{2\Delta t}+\beta\boldsymbol{C}_{z2}\right)\boldsymbol{Q}_{4,\ t-\Delta t}+\frac{\boldsymbol{C}_{z3}}{2\Delta t}\boldsymbol{P}_{z,t+\Delta t}-\frac{\boldsymbol{C}_{z3}}{2\Delta t}\boldsymbol{P}_{z,t-\Delta t}
\end{cases}
\tag{4.26-1}
$$

$$\begin{cases} \dfrac{\boldsymbol{M}}{2\Delta t}\boldsymbol{P}_{x,t+\Delta t} = \dfrac{\boldsymbol{M}}{2\Delta t}\boldsymbol{P}_{x,t-\Delta t} - 2\boldsymbol{C}_{x1}\boldsymbol{P}_{x,t} + \dfrac{\boldsymbol{C}_{x4}}{2\Delta t}\boldsymbol{E}_{t+\Delta t} - \dfrac{\boldsymbol{C}_{x4}}{2\Delta t}\boldsymbol{E}_{t-\Delta t} \\ \dfrac{\boldsymbol{M}}{2\Delta t}\boldsymbol{P}_{z,t+\Delta t} = \dfrac{\boldsymbol{M}}{2\Delta t}\boldsymbol{P}_{z,t-\Delta t} - 2\boldsymbol{C}_{z1}\boldsymbol{P}_{z,t} + \dfrac{\boldsymbol{C}_{z4}}{2\Delta t}\boldsymbol{E}_{t+\Delta t} - \dfrac{\boldsymbol{C}_{z4}}{2\Delta t}\boldsymbol{E}_{t-\Delta t} \end{cases} \tag{4.26-2}$$

首先利用式(4.26)中的第六式和第七式分别计算 $\boldsymbol{P}_{x,\ t+\Delta t}$ 和 $\boldsymbol{P}_{z,\ t+\Delta t}$；然后将其代入第二式、第三式、第四式和第五式，分别计算 $\boldsymbol{Q}_{1,\ t+\Delta t}$、$\boldsymbol{Q}_{2,\ t+\Delta t}$、$\boldsymbol{Q}_{3,\ t+\Delta t}$、$\boldsymbol{Q}_{4,\ t+\Delta t}$；最后计算第一式，计算 $\boldsymbol{E}_{t+\Delta t}$。

4.3 基于波场分裂的 CFS-PML 边界条件实现方法

4.3.1 CFS-PML 边界条件下复拉伸坐标系中的二阶电磁波动方程

将式(4.6)代入式(4.8)，并整理可得

$$\begin{aligned} &\frac{1}{\mu\varepsilon}\left\{\left[\frac{(\alpha_x+\mathrm{i}\omega)}{k_x(\alpha_x+\mathrm{i}\omega)+d_x}\right]^2\frac{\partial^2\tilde{E}}{\partial x^2} + \frac{(\alpha_x+\mathrm{i}\omega)[\alpha_x'd_x - k_x'(\alpha_x+\mathrm{i}\omega)^2 - d_x'(\alpha_x+\mathrm{i}\omega)]}{[k_x(\alpha_x+\mathrm{i}\omega)+d_x]^3}\frac{\partial\tilde{E}}{\partial x}\right\} \\ &+\frac{1}{\mu\varepsilon}\left\{\left[\frac{(\alpha_z+\mathrm{i}\omega)}{k_z(\alpha_z+\mathrm{i}\omega)+d_z}\right]^2\frac{\partial^2\tilde{E}}{\partial z^2} + \frac{(\alpha_z+\mathrm{i}\omega)[\alpha_z'd_z - k_z'(\alpha_z+\mathrm{i}\omega)^2 - d_z'(\alpha_z+\mathrm{i}\omega)]}{[k_z(\alpha_z+\mathrm{i}\omega)+d_z]^3}\frac{\partial\tilde{E}}{\partial z}\right\} \\ &=\left(-\omega^2+\mathrm{i}\omega\frac{\sigma}{\varepsilon}\right)\tilde{E} \end{aligned} \tag{4.27}$$

类似地，令 $\tilde{Q}=\left(-\omega^2+\mathrm{i}\omega\dfrac{\sigma}{\varepsilon}\right)\tilde{E}$，将变量 $\tilde{Q}$ 分裂为 4 项[170]，即

$$\tilde{Q}=\tilde{Q}_1+\tilde{Q}_2+\tilde{Q}_3+\tilde{Q}_4 \tag{4.28}$$

同理，式(4.27)对应的分裂结果可表示为

$$\begin{cases} [k_x(\alpha_x+\mathrm{i}\omega)+d_x]^2\tilde{Q}_1=\dfrac{1}{\mu\varepsilon}(\alpha_x+\mathrm{i}\omega)^2\dfrac{\partial^2\tilde{E}}{\partial x^2} \\ [k_x(\alpha_x+\mathrm{i}\omega)+d_x]^2\tilde{Q}_2=\dfrac{1}{\mu\varepsilon}[\alpha_x'd_x-k_x'(\alpha_x+\mathrm{i}\omega)^2-d_x'(\alpha_x+\mathrm{i}\omega)]\tilde{P}_x \end{cases} \tag{4.29-1}$$

$$\begin{cases}[k_z(\alpha_z+\mathrm{i}\omega)+d_z]^2\tilde{Q}_3=\dfrac{1}{\mu\varepsilon}(\alpha_z+\mathrm{i}\omega)^2\dfrac{\partial^2\tilde{E}}{\partial z^2}\\ [k_z(\alpha_z+\mathrm{i}\omega)+d_z]^2\tilde{Q}_4=\dfrac{1}{\mu\varepsilon}[\alpha_z'd_z-k_z'(\alpha_z+\mathrm{i}\omega)^2-d_z'(\alpha_z+\mathrm{i}\omega)]\tilde{P}_z\end{cases}\tag{4.29-2}$$

将式(4.29)引入辅助变量 $\tilde{P}_x$、$\tilde{P}_z$:

$$\begin{cases}\tilde{P}_x=\dfrac{(\alpha_x+\mathrm{i}\omega)}{k_x(\alpha_x+\mathrm{i}\omega)+d_x}\dfrac{\partial\tilde{E}}{\partial x}\\ \tilde{P}_z=\dfrac{(\alpha_z+\mathrm{i}\omega)}{k_z(\alpha_z+\mathrm{i}\omega)+d_z}\dfrac{\partial\tilde{E}}{\partial z}\end{cases}\tag{4.30}$$

将式(4.29)和式(4.30)两端关于 ω 做傅里叶反变换，并整理，可得 CFS-PML 区域内满足的时间域波动方程为

$$\begin{cases}Q=\dfrac{\partial^2 E}{\partial t^2}+\dfrac{\sigma}{\varepsilon}\dfrac{\partial E}{\partial t}\\ k_x^2\dfrac{\partial^2 Q_1}{\partial t^2}+k_x(\alpha_x k_x+d_x)\dfrac{\partial Q_1}{\partial t}+(\alpha_x k_x+d_x)^2 Q_1\\ =\dfrac{1}{\mu\varepsilon}\dfrac{\partial^2}{\partial t^2}\left(\dfrac{\partial^2 E}{\partial x^2}\right)+\dfrac{2\alpha_x}{\mu\varepsilon}\dfrac{\partial}{\partial t}\left(\dfrac{\partial^2 E}{\partial x^2}\right)+\dfrac{(\alpha_x)^2}{\mu\varepsilon}\dfrac{\partial^2 E}{\partial x^2}\\ k_x^2\dfrac{\partial^2 Q_2}{\partial t^2}+k_x(\alpha_x k_x+d_x)\dfrac{\partial Q_2}{\partial t}+(\alpha_x k_x+d_x)^2 Q_2\\ =\dfrac{1}{\mu\varepsilon}\left[(\alpha_x'd_x-k_x'\alpha_x^2-d_x'\alpha_x)P_x-(2k_x'\alpha_x+d_x')\dfrac{\partial P_x}{\partial t}-k_x'\dfrac{\partial^2 P_x}{\partial t^2}\right]\\ k_z^2\dfrac{\partial^2 Q_3}{\partial t^2}+k_z(\alpha_z k_z+d_z)\dfrac{\partial Q_3}{\partial t}+(\alpha_z k_z+d_z)^2 Q_3\\ =\dfrac{1}{\mu\varepsilon}\dfrac{\partial^2}{\partial t^2}\left(\dfrac{\partial^2 E}{\partial z^2}\right)+\dfrac{2\alpha_z}{\mu\varepsilon}\dfrac{\partial}{\partial t}\left(\dfrac{\partial^2 E}{\partial z^2}\right)+\dfrac{(\alpha_z)^2}{\mu\varepsilon}\dfrac{\partial^2 E}{\partial z^2}\\ k_z^2\dfrac{\partial^2 Q_4}{\partial t^2}+k_z(\alpha_z k_z+d_z)\dfrac{\partial Q_4}{\partial t}+(\alpha_z k_z+d_z)^2 Q_4\\ =\dfrac{1}{\mu\varepsilon}\left[(\alpha_z'd_z-k_z'\alpha_z^2-d_z'\alpha_z)P_z-(2k_z'\alpha_z+d_z')\dfrac{\partial P_z}{\partial t}-k_z'\dfrac{\partial^2 P_z}{\partial t^2}\right]\\ k_x\dfrac{\partial P_x}{\partial t}+(k_x\alpha_x+d_x)P_x=\alpha_x\dfrac{\partial E}{\partial x}+\dfrac{\partial}{\partial t}\left(\dfrac{\partial E}{\partial x}\right)\\ k_z\dfrac{\partial P_z}{\partial t}+(k_z\alpha_z+d_z)P_z=\alpha_z\dfrac{\partial E}{\partial z}+\dfrac{\partial}{\partial t}\left(\dfrac{\partial E}{\partial z}\right)\end{cases}\tag{4.31}$$

4.3.2 时域有限元法求解

利用 Galerkin 法和分步积分法可推导式(4.31)的弱形式为

$$
\left\{
\begin{aligned}
&\int_\Omega \frac{\partial^2 E}{\partial t^2}\varphi \mathrm{d}\Omega + \int_\Omega \frac{\sigma}{\varepsilon}\frac{\partial E}{\partial t}\varphi \mathrm{d}\Omega = \int_\Omega Q\varphi \mathrm{d}\Omega \\
&\int_\Omega k_x^2 \frac{\partial^2 Q_1}{\partial t^2}\varphi \mathrm{d}\Omega + \int_\Omega k_x(\alpha_x k_x + d_x)\frac{\partial Q_1}{\partial t}\varphi \mathrm{d}\Omega + \int_\Omega (\alpha_x k_x + d_x)^2 Q_1 \varphi \mathrm{d}\Omega \\
&= \int_\Gamma \frac{1}{\mu\varepsilon}\frac{\partial^2}{\partial t^2}\left(\frac{\partial E}{\partial x}\right) n_x \varphi \mathrm{d}\Gamma - \int_\Omega \frac{1}{\mu\varepsilon}\frac{\partial^2}{\partial t^2}\left(\frac{\partial E}{\partial x}\right)\frac{\partial \varphi}{\partial x}\mathrm{d}\Omega + \int_\Gamma \frac{2\alpha_x}{\mu\varepsilon}\frac{\partial}{\partial t}\left(\frac{\partial E}{\partial x}\right) n_x \varphi \mathrm{d}\Gamma \\
&- \int_\Omega \frac{2\alpha_x}{\mu\varepsilon}\frac{\partial}{\partial t}\left(\frac{\partial E}{\partial x}\right)\frac{\partial \varphi}{\partial x}\mathrm{d}\Omega + \int_\Gamma \frac{(\alpha_x)^2}{\mu\varepsilon}\frac{\partial E}{\partial x} n_x \varphi \mathrm{d}\Gamma - \int_\Omega \frac{(\alpha_x)^2}{\mu\varepsilon}\frac{\partial E}{\partial x}\frac{\partial \varphi}{\partial x}\mathrm{d}\Omega \\
&\int_\Omega k_x^2 \frac{\partial^2 Q_2}{\partial t^2}\varphi \mathrm{d}\Omega + \int_\Omega k_x(\alpha_x k_x + d_x)\frac{\partial Q_2}{\partial t}\varphi \mathrm{d}\Omega + \int_\Omega (\alpha_x k_x + d_x)^2 Q_2 \varphi \mathrm{d}\Omega \\
&= \int_\Omega \frac{(\alpha_x' d_x - k_x' \alpha_x^2 - d_x' \alpha_x)}{\mu\varepsilon} P_x \varphi \,\mathrm{d}\Omega - \int_\Omega \frac{(2k_x'\alpha_x + d_x')}{\mu\varepsilon}\frac{\partial P_x}{\partial t}\varphi \,\mathrm{d}\Omega \\
&- \int_\Omega \frac{k_x'}{\mu\varepsilon}\frac{\partial^2 P_x}{\partial t^2}\varphi \,\mathrm{d}\Omega \\
&\int_\Omega k_z^2 \frac{\partial^2 Q_3}{\partial t^2}\varphi \mathrm{d}\Omega + \int_\Omega k_z(\alpha_z k_z + d_z)\frac{\partial Q_3}{\partial t}\varphi \mathrm{d}\Omega + \int_\Omega (\alpha_z k_z + d_z)^2 Q_3 \varphi \mathrm{d}\Omega \\
&= \int_\Gamma \frac{1}{\mu\varepsilon}\frac{\partial^2}{\partial t^2}\left(\frac{\partial E}{\partial z}\right) n_z \varphi \mathrm{d}\Gamma - \int_\Omega \frac{1}{\mu\varepsilon}\frac{\partial^2}{\partial t^2}\left(\frac{\partial E}{\partial z}\right)\frac{\partial \varphi}{\partial z}\mathrm{d}\Omega + \int_\Gamma \frac{2\alpha_z}{\mu\varepsilon}\frac{\partial}{\partial t}\left(\frac{\partial E}{\partial z}\right) n_z \varphi \mathrm{d}\Gamma \\
&- \int_\Omega \frac{2\alpha_z}{\mu\varepsilon}\frac{\partial}{\partial t}\left(\frac{\partial E}{\partial z}\right)\frac{\partial \varphi}{\partial z}\mathrm{d}\Omega + \int_\Gamma \frac{(\alpha_z)^2}{\mu\varepsilon}\frac{\partial E}{\partial z} n_z \varphi \mathrm{d}\Gamma - \int_\Omega \frac{(\alpha_z)^2}{\mu\varepsilon}\frac{\partial E}{\partial z}\frac{\partial \varphi}{\partial z}\mathrm{d}\Omega \\
&\int_\Omega k_z^2 \frac{\partial^2 Q_4}{\partial t^2}\varphi \mathrm{d}\Omega + \int_\Omega k_z(\alpha_z k_z + d_z)\frac{\partial Q_4}{\partial t}\varphi \mathrm{d}\Omega + \int_\Omega (\alpha_z k_z + d_z)^2 Q_4 \varphi \mathrm{d}\Omega \\
&= \int_\Omega \frac{(\alpha_z' d_z - k_z' \alpha_z^2 - d_z' \alpha_z)}{\mu\varepsilon} P_z \varphi \,\mathrm{d}\Omega - \int_\Omega \frac{(2k_z'\alpha_z + d_z')}{\mu\varepsilon}\frac{\partial P_z}{\partial t}\varphi \,\mathrm{d}\Omega \\
&- \int_\Omega \frac{k_z'}{\mu\varepsilon}\frac{\partial^2 P_z}{\partial t^2}\varphi \,\mathrm{d}\Omega \\
&\int_\Omega k_x \frac{\partial P_x}{\partial t}\varphi \mathrm{d}\Omega + \int_\Omega (k_x\alpha_x + d_x) P_x \varphi \mathrm{d}\Omega = \int_\Omega \alpha_x \frac{\partial E}{\partial x}\varphi \,\mathrm{d}\Omega + \int_\Omega \frac{\partial}{\partial t}\left(\frac{\partial E}{\partial x}\right)\varphi \,\mathrm{d}\Omega \\
&\int_\Omega k_z \frac{\partial P_z}{\partial t}\varphi \mathrm{d}\Omega + \int_\Omega (k_z\alpha_z + d_z) P_z \varphi \mathrm{d}\Omega = \int_\Omega \alpha_z \frac{\partial E}{\partial z}\varphi \,\mathrm{d}\Omega + \int_\Omega \frac{\partial}{\partial t}\left(\frac{\partial E}{\partial z}\right)\varphi \,\mathrm{d}\Omega
\end{aligned}
\right.
\tag{4.32}
$$

式(4.32)形成的时域有限元方程组为

$$
\begin{cases}
\boldsymbol{M}\dfrac{\partial^2 \boldsymbol{E}}{\partial t^2} + \boldsymbol{M}_1\dfrac{\partial \boldsymbol{E}}{\partial t} = \boldsymbol{M}\boldsymbol{Q} \\
\boldsymbol{M}_x\dfrac{\partial^2 \boldsymbol{Q}_1}{\partial t^2} + \boldsymbol{C}_{x1}\dfrac{\partial \boldsymbol{Q}_1}{\partial t} + \boldsymbol{C}_{x2}\boldsymbol{Q}_1 = -\boldsymbol{K}_{x1}\dfrac{\partial^2 \boldsymbol{E}}{\partial t^2} - \boldsymbol{K}_{x2}\dfrac{\partial \boldsymbol{E}}{\partial t} - \boldsymbol{K}_{x3}\boldsymbol{E} \\
\boldsymbol{M}_x\dfrac{\partial^2 \boldsymbol{Q}_2}{\partial t^2} + \boldsymbol{C}_{x1}\dfrac{\partial \boldsymbol{Q}_2}{\partial t} + \boldsymbol{C}_{x2}\boldsymbol{Q}_2 = \boldsymbol{C}_{x3}\boldsymbol{P}_x - \boldsymbol{C}_{x4}\dfrac{\partial \boldsymbol{P}_x}{\partial t} - \boldsymbol{C}_{x5}\dfrac{\partial^2 \boldsymbol{P}_x}{\partial t^2} \\
\boldsymbol{M}_z\dfrac{\partial^2 \boldsymbol{Q}_3}{\partial t^2} + \boldsymbol{C}_{z1}\dfrac{\partial \boldsymbol{Q}_3}{\partial t} + \boldsymbol{C}_{z2}\boldsymbol{Q}_3 = -\boldsymbol{K}_{z1}\dfrac{\partial^2 \boldsymbol{E}}{\partial t^2} - \boldsymbol{K}_{z2}\dfrac{\partial \boldsymbol{E}}{\partial t} - \boldsymbol{K}_{z3}\boldsymbol{E} \\
\boldsymbol{M}_z\dfrac{\partial^2 \boldsymbol{Q}_4}{\partial t^2} + \boldsymbol{C}_{z1}\dfrac{\partial \boldsymbol{Q}_4}{\partial t} + \boldsymbol{C}_{z2}\boldsymbol{Q}_4 = \boldsymbol{C}_{z3}\boldsymbol{P}_z - \boldsymbol{C}_{z4}\dfrac{\partial \boldsymbol{P}_z}{\partial t} - \boldsymbol{C}_{z5}\dfrac{\partial^2 \boldsymbol{P}_z}{\partial t^2} \\
\boldsymbol{M}_{x1}\dfrac{\partial \boldsymbol{P}_x}{\partial t} + 2\boldsymbol{C}_{x6}\boldsymbol{P}_x = \boldsymbol{C}_{x7}\boldsymbol{E} + \boldsymbol{C}_{x8}\dfrac{\partial \boldsymbol{E}}{\partial t} \\
\boldsymbol{M}_{z1}\dfrac{\partial \boldsymbol{P}_z}{\partial t} + 2\boldsymbol{C}_{z6}\boldsymbol{P}_x = \boldsymbol{C}_{z7}\boldsymbol{E} + \boldsymbol{C}_{z8}\dfrac{\partial \boldsymbol{E}}{\partial t}
\end{cases}
\tag{4.33}
$$

式(4.33)中的系数矩阵计算公式为

$$
\begin{cases}
\boldsymbol{M} = \int_\Omega \boldsymbol{N}\boldsymbol{N}^{\mathrm{T}}\mathrm{d}\Omega,\ \boldsymbol{M}_1 = \sigma/\varepsilon\int_\Omega \boldsymbol{N}\boldsymbol{N}^{\mathrm{T}}\mathrm{d}\Omega,\ \boldsymbol{M}_x = k_x^2\int_\Omega \boldsymbol{N}\boldsymbol{N}^{\mathrm{T}}\mathrm{d}\Omega \\
\boldsymbol{M}_{x1} = k_x\int_\Omega \boldsymbol{N}\boldsymbol{N}^{\mathrm{T}}\mathrm{d}\Omega,\ \boldsymbol{M}_z = k_z^2\int_\Omega \boldsymbol{N}\boldsymbol{N}^{\mathrm{T}}\mathrm{d}\Omega,\ \boldsymbol{M}_{z1} = k_z\int_\Omega \boldsymbol{N}\boldsymbol{N}^{\mathrm{T}}\mathrm{d}\Omega \\
\boldsymbol{K}_{x1} = \dfrac{1}{\mu\varepsilon}\int_\Omega \boldsymbol{N}_x\boldsymbol{N}_x^{\mathrm{T}}\mathrm{d}\Omega,\ \boldsymbol{K}_{x2} = \dfrac{2\alpha_x}{\mu\varepsilon}\int_\Omega \boldsymbol{N}_x\boldsymbol{N}_x^{\mathrm{T}}\mathrm{d}\Omega,\ \boldsymbol{K}_{x3} = \dfrac{(\alpha_x)^2}{\mu\varepsilon}\int_\Omega \boldsymbol{N}_x\boldsymbol{N}_x^{\mathrm{T}}\mathrm{d}\Omega \\
\boldsymbol{K}_{z1} = \dfrac{1}{\mu\varepsilon}\int_\Omega \boldsymbol{N}_z\boldsymbol{N}_z^{\mathrm{T}}\mathrm{d}\Omega,\ \boldsymbol{K}_{z2} = \dfrac{2\alpha_z}{\mu\varepsilon}\int_\Omega \boldsymbol{N}_z\boldsymbol{N}_z^{\mathrm{T}}\mathrm{d}\Omega,\ \boldsymbol{K}_{z3} = \dfrac{(\alpha_z)^2}{\mu\varepsilon}\int_\Omega \boldsymbol{N}_z\boldsymbol{N}_z^{\mathrm{T}}\mathrm{d}\Omega
\end{cases}
\tag{4.34}
$$

$$
\begin{cases}
\boldsymbol{C}_{x1} = \int_\Omega k_x(\alpha_x k_x + d_x)\boldsymbol{N}\boldsymbol{N}^{\mathrm{T}}\mathrm{d}\Omega, & \boldsymbol{C}_{z1} = \int_\Omega k_z(\alpha_z k_z + d_z)\boldsymbol{N}\boldsymbol{N}^{\mathrm{T}}\mathrm{d}\Omega \\
\boldsymbol{C}_{x2} = \int_\Omega (\alpha_x k_x + d_x)^2\boldsymbol{N}\boldsymbol{N}^{\mathrm{T}}\mathrm{d}\Omega, & \boldsymbol{C}_{z2} = \int_\Omega (\alpha_z k_z + d_z)^2\boldsymbol{N}\boldsymbol{N}^{\mathrm{T}}\mathrm{d}\Omega \\
\boldsymbol{C}_{x3} = \int_\Omega \dfrac{(\alpha_x' d_x - k_x'\alpha_x^2 - d_x'\alpha_x)}{\mu\varepsilon}\boldsymbol{N}\boldsymbol{N}^{\mathrm{T}}\mathrm{d}\Omega, & \boldsymbol{C}_{z3} = \int_\Omega \dfrac{(\alpha_z' d_z - k_z'\alpha_z^2 - d_z'\alpha_z)}{\mu\varepsilon}\boldsymbol{N}\boldsymbol{N}^{\mathrm{T}}\mathrm{d}\Omega \\
\boldsymbol{C}_{x4} = \int_\Omega \dfrac{(2k_x'\alpha_x + d_x')}{\mu\varepsilon}\boldsymbol{N}_x\boldsymbol{N}_x^{\mathrm{T}}\mathrm{d}\Omega, & \boldsymbol{C}_{z4} = \int_\Omega \dfrac{(2k_z'\alpha_z + d_z')}{\mu\varepsilon}\boldsymbol{N}_z\boldsymbol{N}_z^{\mathrm{T}}\mathrm{d}\Omega \\
\boldsymbol{C}_{x5} = \int_\Omega \dfrac{k_x'}{\mu\varepsilon}\boldsymbol{N}\boldsymbol{N}^{\mathrm{T}}\mathrm{d}\Omega, & \boldsymbol{C}_{z5} = \int_\Omega \dfrac{k_z'}{\mu\varepsilon}\boldsymbol{N}\boldsymbol{N}^{\mathrm{T}}\mathrm{d}\Omega \\
\boldsymbol{C}_{x6} = \int_\Omega (k_x\alpha_x + d_x)\boldsymbol{N}\boldsymbol{N}^{\mathrm{T}}\mathrm{d}\Omega, & \boldsymbol{C}_{z6} = \int_\Omega (k_z\alpha_z + d_z)\boldsymbol{N}\boldsymbol{N}^{\mathrm{T}}\mathrm{d}\Omega \\
\boldsymbol{C}_{x7} = \int_\Omega \alpha_x\boldsymbol{N}_x\boldsymbol{N}^{\mathrm{T}}\mathrm{d}\Omega, & \boldsymbol{C}_{z7} = \int_\Omega \alpha_z\boldsymbol{N}_z\boldsymbol{N}^{\mathrm{T}}\mathrm{d}\Omega \\
\boldsymbol{C}_{x8} = \int_\Omega \boldsymbol{N}_x\boldsymbol{N}^{\mathrm{T}}\mathrm{d}\Omega, & \boldsymbol{C}_{z8} = \int_\Omega \boldsymbol{N}_z\boldsymbol{N}^{\mathrm{T}}\mathrm{d}\Omega
\end{cases}
\tag{4.35}
$$

式(4.33)可利用3.4节中阐述的中心差分法和Newmark差分法进行离散求解，从而实现PML区域内电磁波场的时空域迭代计算。

4.3.3 中心差分法时间离散

将式(3.45)和式(3.46)代入式(4.32)，可得

$$
\begin{cases}
\boldsymbol{M}\left(\dfrac{\boldsymbol{E}_{t+\Delta t}-2\boldsymbol{E}_{t}+\boldsymbol{E}_{t-\Delta t}}{\Delta t^2}\right)+\boldsymbol{M}_{1}\left(\dfrac{\boldsymbol{E}_{t+\Delta t}-\boldsymbol{E}_{t-\Delta t}}{2\Delta t}\right)=\boldsymbol{M}\boldsymbol{Q}_{t} \\
\boldsymbol{M}_{x}\left(\dfrac{\boldsymbol{Q}_{1,t+\Delta t}-2\boldsymbol{Q}_{1,t}+\boldsymbol{Q}_{1,t-\Delta t}}{\Delta t^2}\right)+\boldsymbol{C}_{x1}\left(\dfrac{\boldsymbol{Q}_{1,t+\Delta t}-\boldsymbol{Q}_{1,t-\Delta t}}{2\Delta t}\right)+\boldsymbol{C}_{x2}\boldsymbol{Q}_{1,t} \\
=-\boldsymbol{K}_{x1}\left(\dfrac{\boldsymbol{E}_{t+\Delta t}-2\boldsymbol{E}_{t}+\boldsymbol{E}_{t-\Delta t}}{\Delta t^2}\right)-\boldsymbol{K}_{x2}\left(\dfrac{\boldsymbol{E}_{t+\Delta t}-\boldsymbol{E}_{t-\Delta t}}{2\Delta t}\right)-\boldsymbol{K}_{x3}\boldsymbol{E}_{t} \\
\boldsymbol{M}_{x}\left(\dfrac{\boldsymbol{Q}_{2,t+\Delta t}-2\boldsymbol{Q}_{2,t}+\boldsymbol{Q}_{2,t-\Delta t}}{\Delta t^2}\right)+\boldsymbol{C}_{x1}\left(\dfrac{\boldsymbol{Q}_{2,t+\Delta t}-\boldsymbol{Q}_{2,t-\Delta t}}{2\Delta t}\right)+\boldsymbol{C}_{x2}\boldsymbol{Q}_{2,t} \\
=\boldsymbol{C}_{x3}\boldsymbol{P}_{x,t}-\boldsymbol{C}_{x4}\left(\dfrac{\boldsymbol{P}_{x,t+\Delta t}-\boldsymbol{P}_{x,t-\Delta t}}{2\Delta t}\right)-\boldsymbol{C}_{x5}\left(\dfrac{\boldsymbol{P}_{x,t+\Delta t}-2\boldsymbol{P}_{x,t}+\boldsymbol{P}_{x,t-\Delta t}}{\Delta t^2}\right) \\
\boldsymbol{M}_{z}\left(\dfrac{\boldsymbol{Q}_{3,t+\Delta t}-2\boldsymbol{Q}_{3,t}+\boldsymbol{Q}_{3,t-\Delta t}}{\Delta t^2}\right)+\boldsymbol{C}_{z1}\left(\dfrac{\boldsymbol{Q}_{3,t+\Delta t}-\boldsymbol{Q}_{3,t-\Delta t}}{2\Delta t}\right)+\boldsymbol{C}_{z2}\boldsymbol{Q}_{3,t} \\
=-\boldsymbol{K}_{z1}\left(\dfrac{\boldsymbol{E}_{t+\Delta t}-2\boldsymbol{E}_{t}+\boldsymbol{E}_{t-\Delta t}}{\Delta t^2}\right)-\boldsymbol{K}_{z2}\left(\dfrac{\boldsymbol{E}_{t+\Delta t}-\boldsymbol{E}_{t-\Delta t}}{2\Delta t}\right)-\boldsymbol{K}_{z3}\boldsymbol{E}_{t} \\
\boldsymbol{M}_{z}\left(\dfrac{\boldsymbol{Q}_{4,t+\Delta t}-2\boldsymbol{Q}_{4,t}+\boldsymbol{Q}_{4,t-\Delta t}}{\Delta t^2}\right)+\boldsymbol{C}_{z1}\left(\dfrac{\boldsymbol{Q}_{4,t+\Delta t}-\boldsymbol{Q}_{4,t-\Delta t}}{2\Delta t}\right)+\boldsymbol{C}_{z2}\boldsymbol{Q}_{4,t} \\
=\boldsymbol{C}_{z3}\boldsymbol{P}_{z,t}-\boldsymbol{C}_{z4}\left(\dfrac{\boldsymbol{P}_{z,t+\Delta t}-\boldsymbol{P}_{z,t-\Delta t}}{2\Delta t}\right)-\boldsymbol{C}_{z5}\left(\dfrac{\boldsymbol{P}_{z,t+\Delta t}-2\boldsymbol{P}_{z,t}+\boldsymbol{P}_{z,t-\Delta t}}{\Delta t^2}\right) \\
\boldsymbol{M}_{x1}\left(\dfrac{\boldsymbol{P}_{x,t+\Delta t}-\boldsymbol{P}_{x,t-\Delta t}}{2\Delta t}\right)+2\boldsymbol{C}_{x6}\boldsymbol{P}_{x,t}=\boldsymbol{C}_{x7}\boldsymbol{E}_{t}+\boldsymbol{C}_{x8}\left(\dfrac{\boldsymbol{E}_{t+\Delta t}-\boldsymbol{E}_{t-\Delta t}}{2\Delta t}\right) \\
\boldsymbol{M}_{z1}\left(\dfrac{\boldsymbol{P}_{x,t+\Delta t}-\boldsymbol{P}_{x,t-\Delta t}}{2\Delta t}\right)+2\boldsymbol{C}_{z6}\boldsymbol{P}_{x}=\boldsymbol{C}_{z7}\boldsymbol{E}_{t}+\boldsymbol{C}_{z8}\left(\dfrac{\boldsymbol{E}_{t+\Delta t}-\boldsymbol{E}_{t-\Delta t}}{2\Delta t}\right)
\end{cases}
\tag{4.36}
$$

将式(4.36)进一步整理可得

$$
\begin{cases}
\left(\dfrac{\boldsymbol{M}}{\Delta t^2}+\dfrac{\boldsymbol{M}_{1}}{2\Delta t}\right)\boldsymbol{E}_{t+\Delta t}=\dfrac{2\boldsymbol{M}}{\Delta t^2}\boldsymbol{E}_{t}+\boldsymbol{M}\boldsymbol{Q}_{t}-\left(\dfrac{\boldsymbol{M}}{\Delta t^2}-\dfrac{\boldsymbol{M}_{1}}{2\Delta t}\right)\boldsymbol{E}_{t-\Delta t} \\
\left(\dfrac{\boldsymbol{M}_{x}}{\Delta t^2}+\dfrac{\boldsymbol{C}_{x1}}{2\Delta t}\right)\boldsymbol{Q}_{1,t+\Delta t}=\left(\dfrac{2\boldsymbol{M}_{x}}{\Delta t^2}-\boldsymbol{C}_{x2}\right)\boldsymbol{Q}_{1,t}-\left(\dfrac{\boldsymbol{M}_{x}}{\Delta t^2}-\dfrac{\boldsymbol{C}_{x1}}{2\Delta t}\right)\boldsymbol{Q}_{1,t-\Delta t} \\
-\left(\dfrac{\boldsymbol{K}_{x1}}{\Delta t^2}+\dfrac{\boldsymbol{K}_{x2}}{2\Delta t}\right)\boldsymbol{E}_{t+\Delta t}+\left(\dfrac{2\boldsymbol{K}_{x1}}{\Delta t^2}-\boldsymbol{K}_{x3}\right)\boldsymbol{E}_{t}-\left(\dfrac{\boldsymbol{K}_{x1}}{\Delta t^2}-\dfrac{\boldsymbol{K}_{x2}}{2\Delta t}\right)\boldsymbol{E}_{t-\Delta t}
\end{cases}
\tag{4.37-1}
$$

$$
\left\{\begin{aligned}
&\left(\frac{\boldsymbol{M}_x}{\Delta t^2}+\frac{\boldsymbol{C}_{x1}}{2\Delta t}\right)\boldsymbol{Q}_{2,\,t+\Delta t}=\left(\frac{2\boldsymbol{M}_x}{\Delta t^2}-\boldsymbol{C}_{x2}\right)\boldsymbol{Q}_{2,\,t}-\left(\frac{\boldsymbol{M}_x}{\Delta t^2}-\frac{\boldsymbol{C}_{x1}}{2\Delta t}\right)\boldsymbol{Q}_{2,\,t-\Delta t}\\
&-\left(\frac{\boldsymbol{C}_{x5}}{\Delta t^2}+\frac{\boldsymbol{C}_{x4}}{2\Delta t}\right)\boldsymbol{P}_{x,t+\Delta t}+\left(\frac{2\boldsymbol{C}_{x5}}{\Delta t^2}+\boldsymbol{C}_{x3}\right)\boldsymbol{P}_{x,t}-\left(\frac{\boldsymbol{C}_{x5}}{\Delta t^2}-\frac{\boldsymbol{C}_{x4}}{2\Delta t}\right)\boldsymbol{P}_{x,t-\Delta t}\\
&\left(\frac{\boldsymbol{M}_z}{\Delta t^2}+\frac{\boldsymbol{C}_{z1}}{2\Delta t}\right)\boldsymbol{Q}_{3,\,t+\Delta t}=\left(\frac{2\boldsymbol{M}_z}{\Delta t^2}-\boldsymbol{C}_{z2}\right)\boldsymbol{Q}_{3,\,t}-\left(\frac{\boldsymbol{M}_z}{\Delta t^2}-\frac{\boldsymbol{C}_{z1}}{2\Delta t}\right)\boldsymbol{Q}_{3,\,t-\Delta t}\\
&-\left(\frac{\boldsymbol{K}_{z1}}{\Delta t^2}+\frac{\boldsymbol{K}_{z2}}{2\Delta t}\right)\boldsymbol{E}_{t+\Delta t}+\left(\frac{2\boldsymbol{K}_{z1}}{\Delta t^2}-\boldsymbol{K}_{z3}\right)\boldsymbol{E}_{t}-\left(\frac{\boldsymbol{K}_{z1}}{\Delta t^2}-\frac{\boldsymbol{K}_{z2}}{2\Delta t}\right)\boldsymbol{E}_{t-\Delta t}\\
&\left(\frac{\boldsymbol{M}_z}{\Delta t^2}+\frac{\boldsymbol{C}_{z1}}{2\Delta t}\right)\boldsymbol{Q}_{4,\,t+\Delta t}=\left(\frac{2\boldsymbol{M}_z}{\Delta t^2}-\boldsymbol{C}_{z2}\right)\boldsymbol{Q}_{4,\,t}-\left(\frac{\boldsymbol{M}_z}{\Delta t^2}-\frac{\boldsymbol{C}_{z1}}{2\Delta t}\right)\boldsymbol{Q}_{4,\,t-\Delta t}\\
&-\left(\frac{\boldsymbol{C}_{z5}}{\Delta t^2}+\frac{\boldsymbol{C}_{z4}}{2\Delta t}\right)\boldsymbol{P}_{z,t+\Delta t}+\left(\frac{2\boldsymbol{C}_{z5}}{\Delta t^2}+\boldsymbol{C}_{z3}\right)\boldsymbol{P}_{z,t}-\left(\frac{\boldsymbol{C}_{z5}}{\Delta t^2}-\frac{\boldsymbol{C}_{z4}}{2\Delta t}\right)\boldsymbol{P}_{z,t-\Delta t}\\
&\frac{\boldsymbol{M}_{x1}}{2\Delta t}\boldsymbol{P}_{x,t+\Delta t}=\frac{\boldsymbol{M}_{x1}}{2\Delta t}\boldsymbol{P}_{x,t-\Delta t}-2\boldsymbol{C}_{x6}\boldsymbol{P}_{x,t}+\frac{\boldsymbol{C}_{x8}}{2\Delta t}\boldsymbol{E}_{t+\Delta t}+\boldsymbol{C}_{x7}\boldsymbol{E}_{t}-\frac{\boldsymbol{C}_{x8}}{2\Delta t}\boldsymbol{E}_{t-\Delta t}\\
&\frac{\boldsymbol{M}_{z1}}{2\Delta t}\boldsymbol{P}_{z,t+\Delta t}=\frac{\boldsymbol{M}_{z1}}{2\Delta t}\boldsymbol{P}_{z,t-\Delta t}-2\boldsymbol{C}_{z6}\boldsymbol{P}_{z,t}+\frac{\boldsymbol{C}_{z8}}{2\Delta t}\boldsymbol{E}_{t+\Delta t}+\boldsymbol{C}_{z7}\boldsymbol{E}_{t}-\frac{\boldsymbol{C}_{z8}}{2\Delta t}\boldsymbol{E}_{t-\Delta t}
\end{aligned}\right.
\tag{4.37-2}
$$

实际计算过程中，首先利用式(4.37)中的第六式和第七式分别计算 $\boldsymbol{P}_{x,\,t+\Delta t}$ 和 $\boldsymbol{P}_{z,\,t+\Delta t}$；然后将其代入第二式、第三式、第四式和第五式，分别计算 $\boldsymbol{Q}_{1,\,t+\Delta t}$、$\boldsymbol{Q}_{2,\,t+\Delta t}$、$\boldsymbol{Q}_{3,\,t+\Delta t}$、$\boldsymbol{Q}_{4,\,t+\Delta t}$；最后计算第一式，计算 $\boldsymbol{E}_{t+\Delta t}$。

4.3.4 Newmark 差分法时间离散

将 Newmark 差分的时间迭代格式式(3.76)代入式(4.33)前四式，后两式利用中心差分法进行离散，可得

$$
\left\{\begin{aligned}
&\left(\frac{\boldsymbol{M}}{\Delta t^2}+\frac{\boldsymbol{M}_1}{2\Delta t}\right)\boldsymbol{E}_{t+\Delta t}=\frac{2\boldsymbol{M}}{\Delta t^2}\boldsymbol{E}_{t}-\left(\frac{\boldsymbol{M}}{\Delta t^2}-\frac{\boldsymbol{M}_1}{2\Delta t}\right)\boldsymbol{E}_{t-\Delta t}+\boldsymbol{M}\boldsymbol{Q}_{t}\\
&\left(\frac{\boldsymbol{M}_x}{\Delta t^2}+\frac{\boldsymbol{C}_{x1}}{2\Delta t}+\beta\boldsymbol{C}_{x2}\right)\boldsymbol{Q}_{1,\,t+\Delta t}=\left[\frac{2\boldsymbol{M}_x}{\Delta t^2}-(1-2\beta)\boldsymbol{C}_{x2}\right]\boldsymbol{Q}_{1,\,t}\\
&-\left(\frac{\boldsymbol{M}_x}{\Delta t^2}-\frac{\boldsymbol{C}_{x1}}{2\Delta t}+\beta\boldsymbol{C}_{x2}\right)\boldsymbol{Q}_{1,\,t-\Delta t}-\left(\frac{\boldsymbol{K}_{x1}}{\Delta t^2}+\frac{\boldsymbol{K}_{x2}}{2\Delta t}+\beta\boldsymbol{K}_{x3}\right)\boldsymbol{E}_{t+\Delta t}\\
&+\left[\frac{2\boldsymbol{K}_{x1}}{\Delta t^2}-(1-2\beta)\boldsymbol{K}_{x3}\right]\boldsymbol{E}_{t}-\left(\frac{\boldsymbol{K}_{x1}}{\Delta t^2}-\frac{\boldsymbol{K}_{x2}}{2\Delta t}+\beta\boldsymbol{K}_{x3}\right)\boldsymbol{E}_{t-\Delta t}\\
&\left(\frac{\boldsymbol{M}_x}{\Delta t^2}+\frac{\boldsymbol{C}_{x1}}{2\Delta t}+\beta\boldsymbol{C}_{x2}\right)\boldsymbol{Q}_{2,\,t+\Delta t}=\left[\frac{2\boldsymbol{M}_x}{\Delta t^2}-(1-2\beta)\boldsymbol{C}_{x2}\right]\boldsymbol{Q}_{2,\,t}\\
&-\left(\frac{\boldsymbol{M}_x}{\Delta t^2}-\frac{\boldsymbol{C}_{x1}}{2\Delta t}+\beta\boldsymbol{C}_{x2}\right)\boldsymbol{Q}_{2,\,t-\Delta t}-\left(\frac{\boldsymbol{C}_{x5}}{\Delta t^2}+\frac{\boldsymbol{C}_{x4}}{2\Delta t}-\beta\boldsymbol{C}_{x3}\right)\boldsymbol{P}_{x,t+\Delta t}\\
&+\left[\frac{2\boldsymbol{C}_{x5}}{\Delta t^2}+(1-2\beta)\boldsymbol{C}_{x3}\right]\boldsymbol{P}_{x,t}-\left(\frac{\boldsymbol{C}_{x5}}{\Delta t^2}-\frac{\boldsymbol{C}_{x4}}{2\Delta t}+\beta\boldsymbol{C}_{x3}\right)\boldsymbol{P}_{x,t-\Delta t}
\end{aligned}\right.
\tag{4.38-1}
$$

$$
\left\{
\begin{aligned}
&\left(\frac{\boldsymbol{M}_z}{\Delta t^2}+\frac{\boldsymbol{C}_{z1}}{2\Delta t}+\beta\boldsymbol{C}_{z2}\right)\boldsymbol{Q}_{3,\ t+\Delta t}=\left[\frac{2\boldsymbol{M}_z}{\Delta t^2}-(1-2\beta)\boldsymbol{C}_{z2}\right]\boldsymbol{Q}_{3,\ t}\\
&-\left(\frac{\boldsymbol{M}}{\Delta t^2}-\frac{\boldsymbol{C}_{z1}}{2\Delta t}+\beta\boldsymbol{C}_{z2}\right)\boldsymbol{Q}_{3,\ t-\Delta t}-\left(\frac{\boldsymbol{K}_{z1}}{\Delta t^2}+\frac{\boldsymbol{K}_{z2}}{2\Delta t}+\beta\boldsymbol{K}_{z3}\right)\boldsymbol{E}_{t+\Delta t}\\
&+\left[\frac{2\boldsymbol{K}_{z1}}{\Delta t^2}-(1-2\beta)\boldsymbol{K}_{z3}\right]\boldsymbol{E}_t-\left(\frac{\boldsymbol{K}_{z1}}{\Delta t^2}-\frac{\boldsymbol{K}_{z2}}{2\Delta t}+\beta\boldsymbol{K}_{z3}\right)\boldsymbol{E}_{t-\Delta t}\\
&\left(\frac{\boldsymbol{M}_z}{\Delta t^2}+\frac{\boldsymbol{C}_{z1}}{2\Delta t}+\beta\boldsymbol{C}_{z2}\right)\boldsymbol{Q}_{4,\ t+\Delta t}=\left[\frac{2\boldsymbol{M}_z}{\Delta t^2}-(1-2\beta)\boldsymbol{C}_{z2}\right]\boldsymbol{Q}_{4t}\\
&-\left(\frac{\boldsymbol{M}_z}{\Delta t^2}-\frac{\boldsymbol{C}_{z1}}{2\Delta t}+\beta\boldsymbol{C}_{z2}\right)\boldsymbol{Q}_{4,\ t-\Delta t}-\left(\frac{\boldsymbol{C}_{z5}}{\Delta t^2}+\frac{\boldsymbol{C}_{z4}}{2\Delta t}-\beta\boldsymbol{C}_{z3}\right)\boldsymbol{P}_{z,t+\Delta t}\\
&+\left[\frac{2\boldsymbol{C}_{z5}}{\Delta t^2}+(1-2\beta)\boldsymbol{C}_{z3}\right]\boldsymbol{P}_{z,t}-\left(\frac{\boldsymbol{C}_{z5}}{\Delta t^2}-\frac{\boldsymbol{C}_{z4}}{2\Delta t}+\beta\boldsymbol{C}_{z3}\right)\boldsymbol{P}_{z,t-\Delta t}\\
&\frac{\boldsymbol{M}_{x1}}{2\Delta t}\boldsymbol{P}_{x,t+\Delta t}=\frac{\boldsymbol{M}_{x1}}{2\Delta t}\boldsymbol{P}_{x,t-\Delta t}-2\boldsymbol{C}_{x6}\boldsymbol{P}_{x,t}+\frac{\boldsymbol{C}_{x8}}{2\Delta t}\boldsymbol{E}_{t+\Delta t}+\boldsymbol{C}_{x7}\boldsymbol{E}_t-\frac{\boldsymbol{C}_{x8}}{2\Delta t}\boldsymbol{E}_{t-\Delta t}\\
&\frac{\boldsymbol{M}_{z1}}{2\Delta t}\boldsymbol{P}_{z,t+\Delta t}=\frac{\boldsymbol{M}_{z1}}{2\Delta t}\boldsymbol{P}_{z,t-\Delta t}-2\boldsymbol{C}_{z6}\boldsymbol{P}_{z,t}+\frac{\boldsymbol{C}_{z8}}{2\Delta t}\boldsymbol{E}_{t+\Delta t}+\boldsymbol{C}_{z7}\boldsymbol{E}_t-\frac{\boldsymbol{C}_{z8}}{2\Delta t}\boldsymbol{E}_{t-\Delta t}
\end{aligned}
\right.
\tag{4.38-2}
$$

首先利用式(4.38)中的第六式和第七式分别计算 $\boldsymbol{P}_{x,\ t+\Delta t}$ 和 $\boldsymbol{P}_{z,\ t+\Delta t}$；然后将其代入第二式、第三式、第四式和第五式，分别计算 $\boldsymbol{Q}_{1,\ t+\Delta t}$、$\boldsymbol{Q}_{2,\ t+\Delta t}$、$\boldsymbol{Q}_{3,\ t+\Delta t}$、$\boldsymbol{Q}_{4,\ t+\Delta t}$；最后计算第一式，计算 $\boldsymbol{E}_{t+\Delta t}$。

4.4 基于波场非分裂的常规 PML 边界条件实现方法

由上述分裂式完全匹配层边界条件的推导可知，分裂时完全匹配层边界条件的实现涉及多个辅助变量、求导计算，且需对求解的变量进行分裂，增大了计算内存，降低了模拟效率。为此，一些学者通过合理构造辅助微分方程，提出了一种适合二阶弹性波动方程时域有限元模拟的非分裂边界条件。本书借鉴此方法，并应用于二阶电磁波动方程 GPR 时域有限元模拟中。

4.4.1 复拉伸坐标系中的二阶电磁波动方程

将式(4.8)两边同乘以 S_xS_z，可得

$$
\frac{1}{\mu\varepsilon}\left[S_z\frac{\partial}{\partial x}\left(\frac{1}{S_x}\frac{\partial\tilde{E}}{\partial x}\right)+S_x\frac{\partial}{\partial z}\left(\frac{1}{S_z}\frac{\partial\tilde{E}}{\partial z}\right)\right]=\left(-\omega^2+\mathrm{i}\omega\frac{\sigma}{\varepsilon}\right)S_xS_z\tilde{E}
\tag{4.39}
$$

将式(4.39)进一步展开，并整理可得

$$\frac{1}{\mu\varepsilon}\left[\left(\frac{-S_x{}'S_z}{S_x{}^2}\frac{\partial\tilde{E}}{\partial x}+\frac{S_z}{S_x}\frac{\partial^2\tilde{E}}{\partial x^2}\right)+\left(\frac{-S_z{}'S_x}{S_z{}^2}\frac{\partial\tilde{E}}{\partial z}+\frac{S_x}{S_z}\frac{\partial^2\tilde{E}}{\partial z^2}\right)\right]=\left(-\omega^2+\mathrm{i}\omega\frac{\sigma}{\varepsilon}\right)S_xS_z\tilde{E}\tag{4.40}$$

利用复合函数求导公式，可将式(4.40)进一步简写为

$$\begin{aligned}&\frac{1}{\mu\varepsilon}\left\{\frac{\partial}{\partial x}\left[\left(\frac{S_z}{S_x}-1\right)\frac{\partial\tilde{E}}{\partial x}\right]+\frac{\partial^2\tilde{E}}{\partial x^2}+\frac{\partial}{\partial z}\left[\left(\frac{S_x}{S_z}-1\right)\frac{\partial\tilde{E}}{\partial z}\right]+\frac{\partial^2\tilde{E}}{\partial z^2}\right\}\\&=\left(-\omega^2+\mathrm{i}\omega\frac{\sigma}{\varepsilon}\right)S_xS_z\tilde{E}\end{aligned}\tag{4.41}$$

根据周凤玺和高贝贝(2016)[175]、Matzen(2011)[129]和王洪华等(2019)[78]提出的辅助微分方程构建 PML 边界条件方法，引入中间变量 $\tilde{P}_x$、$\tilde{P}_z$ 和 $\tilde{Q}$ 后，式(4.41)可写为

$$\begin{cases}\dfrac{1}{\mu\varepsilon}\left(\dfrac{\partial^2\tilde{E}}{\partial x^2}+\dfrac{\partial^2\tilde{E}}{\partial z^2}+\dfrac{\partial\tilde{P}_x}{\partial x}+\dfrac{\partial\tilde{P}_z}{\partial z}\right)=\left(-\omega^2+\mathrm{i}\omega\dfrac{\sigma}{\varepsilon}\right)\tilde{Q}\\\left(\dfrac{S_z}{S_x}-1\right)\dfrac{\partial\tilde{E}}{\partial x}=\tilde{P}_x\\\left(\dfrac{S_x}{S_z}-1\right)\dfrac{\partial\tilde{E}}{\partial z}=\tilde{P}_z\\S_xS_z\tilde{E}=\tilde{Q}\end{cases}\tag{4.42}$$

将常规 PML 边界条件的复拉伸坐标函数式(4.4)第二式代入式(4.42)，并整理可得

$$\begin{cases}\dfrac{1}{\mu\varepsilon}\left(\dfrac{\partial^2\tilde{E}}{\partial x^2}+\dfrac{\partial^2\tilde{E}}{\partial z^2}+\dfrac{\partial\tilde{P}_x}{\partial x}+\dfrac{\partial\tilde{P}_z}{\partial z}\right)=\left(-\omega^2+\mathrm{i}\omega\dfrac{\sigma}{\varepsilon}\right)\tilde{Q}\\\left[1+\dfrac{\mathrm{i}\omega(d_x+d_z)+d_xd_z}{(\mathrm{i}\omega)^2}\right]\tilde{E}=\tilde{Q}\\\left[\dfrac{(\mathrm{i}\omega+d_z)}{(\mathrm{i}\omega+d_x)}-1\right]\dfrac{\partial\tilde{E}}{\partial x}=\tilde{P}_x\\\left[\dfrac{(\mathrm{i}\omega+d_x)}{(\mathrm{i}\omega+d_z)}-1\right]\dfrac{\partial\tilde{E}}{\partial z}=\tilde{P}_z\end{cases}\tag{4.43}$$

将式(4.43)进一步整理可得

$$\begin{cases}\dfrac{1}{\mu\varepsilon}\left(\dfrac{\partial^2\tilde{E}}{\partial x^2}+\dfrac{\partial^2\tilde{E}}{\partial z^2}+\dfrac{\partial\tilde{P}_x}{\partial x}+\dfrac{\partial\tilde{P}_z}{\partial z}\right)=\left(-\omega^2+\mathrm{i}\omega\dfrac{\sigma}{\varepsilon}\right)\tilde{Q}\\\left[(\mathrm{i}\omega)^2+\mathrm{i}\omega(d_x+d_z)+d_xd_z\right]\tilde{E}=(\mathrm{i}\omega)^2\tilde{Q}\end{cases}\tag{4.44-1}$$

$$
\begin{cases}
(d_z - d_x)\dfrac{\partial \tilde{E}}{\partial x} = (\mathrm{i}\omega + d_x)\tilde{P}_x \\
(d_x - d_z)\dfrac{\partial \tilde{E}}{\partial z} = (\mathrm{i}\omega + d_z)\tilde{P}_z
\end{cases}
\tag{4.44-2}
$$

将式(4.44)转化到时间域，并整理可得

$$
\begin{cases}
\dfrac{1}{\mu\varepsilon}\left(\dfrac{\partial^2 E}{\partial x^2} + \dfrac{\partial^2 E}{\partial z^2} + \dfrac{\partial P_x}{\partial x} + \dfrac{\partial P_z}{\partial x}\right) = \dfrac{\partial^2 Q}{\partial t^2} + \dfrac{\sigma}{\varepsilon}\dfrac{\partial Q}{\partial t} \\
\dfrac{\partial^2 Q}{\partial t^2} = \dfrac{\partial^2 E}{\partial t^2} + (d_x + d_z)\dfrac{\partial E}{\partial t} + d_x d_z E \\
\dfrac{\partial P_x}{\partial t} + d_x P_x = (d_z - d_x)\dfrac{\partial E}{\partial x} \\
\dfrac{\partial P_z}{\partial t} + d_z P_z = (d_x - d_z)\dfrac{\partial E}{\partial z}
\end{cases}
\tag{4.45}
$$

式(4.45)即为常规 PML 边界条件下利用辅助微分方程法导出的复拉伸坐标系下的时间域二阶电磁波动方程。

4.4.2 时域有限元法求解

利用 Galerkin 法和分步积分法可推导式(4.45)的积分弱形式为

$$
\begin{cases}
\displaystyle\int_\Omega \frac{\partial^2 Q}{\partial t^2}\varphi \mathrm{d}\Omega + \int_\Omega \frac{\sigma}{\varepsilon}\frac{\partial Q}{\partial t}\varphi \mathrm{d}\Omega - \int_\Omega \frac{1}{\mu\varepsilon}\frac{\partial P_x}{\partial x}\varphi \mathrm{d}\Omega - \int_\Omega \frac{1}{\mu\varepsilon}\frac{\partial P_z}{\partial z}\varphi \mathrm{d}\Omega \\
\displaystyle = \int_\Gamma \frac{1}{\mu\varepsilon}\left(\frac{\partial E}{\partial x}n_x + \frac{\partial E}{\partial z}n_z\right)\varphi \mathrm{d}\Gamma - \int_\Omega \frac{1}{\mu\varepsilon}\left(\frac{\partial E}{\partial x}\frac{\partial \varphi}{\partial x} + \frac{\partial E}{\partial z}\frac{\partial \varphi}{\partial z}\right)\mathrm{d}\Omega \\
\displaystyle\int_\Omega \frac{\partial^2 Q}{\partial t^2}\varphi \mathrm{d}\Omega = \int_\Omega \frac{\partial^2 E}{\partial t^2}\varphi \mathrm{d}\Omega + \int_\Omega (d_x + d_z)\frac{\partial E}{\partial t}\varphi \mathrm{d}\Omega + \int_\Omega d_x d_z E\varphi \mathrm{d}\Omega \\
\displaystyle\int_\Omega (d_z - d_x)\frac{\partial E}{\partial x}\varphi \mathrm{d}\Omega = \int_\Omega \frac{\partial P_x}{\partial t}\varphi \mathrm{d}\Omega + \int_\Omega d_x P_x \varphi \mathrm{d}\Omega \\
\displaystyle\int_\Omega (d_x - d_z)\frac{\partial E}{\partial z}\varphi \mathrm{d}\Omega = \int_\Omega \frac{\partial P_z}{\partial t}\varphi \mathrm{d}\Omega + \int_\Omega d_z P_z \varphi \mathrm{d}\Omega
\end{cases}
\tag{4.46}
$$

式(4.46)形成的时域有限元方程为

$$
\begin{cases}
\boldsymbol{M}\dfrac{\partial^2 \boldsymbol{Q}}{\partial t^2} + \boldsymbol{M}_1\dfrac{\partial \boldsymbol{Q}}{\partial t} = \boldsymbol{K}_x \boldsymbol{P}_x + \boldsymbol{K}_z \boldsymbol{P}_z - \boldsymbol{K}\boldsymbol{E} \\
\boldsymbol{M}\dfrac{\partial^2 \boldsymbol{Q}}{\partial t^2} = \boldsymbol{M}\dfrac{\partial^2 \boldsymbol{E}}{\partial t^2} + \boldsymbol{C}_1\dfrac{\partial \boldsymbol{E}}{\partial t} + \boldsymbol{C}_2\boldsymbol{E} \\
\boldsymbol{C}_{x1}\boldsymbol{E} = \boldsymbol{M}\dfrac{\partial \boldsymbol{P}_x}{\partial t} + \boldsymbol{C}_{x2}\boldsymbol{P}_x \\
\boldsymbol{C}_{z1}\boldsymbol{E} = \boldsymbol{M}\dfrac{\partial \boldsymbol{P}_z}{\partial t} + \boldsymbol{C}_{z2}\boldsymbol{P}_z
\end{cases}
\tag{4.47}
$$

式(4.47)中各系数矩阵的计算公式为

$$\begin{cases} \boldsymbol{M} = \int_{\Omega} \boldsymbol{N}\boldsymbol{N}^{\mathrm{T}} \mathrm{d}\Omega, & \boldsymbol{M}_1 = \dfrac{\sigma}{\varepsilon} \int_{\Omega} \boldsymbol{N}\boldsymbol{N}^{\mathrm{T}} \mathrm{d}\Omega \\ \boldsymbol{K}_x = \dfrac{1}{\mu\varepsilon} \int_{\Omega} \boldsymbol{N}_x \boldsymbol{N}^{\mathrm{T}} \mathrm{d}\Omega, & \boldsymbol{K}_z = \dfrac{1}{\mu\varepsilon} \int_{\Omega} \boldsymbol{N}_z \boldsymbol{N}^{\mathrm{T}} \mathrm{d}\Omega \\ \boldsymbol{K} = \dfrac{1}{\mu\varepsilon} \int_{\Omega} (\boldsymbol{N}_x \boldsymbol{N}_x^{\mathrm{T}} + \boldsymbol{N}_z \boldsymbol{N}_z^{\mathrm{T}}) \mathrm{d}\Omega & \\ \boldsymbol{C}_1 = \int_{\Omega} (d_x + d_z) \boldsymbol{N}\boldsymbol{N}^{\mathrm{T}} \mathrm{d}\Omega, & \boldsymbol{C}_2 = \int_{\Omega} d_x d_z \boldsymbol{N}\boldsymbol{N}^{\mathrm{T}} \mathrm{d}\Omega \\ \boldsymbol{C}_{x1} = \int_{\Omega} (d_z - d_x) \boldsymbol{N}_x \boldsymbol{N}^{\mathrm{T}} \mathrm{d}\Omega, & \boldsymbol{C}_{z1} = \int_{\Omega} (d_x - d_z) \boldsymbol{N}_z \boldsymbol{N}^{\mathrm{T}} \mathrm{d}\Omega \\ \boldsymbol{C}_{x2} = \int_{\Omega} d_x \boldsymbol{N}\boldsymbol{N}^{\mathrm{T}} \mathrm{d}\Omega, & \boldsymbol{C}_{z2} = \int_{\Omega} d_z \boldsymbol{N}\boldsymbol{N}^{\mathrm{T}} \mathrm{d}\Omega \end{cases} \tag{4.48}$$

式(4.48)可利用3.4节中阐述的中心差分法和Newmark差分法进行离散求解，从而实现PML区域内电磁波场的时空域迭代计算。

4.4.3 中心差分法时间离散

将式(3.45)和式(3.46)代入式(4.48)，可得

$$\begin{cases} \boldsymbol{M}\left(\dfrac{\boldsymbol{Q}_{t+\Delta t} - 2\boldsymbol{Q}_t + \boldsymbol{Q}_{t-\Delta t}}{\Delta t^2}\right) + \boldsymbol{M}_1\left(\dfrac{\boldsymbol{Q}_{t+\Delta t} - \boldsymbol{Q}_{t-\Delta t}}{2\Delta t}\right) = \boldsymbol{K}_x \boldsymbol{P}_{x,t} + \boldsymbol{K}_z \boldsymbol{P}_{z,t} - \boldsymbol{K}\boldsymbol{E}_t \\ \boldsymbol{M}\left(\dfrac{\boldsymbol{Q}_{t+\Delta t} - 2\boldsymbol{Q}_t + \boldsymbol{Q}_{t-\Delta t}}{\Delta t^2}\right) = \boldsymbol{M}\left(\dfrac{\boldsymbol{E}_{t+\Delta t} - 2\boldsymbol{E}_t + \boldsymbol{E}_{t-\Delta t}}{\Delta t^2}\right) \\ + \boldsymbol{C}_1\left(\dfrac{\boldsymbol{E}_{t+\Delta t} - \boldsymbol{E}_{t-\Delta t}}{2\Delta t}\right) + \boldsymbol{C}_2 \boldsymbol{E}_t \\ \boldsymbol{C}_{x1}\boldsymbol{E}_t = \boldsymbol{M}\left(\dfrac{\boldsymbol{P}_{x,t+\Delta t} - \boldsymbol{P}_{x,t-\Delta t}}{2\Delta t}\right) + \boldsymbol{C}_{x2}\boldsymbol{P}_{x,t} \\ \boldsymbol{C}_{z1}\boldsymbol{E}_t = \boldsymbol{M}\left(\dfrac{\boldsymbol{P}_{z,t+\Delta t} - \boldsymbol{P}_{z,t-\Delta t}}{2\Delta t}\right) + \boldsymbol{C}_{z2}\boldsymbol{P}_{z,t} \end{cases} \tag{4.49}$$

将式(4.49)进一步整理可得

$$\begin{cases} \left(\dfrac{\boldsymbol{M}}{\Delta t^2} + \dfrac{\boldsymbol{M}_1}{2\Delta t}\right)\boldsymbol{Q}_{t+\Delta t} = \dfrac{2\boldsymbol{M}}{\Delta t^2}\boldsymbol{Q}_t - \left(\dfrac{\boldsymbol{M}}{\Delta t^2} - \dfrac{\boldsymbol{M}_1}{2\Delta t}\right)\boldsymbol{Q}_{t-\Delta t} \\ + \boldsymbol{K}_x \boldsymbol{P}_{x,t} + \boldsymbol{K}_z \boldsymbol{P}_{z,t} - \boldsymbol{K}\boldsymbol{E}_t \\ \left(\dfrac{\boldsymbol{M}}{\Delta t^2} + \dfrac{\boldsymbol{C}_1}{2\Delta t}\right)\boldsymbol{E}_{t+\Delta t} = \left(\dfrac{2\boldsymbol{M}}{\Delta t^2} - \boldsymbol{C}_2\right)\boldsymbol{E}_t - \left(\dfrac{\boldsymbol{M}}{\Delta t^2} - \dfrac{\boldsymbol{C}_1}{2\Delta t}\right)\boldsymbol{E}_{t-\Delta t} \\ + \dfrac{\boldsymbol{M}}{\Delta t^2}\boldsymbol{Q}_{t+\Delta t} - \dfrac{2\boldsymbol{M}}{\Delta t^2}\boldsymbol{Q}_t + \dfrac{\boldsymbol{M}}{\Delta t^2}\boldsymbol{Q}_{t-\Delta t} \end{cases} \tag{4.50-1}$$

$$
\begin{cases}
\dfrac{\boldsymbol{M}}{2\Delta t}\boldsymbol{P}_{x,t+\Delta t} = \dfrac{\boldsymbol{M}}{2\Delta t}\boldsymbol{P}_{x,t-\Delta t} - \boldsymbol{C}_{x2}\boldsymbol{P}_{x,t} + \boldsymbol{C}_{x1}\boldsymbol{E}_t \\
\dfrac{\boldsymbol{M}}{2\Delta t}\boldsymbol{P}_{z,t+\Delta t} = \dfrac{\boldsymbol{M}}{2\Delta t}\boldsymbol{P}_{z,t-\Delta t} - \boldsymbol{C}_{z2}\boldsymbol{P}_{z,t} + \boldsymbol{C}_{z1}\boldsymbol{E}_t
\end{cases}
\tag{4.50-2}
$$

实际迭代计算过程中，首先利用式(4.50)中的第三式和第四式分别计算 $\boldsymbol{P}_{x,\ t+\Delta t}$ 和 $\boldsymbol{P}_{z,\ t+\Delta t}$；然后将其代入第一式，计算 $\boldsymbol{Q}_{t+\Delta t}$；最后计算第二式，获得 $\boldsymbol{E}_{t+\Delta t}$。

4.4.4 Newmark 差分法时间离散

将 Newmark 差分的时间迭代格式式(3.76)代入式(4.47)第一式，并整理可得

$$
\left(\frac{\boldsymbol{M}}{\Delta t^2} + \frac{\boldsymbol{M}_1}{2\Delta t}\right)\boldsymbol{Q}_{t+\Delta t} = \frac{2\boldsymbol{M}}{\Delta t^2}\boldsymbol{Q}_t - \left(\frac{\boldsymbol{M}}{\Delta t^2} - \frac{\boldsymbol{M}_1}{2\Delta t}\right)\boldsymbol{Q}_{t-\Delta t} + \boldsymbol{K}_x\boldsymbol{P}_{x,t} + \boldsymbol{K}_z\boldsymbol{P}_{z,t} - \boldsymbol{K}\boldsymbol{E}_t
\tag{4.51}
$$

将式(3.76)代入式(4.47)第二式，并整理可得

$$
\left(\frac{\boldsymbol{M}}{\Delta t^2} + \frac{\boldsymbol{C}_1}{2\Delta t} + \beta\boldsymbol{C}_2\right)\boldsymbol{E}_{t+\Delta t} = \left[\frac{2}{\Delta t^2}\boldsymbol{M} - (1-2\beta)\boldsymbol{C}_2\right]\boldsymbol{E}_t - \left(\frac{\boldsymbol{M}}{\Delta t^2} - \frac{\boldsymbol{C}_1}{2\Delta t} + \beta\boldsymbol{C}_2\right)\boldsymbol{E}_{t-\Delta t} + \frac{\boldsymbol{M}}{\Delta t^2}\boldsymbol{Q}_{t+\Delta t} - \frac{2\boldsymbol{M}}{\Delta t^2}\boldsymbol{Q}_t + \frac{\boldsymbol{M}}{\Delta t^2}\boldsymbol{Q}_{t-\Delta t}
\tag{4.52}
$$

式(4.47)第三式和第四式利用中心差分法进行离散，并结合式(4.51)和式(4.52)，整理可得

$$
\begin{cases}
\left(\dfrac{\boldsymbol{M}}{\Delta t^2} + \dfrac{\boldsymbol{M}_1}{2\Delta t}\right)\boldsymbol{Q}_{t+\Delta t} = \dfrac{2\boldsymbol{M}}{\Delta t^2}\boldsymbol{Q}_t - \left(\dfrac{\boldsymbol{M}}{\Delta t^2} - \dfrac{\boldsymbol{M}_1}{2\Delta t}\right)\boldsymbol{Q}_{t-\Delta t} \\
\quad + \boldsymbol{K}_x\boldsymbol{P}_{x,t} + \boldsymbol{K}_z\boldsymbol{P}_{z,t} - \boldsymbol{K}\boldsymbol{E}_t \\
\left(\dfrac{\boldsymbol{M}}{\Delta t^2} + \dfrac{\boldsymbol{C}_1}{2\Delta t} + \beta\boldsymbol{C}_2\right)\boldsymbol{E}_{t+\Delta t} = \left[\dfrac{2}{\Delta t^2}\boldsymbol{M} - (1-2\beta)\boldsymbol{C}_2\right]\boldsymbol{E}_t \\
\quad - \left(\dfrac{\boldsymbol{M}}{\Delta t^2} - \dfrac{\boldsymbol{C}_1}{2\Delta t} + \beta\boldsymbol{C}_2\right)\boldsymbol{E}_{t-\Delta t} + \dfrac{\boldsymbol{M}}{\Delta t^2}\boldsymbol{Q}_{t+\Delta t} - \dfrac{2\boldsymbol{M}}{\Delta t^2}\boldsymbol{Q}_t + \dfrac{\boldsymbol{M}}{\Delta t^2}\boldsymbol{Q}_{t-\Delta t} \\
\dfrac{\boldsymbol{M}}{2\Delta t}\boldsymbol{P}_{x,t+\Delta t} = \dfrac{\boldsymbol{M}}{2\Delta t}\boldsymbol{P}_{x,t-\Delta t} - \boldsymbol{C}_{x2}\boldsymbol{P}_{x,t} + \boldsymbol{C}_{x1}\boldsymbol{E}_t \\
\dfrac{\boldsymbol{M}}{2\Delta t}\boldsymbol{P}_{z,t+\Delta t} = \dfrac{\boldsymbol{M}}{2\Delta t}\boldsymbol{P}_{z,t-\Delta t} - \boldsymbol{C}_{z2}\boldsymbol{P}_{z,t} + \boldsymbol{C}_{z1}\boldsymbol{E}_t
\end{cases}
\tag{4.53}
$$

式(4.53)即为式(4.47)的 Newmark 时间差分和中心差分的时间迭代公式。

4.5 基于波场非分裂的 CFS-PML 边界条件实现方法

4.5.1 复拉伸坐标系中的二阶电磁波动方程

将式(4.6)代入式(4.42)，可得

$$\begin{cases}\dfrac{1}{\mu\varepsilon}\left(\dfrac{\partial^2\tilde{E}}{\partial x^2}+\dfrac{\partial^2\tilde{E}}{\partial z^2}+\dfrac{\partial\tilde{P}_x}{\partial x}+\dfrac{\partial\tilde{P}_z}{\partial z}\right)=\left(-\omega^2+\mathrm{i}\omega\dfrac{\sigma}{\varepsilon}\right)\tilde{Q}\\ \left(\dfrac{k_z+\dfrac{d_z}{\alpha_z+\mathrm{i}\omega}}{k_x+\dfrac{d_x}{\alpha_x+\mathrm{i}\omega}}-1\right)\dfrac{\partial\tilde{E}}{\partial x}=\tilde{P}_x\\ \left(\dfrac{k_x+\dfrac{d_x}{\alpha_x+\mathrm{i}\omega}}{k_z+\dfrac{d_z}{\alpha_z+\mathrm{i}\omega}}-1\right)\dfrac{\partial\tilde{E}}{\partial z}=\tilde{P}_z\\ \left(k_x+\dfrac{d_x}{\alpha_x+\mathrm{i}\omega}\right)\left(k_z+\dfrac{d_z}{\alpha_z+\mathrm{i}\omega}\right)\tilde{E}=\tilde{Q}\end{cases} \tag{4.54}$$

进一步整理可得

$$\begin{cases}\dfrac{1}{\mu\varepsilon}\left(\dfrac{\partial^2\tilde{E}}{\partial x^2}+\dfrac{\partial^2\tilde{E}}{\partial z^2}+\dfrac{\partial\tilde{P}_x}{\partial x}+\dfrac{\partial\tilde{P}_z}{\partial z}\right)=\left(-\omega^2+\mathrm{i}\omega\dfrac{\sigma}{\varepsilon}\right)\tilde{Q}\\ \left[k_xk_z+\dfrac{k_xd_z(\alpha_x+\mathrm{i}\omega)+k_zd_x(\alpha_z+\mathrm{i}\omega)+d_xd_z}{(\alpha_x+\mathrm{i}\omega)(\alpha_z+\mathrm{i}\omega)}\right]\tilde{E}=\tilde{Q}\\ \left[\dfrac{(k_z(\alpha_z+\mathrm{i}\omega)+d_z)(\alpha_x+\mathrm{i}\omega)}{(\alpha_z+\mathrm{i}\omega)(k_x(\alpha_x+\mathrm{i}\omega)+d_x)}-1\right]\dfrac{\partial\tilde{E}}{\partial x}=\tilde{P}_x\\ \left[\dfrac{(k_x(\alpha_x+\mathrm{i}\omega)+d_x)(\alpha_z+\mathrm{i}\omega)}{(\alpha_x+\mathrm{i}\omega)(k_z(\alpha_z+\mathrm{i}\omega)+d_z)}-1\right]\dfrac{\partial\tilde{E}}{\partial z}=\tilde{P}_z\end{cases} \tag{4.55}$$

将式(4.55)转化到时间域，并整理可得

$$
\begin{cases}
\dfrac{1}{\mu\varepsilon}\left(\dfrac{\partial^2 E}{\partial x^2}+\dfrac{\partial^2 E}{\partial z^2}+\dfrac{\partial P_x}{\partial x}+\dfrac{\partial P_z}{\partial x}\right)=\dfrac{\partial^2 Q}{\partial t^2}+\dfrac{\sigma}{\varepsilon}\dfrac{\partial Q}{\partial t} \\
\dfrac{\partial Q}{\partial t^2}+(\alpha_x+\alpha_z)\dfrac{\partial Q}{\partial t}+\alpha_x\alpha_z Q=k_x k_z\dfrac{\partial^2 E}{\partial t^2}+a\dfrac{\partial E}{\partial t}+bE \\
k_x\dfrac{\partial^2 P_x}{\partial t^2}+(k_x(\alpha_x+\alpha_z)+d_x)\dfrac{\partial P_x}{\partial t}+(k_x\alpha_x+d_x)\alpha_z P_x \\
=(k_z-k_x)\dfrac{\partial^2}{\partial t^2}\left(\dfrac{\partial E}{\partial x}\right)+c\dfrac{\partial}{\partial t}\left(\dfrac{\partial E}{\partial x}\right)+d_1\dfrac{\partial E}{\partial x} \\
k_z\dfrac{\partial^2 P_z}{\partial t^2}+(k_z(\alpha_z+\alpha_x)+d_z)\dfrac{\partial P_z}{\partial t}+(k_z\alpha_z+d_z)\alpha_x P_z \\
=(k_x-k_z)\dfrac{\partial^2}{\partial t^2}\left(\dfrac{\partial E}{\partial z}\right)-c\dfrac{\partial}{\partial t}\left(\dfrac{\partial E}{\partial z}\right)+d_2\dfrac{\partial E}{\partial z}
\end{cases}
\tag{4.56}
$$

其中系数 a、b、c、d_1、d_2 的表达式为

$$
\begin{cases}
a=k_x k_z(\alpha_x+\alpha_z)+k_x d_z+d_x k_z \\
b=k_x k_z\alpha_x\alpha_z+k_x d_z\alpha_x+d_x k_z\alpha_z+d_x d_z \\
c=(k_z-k_x)(\alpha_z+\alpha_x)+d_z-d_x \\
d_1=(k_z\alpha_z+d_z)\alpha_x-(k_x\alpha_x+d_x)\alpha_z \\
d_2=(k_x\alpha_x+d_x)\alpha_z-(k_z\alpha_z+d_z)\alpha_x
\end{cases}
\tag{4.57}
$$

式(4.56)即为复拉伸坐标系下基于非分裂 CFS-PML 边界条件的时间域二阶电磁波动方程。与 CFS-PML 边界条件的非分裂实现方法大多涉及收缩因子和衰减函数的导数的计算、辅助微分方程多、推导过程复杂不同，该方法推导的 CFS-PML 区域内的电磁波方程既避免了收缩因子和衰减函数的导数出现及后续的离散求解，且只用 3 个辅助微分方程，不但避免了电磁波的卷积计算，而且推导过程更简单、更易于理解。与 CFS-PML 边界条件的卷积实现方法相比，利用式(4.56)实现的计算量和存储量大大减少，计算效率明显提高。

当变量频移因子 $\alpha=0$ 时，式(4.56)退化为 UPML 区域内满足的电磁波方程；当收缩因子 k=1、频移因子$\alpha=0$ 时，式(4.56)退化为常规 PML 区域内满足的电磁波方程。由此可见，式(4.56)为施加不同 PML 边界条件下的电磁波方程的统一形式，在基于 PML 边界条件的 GPR 正演模拟程序上，只需增加描述 CFS-PML 边界条件中收缩因子、频移因子数组和相应的系数矩阵即可实现 CFS-PML 边界条件的加载，有易于推广应用。

4.5.2 时域有限元法求解

利用 Galerkin 法和分步积分法可推导式(4.56)的弱形式为

$$
\left\{\begin{aligned}
&\int_\Omega \frac{\partial^2 Q}{\partial t^2}\varphi d\Omega + \int_\Omega \frac{\sigma}{\varepsilon}\frac{\partial Q}{\partial t}\varphi d\Omega - \int_\Omega \frac{1}{\mu\varepsilon}\frac{\partial P_x}{\partial x}\varphi d\Omega - \int_\Omega \frac{1}{\mu\varepsilon}\frac{\partial P_z}{\partial z}\varphi d\Omega \\
&= \int_\Gamma \frac{1}{\mu\varepsilon}\left(\frac{\partial E}{\partial x}n_x + \frac{\partial E}{\partial z}n_z\right)\varphi d\Gamma - \int_\Omega \frac{1}{\mu\varepsilon}\left(\frac{\partial E}{\partial x}\frac{\partial \varphi}{\partial x} + \frac{\partial E}{\partial z}\frac{\partial \varphi}{\partial z}\right)d\Omega \\
&\int_\Omega \frac{\partial^2 Q}{\partial t^2}\varphi d\Omega + \int_\Omega (\alpha_x + \alpha_z)\frac{\partial Q}{\partial t}\varphi d\Omega + \int_\Omega \alpha_x\alpha_z Q\varphi d\Omega \\
&= \int_\Omega k_x k_z \frac{\partial^2 E}{\partial t^2}\varphi d\Omega + \int_\Omega a\frac{\partial E}{\partial t}\varphi d\Omega + \int_\Omega bE\varphi d\Omega \\
&\int_\Omega (k_z - k_x)\frac{\partial^2}{\partial t^2}\left(\frac{\partial E}{\partial x}\right)\varphi d\Omega + \int_\Omega c\frac{\partial}{\partial t}\left(\frac{\partial E}{\partial x}\right)\varphi d\Omega + \int_\Omega d_1\frac{\partial E}{\partial x}\varphi d\Omega \\
&= \int_\Omega k_x\frac{\partial^2 P_x}{\partial t^2}\varphi d\Omega + \int_\Omega (k_x(\alpha_x + \alpha_z) + d_x)\frac{\partial P_x}{\partial t}\varphi d\Omega + \int_\Omega (k_x\alpha_x + d_x)\alpha_z P_x\varphi d\Omega \\
&\int_\Omega (k_x - k_z)\frac{\partial^2}{\partial t^2}\left(\frac{\partial E}{\partial z}\right)\varphi_z d\Omega - \int_\Omega c\frac{\partial}{\partial t}\left(\frac{\partial E}{\partial z}\right)\varphi_z d\Omega + \int_\Omega d_2\frac{\partial E}{\partial z}\varphi d\Omega \\
&= \int_\Omega k_z\frac{\partial^2 P_z}{\partial t^2}\varphi d\Omega + \int_\Omega [k_z(\alpha_z + \alpha_x) + d_z]\frac{\partial P_z}{\partial t}\varphi d\Omega + \int_\Omega (k_z\alpha_z + d_z)\alpha_x P_z\varphi d\Omega
\end{aligned}\right. \tag{4.58}
$$

式(4.58)形成的时域有限元方程为

$$
\left\{\begin{aligned}
&\boldsymbol{M}\frac{\partial^2 \boldsymbol{Q}}{\partial t^2} + \boldsymbol{M}_1\frac{\partial \boldsymbol{Q}}{\partial t} = \boldsymbol{K}_x\boldsymbol{P}_x + \boldsymbol{K}_z\boldsymbol{P}_z - \boldsymbol{K}\boldsymbol{E} \\
&\boldsymbol{M}\frac{\partial^2 \boldsymbol{Q}}{\partial t^2} + \boldsymbol{M}_2\frac{\partial \boldsymbol{Q}}{\partial t} + \boldsymbol{M}_3\boldsymbol{Q} = \boldsymbol{C}_1\frac{\partial^2 \boldsymbol{E}}{\partial t^2} + \boldsymbol{C}_2\frac{\partial \boldsymbol{E}}{\partial t} + \boldsymbol{C}_3\boldsymbol{E} \\
&\boldsymbol{C}_{x1}\frac{\partial^2 \boldsymbol{E}}{\partial t^2} + \boldsymbol{C}_{x2}\frac{\partial \boldsymbol{E}}{\partial t} + \boldsymbol{C}_{x3}\boldsymbol{E} = \boldsymbol{C}_{x4}\frac{\partial^2 \boldsymbol{P}_x}{\partial t^2} + \boldsymbol{C}_{x5}\frac{\partial \boldsymbol{P}_x}{\partial t} + \boldsymbol{C}_{x6}\boldsymbol{P}_x \\
&\boldsymbol{C}_{z1}\frac{\partial^2 \boldsymbol{E}}{\partial t^2} + \boldsymbol{C}_{z2}\frac{\partial \boldsymbol{E}}{\partial t} + \boldsymbol{C}_{z3}\boldsymbol{E} = \boldsymbol{C}_{z4}\frac{\partial^2 \boldsymbol{P}_z}{\partial t^2} + \boldsymbol{C}_{z5}\frac{\partial \boldsymbol{P}_z}{\partial t} + \boldsymbol{C}_{z6}\boldsymbol{P}_z
\end{aligned}\right. \tag{4.59}
$$

式(4.59)中各系数矩阵的计算公式为

$$
\left\{\begin{aligned}
&\boldsymbol{M} = \int_\Omega \boldsymbol{N}\boldsymbol{N}^{\mathrm{T}} d\Omega,\ \boldsymbol{M}_1 = \sigma/\varepsilon\int_\Omega \boldsymbol{N}\boldsymbol{N}^{\mathrm{T}} d\Omega \\
&\boldsymbol{M}_2 = (\alpha_x + \alpha_z)\int_\Omega \boldsymbol{N}\boldsymbol{N}^{\mathrm{T}} d\Omega,\ \boldsymbol{M}_3 = \alpha_x\alpha_z\int_\Omega \boldsymbol{N}\boldsymbol{N}^{\mathrm{T}} d\Omega \\
&\boldsymbol{K}_x = \frac{1}{\mu\varepsilon}\int_\Omega \boldsymbol{N}_x\boldsymbol{N}^{\mathrm{T}} d\Omega,\ \boldsymbol{K}_z = \frac{1}{\mu\varepsilon}\int_\Omega \boldsymbol{N}_z\boldsymbol{N}^{\mathrm{T}} d\Omega \\
&\boldsymbol{K} = \frac{1}{\mu\varepsilon}\int_\Omega (\boldsymbol{N}_x\boldsymbol{N}_x{}^{\mathrm{T}} + \boldsymbol{N}_z\boldsymbol{N}_z{}^{\mathrm{T}}) d\Omega, \\
&\boldsymbol{C}_1 = \int_\Omega k_x k_z\boldsymbol{N}\boldsymbol{N}^{\mathrm{T}} d\Omega,\ \boldsymbol{C}_2 = \int_\Omega a\boldsymbol{N}\boldsymbol{N}^{\mathrm{T}} d\Omega \\
&\boldsymbol{C}_3 = \int_\Omega b\boldsymbol{N}\boldsymbol{N}^{\mathrm{T}} d\Omega
\end{aligned}\right. \tag{4.60}
$$

$$\left\{\begin{aligned}
&\boldsymbol{C}_{x1}=\int_{\Omega}(k_z-k_x)\boldsymbol{N}_x\boldsymbol{N}^{\mathrm{T}}\mathrm{d}\Omega, && \boldsymbol{C}_{z1}=\int_{\Omega}(k_x-k_z)\boldsymbol{N}_z\boldsymbol{N}^{\mathrm{T}}\mathrm{d}\Omega\\
&\boldsymbol{C}_{x2}=\int_{\Omega}c\boldsymbol{N}_x\boldsymbol{N}^{\mathrm{T}}\mathrm{d}\Omega, && \boldsymbol{C}_{z2}=\int_{\Omega}-c\boldsymbol{N}_z\boldsymbol{N}^{\mathrm{T}}\mathrm{d}\Omega\\
&\boldsymbol{C}_{x3}=\int_{\Omega}d_1\boldsymbol{N}_x\boldsymbol{N}^{\mathrm{T}}\mathrm{d}\Omega, && \boldsymbol{C}_{z3}=\int_{\Omega}d_2\boldsymbol{N}_z\boldsymbol{N}^{\mathrm{T}}\mathrm{d}\Omega\\
&\boldsymbol{C}_{x4}=\int_{\Omega}k_x\boldsymbol{N}\boldsymbol{N}^{\mathrm{T}}\mathrm{d}\Omega, && \boldsymbol{C}_{z4}=\int_{\Omega}k_z\boldsymbol{N}\boldsymbol{N}^{\mathrm{T}}\mathrm{d}\Omega\\
&\boldsymbol{C}_{x5}=\int_{\Omega}[k_x(\alpha_x+\alpha_z)+d_x]\boldsymbol{N}\boldsymbol{N}^{\mathrm{T}}\mathrm{d}\Omega, && \boldsymbol{C}_{z5}=\int_{\Omega}[k_z(\alpha_z+\alpha_x)+d_z]\boldsymbol{N}\boldsymbol{N}^{\mathrm{T}}\mathrm{d}\Omega\\
&\boldsymbol{C}_{x6}=\int_{\Omega}(k_x\alpha_x+d_x)\alpha_z\boldsymbol{N}\boldsymbol{N}^{\mathrm{T}}\mathrm{d}\Omega, && \boldsymbol{C}_{z6}=\int_{\Omega}(k_z\alpha_z+d_z)\alpha_x\boldsymbol{N}\boldsymbol{N}^{\mathrm{T}}\mathrm{d}\Omega
\end{aligned}\right. \tag{4.61}$$

式(4.59)可利用3.4节中阐述的中心差分法和Newmark差分法进行离散求解，从而实现PML区域内电磁波场的时空域迭代计算。

4.5.3 中心差分法时间离散

将式(3.45)和式(3.46)代入式(4.59)，可得

$$\left\{\begin{aligned}
&\boldsymbol{M}\left(\frac{\boldsymbol{Q}_{t+\Delta t}-2\boldsymbol{Q}_t+\boldsymbol{Q}_{t-\Delta t}}{\Delta t^2}\right)+\boldsymbol{M}_1\left(\frac{\boldsymbol{Q}_{t+\Delta t}-\boldsymbol{Q}_{t-\Delta t}}{2\Delta t}\right)\\
&=\boldsymbol{K}_x\boldsymbol{P}_{x,t}+\boldsymbol{K}_z\boldsymbol{P}_{z,t}-\boldsymbol{K}\boldsymbol{E}_t\\
&\boldsymbol{M}\left(\frac{\boldsymbol{Q}_{t+\Delta t}-2\boldsymbol{Q}_t+\boldsymbol{Q}_{t-\Delta t}}{\Delta t^2}\right)+\boldsymbol{M}_2\left(\frac{\boldsymbol{Q}_{t+\Delta t}-\boldsymbol{Q}_{t-\Delta t}}{2\Delta t}\right)+\boldsymbol{M}_3\boldsymbol{Q}_t\\
&=\boldsymbol{C}_1\left(\frac{\boldsymbol{E}_{t+\Delta t}-2\boldsymbol{E}_t+\boldsymbol{E}_{t-\Delta t}}{\Delta t^2}\right)+\boldsymbol{C}_2\left(\frac{\boldsymbol{E}_{t+\Delta t}-\boldsymbol{E}_{t-\Delta t}}{2\Delta t}\right)+\boldsymbol{C}_3\boldsymbol{E}_t\\
&\boldsymbol{C}_{x1}\left(\frac{\boldsymbol{E}_{t+\Delta t}-2\boldsymbol{E}_t+\boldsymbol{E}_{t-\Delta t}}{\Delta t^2}\right)+\boldsymbol{C}_{x2}\left(\frac{\boldsymbol{E}_{t+\Delta t}-\boldsymbol{E}_{t-\Delta t}}{2\Delta t}\right)+\boldsymbol{C}_{x3}\boldsymbol{E}_t\\
&=\boldsymbol{C}_{x4}\left(\frac{\boldsymbol{P}_{x,t+\Delta t}-2\boldsymbol{P}_{x,t}+\boldsymbol{P}_{x,t-\Delta t}}{\Delta t^2}\right)+\boldsymbol{C}_{x5}\left(\frac{\boldsymbol{P}_{x,t+\Delta t}-\boldsymbol{P}_{x,t-\Delta t}}{2\Delta t}\right)+\boldsymbol{C}_{x6}\boldsymbol{P}_{x,t}\\
&\boldsymbol{C}_{z1}\left(\frac{\boldsymbol{E}_{t+\Delta t}-2\boldsymbol{E}_t+\boldsymbol{E}_{t-\Delta t}}{\Delta t^2}\right)+\boldsymbol{C}_{z2}\left(\frac{\boldsymbol{E}_{t+\Delta t}-\boldsymbol{E}_{t-\Delta t}}{2\Delta t}\right)+\boldsymbol{C}_{z3}\boldsymbol{E}_t\\
&=\boldsymbol{C}_{z4}\left(\frac{\boldsymbol{P}_{z,t+\Delta t}-2\boldsymbol{P}_{z,t}+\boldsymbol{P}_{z,t-\Delta t}}{\Delta t^2}\right)+\boldsymbol{C}_{z5}\left(\frac{\boldsymbol{P}_{x,t+\Delta t}-\boldsymbol{P}_{x,t-\Delta t}}{2\Delta t}\right)+\boldsymbol{C}_{z6}\boldsymbol{P}_{x,t}
\end{aligned}\right. \tag{4.62}$$

将式(4.62)进一步整理可得

$$\left\{\begin{aligned}
&\left(\frac{\boldsymbol{M}}{\Delta t^2}+\frac{\boldsymbol{M}_1}{2\Delta t}\right)\boldsymbol{Q}_{t+\Delta t}=\frac{2\boldsymbol{M}}{\Delta t^2}\boldsymbol{Q}_t-\left(\frac{\boldsymbol{M}}{\Delta t^2}-\frac{\boldsymbol{M}_1}{2\Delta t}\right)\boldsymbol{Q}_{t-\Delta t}\\
&+\boldsymbol{K}_x\boldsymbol{P}_{x,t}+\boldsymbol{K}_z\boldsymbol{P}_{z,t}-\boldsymbol{K}\boldsymbol{E}_t
\end{aligned}\right. \tag{4.63-1}$$

$$
\left\{\begin{aligned}
&\left(\frac{\boldsymbol{C}_1}{\Delta t^2}+\frac{\boldsymbol{C}_2}{2\Delta t}\right)\boldsymbol{E}_{t+\Delta t}=\left(\frac{2\boldsymbol{C}_1}{\Delta t^2}-\boldsymbol{C}_3\right)\boldsymbol{E}_t-\left(\frac{\boldsymbol{C}_1}{\Delta t^2}-\frac{\boldsymbol{C}_2}{2\Delta t}\right)\boldsymbol{E}_{t-\Delta t}\\
&+\left(\frac{\boldsymbol{M}}{\Delta t^2}+\frac{\boldsymbol{M}_2}{2\Delta t}\right)\boldsymbol{Q}_{t+\Delta t}-\left(\frac{2\boldsymbol{M}}{\Delta t^2}-\boldsymbol{M}_3\right)\boldsymbol{Q}_t+\left(\frac{\boldsymbol{M}}{\Delta t^2}-\frac{\boldsymbol{M}_2}{2\Delta t}\right)\boldsymbol{Q}_{t-\Delta t}\\
&\left(\frac{\boldsymbol{C}_{x4}}{\Delta t^2}+\frac{\boldsymbol{C}_{x5}}{2\Delta t}\right)\boldsymbol{P}_{x,t+\Delta t}=\left(\frac{2\boldsymbol{C}_{x4}}{\Delta t^2}-\boldsymbol{C}_{x6}\right)\boldsymbol{P}_{x,t}-\left(\frac{\boldsymbol{C}_{x4}}{\Delta t^2}-\frac{\boldsymbol{C}_{x5}}{2\Delta t}\right)\boldsymbol{P}_{x,t-\Delta t}\\
&+\left(\frac{\boldsymbol{C}_{x1}}{\Delta t^2}+\frac{\boldsymbol{C}_{x2}}{2\Delta t}\right)\boldsymbol{E}_{t+\Delta t}-\left(\frac{2\boldsymbol{C}_{x1}}{\Delta t^2}-\boldsymbol{C}_{x3}\right)\boldsymbol{E}_t+\left(\frac{\boldsymbol{C}_{x1}}{\Delta t^2}-\frac{\boldsymbol{C}_{x2}}{2\Delta t}\right)\boldsymbol{E}_{t-\Delta t}\\
&\left(\frac{\boldsymbol{C}_{z4}}{\Delta t^2}+\frac{\boldsymbol{C}_{z5}}{2\Delta t}\right)\boldsymbol{P}_{z,t+\Delta t}=\left(\frac{2\boldsymbol{C}_{z4}}{\Delta t^2}-\boldsymbol{C}_{z6}\right)\boldsymbol{P}_{z,t}-\left(\frac{\boldsymbol{C}_{z4}}{\Delta t^2}-\frac{\boldsymbol{C}_{z5}}{2\Delta t}\right)\boldsymbol{P}_{z,t-\Delta t}\\
&+\left(\frac{\boldsymbol{C}_{z1}}{\Delta t^2}+\frac{\boldsymbol{C}_{z2}}{2\Delta t}\right)\boldsymbol{E}_{t+\Delta t}-\left(\frac{2\boldsymbol{C}_{z1}}{\Delta t^2}-\boldsymbol{C}_{z3}\right)\boldsymbol{E}_t+\left(\frac{\boldsymbol{C}_{z1}}{\Delta t^2}-\frac{\boldsymbol{C}_{z2}}{2\Delta t}\right)\boldsymbol{E}_{t-\Delta t}
\end{aligned}\right. \tag{4.63-2}
$$

实际迭代计算过程中，首先利用式(4.63)中的第三式和第四式分别计算 $\boldsymbol{P}_{x,\ t+\Delta t}$ 和 $\boldsymbol{P}_{z,\ t+\Delta t}$；然后将其代入第一式，计算 $\boldsymbol{Q}_{t+\Delta t}$；最后计算第二式，计算 $\boldsymbol{E}_{t+\Delta t}$。

4.5.4 Newmark 差分法时间离散

将 Newmark 差分的时间迭代格式式(3.76)代入式(4.59)第一式，并整理可得

$$
\begin{aligned}
&\left(\frac{\boldsymbol{M}}{\Delta t^2}+\frac{\boldsymbol{M}_1}{2\Delta t}\right)\boldsymbol{Q}_{t+\Delta t}=\frac{2\boldsymbol{M}}{\Delta t^2}\boldsymbol{Q}_t-\frac{\boldsymbol{M}}{\Delta t^2}-\frac{\boldsymbol{M}_1}{2\Delta t}\boldsymbol{Q}_{t-\Delta t}\\
&+\boldsymbol{K}_x\boldsymbol{P}_{x,t}+\boldsymbol{K}_z\boldsymbol{P}_{z,t}-\boldsymbol{K}\boldsymbol{E}_t
\end{aligned} \tag{4.64}
$$

式(4.59)中其余三式与一般式不同，右端项包含场关于时间的一阶和二阶导数项，因而无法直接利用 Newmark 差分的通解式(3.76)。为此，引入中间变量 $\boldsymbol{\omega}$，并分别等于方程左端和右端项[183]，则式(4.59)第二式可表示为

$$
\left\{\begin{aligned}
&\boldsymbol{M}\frac{\partial^2\boldsymbol{Q}}{\partial t^2}+\boldsymbol{M}_2\frac{\partial\boldsymbol{Q}}{\partial t}+\boldsymbol{M}_3\boldsymbol{Q}=\boldsymbol{\omega}\\
&\boldsymbol{C}_1\frac{\partial^2\boldsymbol{E}}{\partial t^2}+\boldsymbol{C}_2\frac{\partial^2\boldsymbol{E}}{\partial t^2}+\boldsymbol{C}_3\boldsymbol{E}=\boldsymbol{\omega}
\end{aligned}\right. \tag{4.65}
$$

式(4.65)中的两式分别以相同的 Δt 进行 Newmark 差分离散，可得

$$
\begin{aligned}
&\left(\frac{\boldsymbol{M}}{\Delta t^2}+\frac{\boldsymbol{C}_1}{2\Delta t}+\beta\boldsymbol{C}_2\right)\boldsymbol{Q}_{t+\Delta t}-\left[\frac{2\boldsymbol{M}}{\Delta t^2}-(1-2\beta)\boldsymbol{C}_2\right]\boldsymbol{Q}_t\\
&+\left(\frac{\boldsymbol{M}}{\Delta t^2}-\frac{\boldsymbol{C}_1}{2\Delta t}+\beta\boldsymbol{C}_2\right)\boldsymbol{Q}_{t-\Delta t}=\boldsymbol{\omega}_t
\end{aligned} \tag{4.66}
$$

$$\begin{aligned}&\left(\frac{\boldsymbol{C}_3}{\Delta t^2}+\frac{\boldsymbol{C}_4}{2\Delta t}+\beta\boldsymbol{C}_5\right)\boldsymbol{E}_{t+\Delta t}-\left[\frac{2\boldsymbol{C}_3}{\Delta t^2}-(1-2\beta)\boldsymbol{C}_5\right]\boldsymbol{E}_t\\&+\left(\frac{\boldsymbol{C}_3}{\Delta t^2}-\frac{\boldsymbol{C}_4}{2\Delta t}+\beta\boldsymbol{C}_5\right)\boldsymbol{E}_{t-\Delta t}=\boldsymbol{\omega}_t\end{aligned}\tag{4.67}$$

式(4.66)和式(4.67)右端项相同，则其左端项也应相同，整理可得

$$\begin{aligned}&\left(\frac{\boldsymbol{M}}{\Delta t^2}+\frac{\boldsymbol{C}_1}{2\Delta t}+\beta\boldsymbol{C}_2\right)\boldsymbol{Q}_{t+\Delta t}-\left[\frac{2\boldsymbol{M}}{\Delta t^2}-(1-2\beta)\boldsymbol{C}_2\right]\boldsymbol{Q}_t\\&+\left(\frac{\boldsymbol{M}}{\Delta t^2}-\frac{\boldsymbol{C}_1}{2\Delta t}+\beta\boldsymbol{C}_2\right)\boldsymbol{Q}_{t-\Delta t}=\left(\frac{\boldsymbol{C}_3}{\Delta t^2}+\frac{\boldsymbol{C}_4}{2\Delta t}+\beta\boldsymbol{C}_5\right)\boldsymbol{E}_{t+\Delta t}\\&-\left[\frac{2\boldsymbol{C}_3}{\Delta t^2}-(1-2\beta)\boldsymbol{C}_5\right]\boldsymbol{E}_t+\left(\frac{\boldsymbol{C}_3}{\Delta t^2}-\frac{\boldsymbol{C}_4}{2\Delta t}+\beta\boldsymbol{C}_5\right)\boldsymbol{E}_{t-\Delta t}\end{aligned}\tag{4.68}$$

将式(4.68)进一步整理可得

$$\begin{aligned}&\left(\frac{\boldsymbol{C}_3}{\Delta t^2}+\frac{\boldsymbol{C}_4}{2\Delta t}+\beta\boldsymbol{C}_5\right)\boldsymbol{E}_{t+\Delta t}=\left[\frac{2\boldsymbol{C}_3}{\Delta t^2}-(1-2\beta)\boldsymbol{C}_5\right]\boldsymbol{E}_t\\&-\left(\frac{\boldsymbol{C}_3}{\Delta t^2}-\frac{\boldsymbol{C}_4}{2\Delta t}+\beta\boldsymbol{C}_5\right)\boldsymbol{E}_{t-\Delta t}+\left(\frac{\boldsymbol{M}}{\Delta t^2}+\frac{\boldsymbol{C}_1}{2\Delta t}+\beta\boldsymbol{C}_2\right)\boldsymbol{Q}_{t+\Delta t}\\&-\left[\frac{2\boldsymbol{M}}{\Delta t^2}-(1-2\beta)\boldsymbol{C}_2\right]\boldsymbol{Q}_t+\left(\frac{\boldsymbol{M}}{\Delta t^2}-\frac{\boldsymbol{C}_1}{2\Delta t}+\beta\boldsymbol{C}_2\right)\boldsymbol{Q}_{t-\Delta t}\end{aligned}\tag{4.69}$$

同理，式(4.59)第三式和第四式的 Newmark 差分离散时间迭代公式可分别表示为

$$\begin{aligned}&\left(\frac{\boldsymbol{C}_{x4}}{\Delta t^2}+\frac{1}{2\Delta t}\Delta t\boldsymbol{C}_{x5}+\beta\boldsymbol{C}_{x6}\right)\boldsymbol{P}_{x,\,t+\Delta t}=\left[\frac{2\boldsymbol{C}_{x4}}{\Delta t^2}-(1-2\beta)\boldsymbol{C}_{x6}\right]\boldsymbol{P}_{x,\,t}\\&-\left(\frac{\boldsymbol{C}_{x4}}{\Delta t^2}-\frac{\boldsymbol{C}_{x5}}{2\Delta t}+\beta\boldsymbol{C}_{x6}\right)\boldsymbol{P}_{x,t-\Delta t}+\left(\frac{\boldsymbol{C}_{x1}}{\Delta t^2}+\frac{\boldsymbol{C}_{x2}}{2\Delta t}+\beta\boldsymbol{C}_{x3}\right)\boldsymbol{E}_{t+\Delta t}\\&-\left[\frac{2\boldsymbol{C}_{x1}}{\Delta t^2}-(1-2\beta)\boldsymbol{C}_{x3}\right]\boldsymbol{E}_t+\left(\frac{\boldsymbol{C}_{x1}}{\Delta t^2}-\frac{\boldsymbol{C}_{x2}}{2\Delta t}+\beta\boldsymbol{C}_{x3}\right)\boldsymbol{E}_{t-\Delta t}\end{aligned}\tag{4.70}$$

$$\begin{aligned}&\left(\frac{\boldsymbol{C}_{z4}}{\Delta t^2}+\frac{1}{2\Delta t}\Delta t\boldsymbol{C}_{z5}+\beta\boldsymbol{C}_{z6}\right)\boldsymbol{P}_{z,\,t+\Delta t}=\left[\frac{2\boldsymbol{C}_{z4}}{\Delta t^2}-(1-2\beta)\boldsymbol{C}_{z6}\right]\boldsymbol{P}_{z,\,t}\\&-\left(\frac{\boldsymbol{C}_{z4}}{\Delta t^2}-\frac{\boldsymbol{C}_{z5}}{2\Delta t}+\beta\boldsymbol{C}_{z6}\right)\boldsymbol{P}_{z,t-\Delta t}+\left(\frac{\boldsymbol{C}_{z1}}{\Delta t^2}+\frac{\boldsymbol{C}_{z2}}{2\Delta t}+\beta\boldsymbol{C}_{z3}\right)\boldsymbol{E}_{t+\Delta t}\\&-\left[\frac{2\boldsymbol{C}_{z1}}{\Delta t^2}-(1-2\beta)\boldsymbol{C}_{z3}\right]\boldsymbol{E}_t+\left(\frac{\boldsymbol{C}_{z1}}{\Delta t^2}-\frac{\boldsymbol{C}_{z2}}{2\Delta t}+\beta\boldsymbol{C}_{z3}\right)\boldsymbol{E}_{t-\Delta t}\end{aligned}\tag{4.71}$$

式(4.64)、式(4.69)、式(4.70)、式(4.71)即为二阶电磁波动方程时域有限元模拟的 Newmark 差分离散时间迭代公式，在实际计算过程中，依次利用式(4.70)、式(4.71)、式(4.64)、式(4.69)计算 $\boldsymbol{P}_{x,\,t+\Delta t}$、$\boldsymbol{P}_{z,\,t+\Delta t}$、$\boldsymbol{Q}_{t+\Delta t}$、$\boldsymbol{E}_{t+\Delta t}$，从而实现电磁波场的时间迭代计算。

4.6 数值算例

为验证构建的 GPR 时域有限元模拟的 PML 和 CFS-PML 边界条件的正确性和有效性，构建了两个均匀模型，通过对比狭长型均匀介质模型下施加 CFS-PML 边界条件和 PML 边界条件下不同时刻的波场快照、单道波形和能量衰减曲线，以分析 CFS-PML 和 PML 边界条件的良好吸收效果。在此基础上对一个典型复杂 GPR 模型进行模拟计算，探讨三角形网格剖分在减弱模型离散误差、提高模拟精度方面的优势。

4.6.1 PML 边界条件吸收效果分析

为测试构建的 GPR 时域有限元模拟的 PML 边界条件和 CFS-PML 边界条件的正确性及其吸收效果，建立了一个大小为 3.0 m × 0.8 m 狭长型均匀介质模型，如图 4.2(a)所示，其中灰色区域表示 PML 层，厚度为 0.1 m。均匀介质的相对介电常数为 4.0，电导率为 0.0001 S/m。利用 Comsol 软件对该模型进行 Delaunay 三角形网格剖分后的示意图如图 4.2(b)所示，其中深灰色区域和浅灰色区域分别表示模型的计算区域和 PML 区域。模型被剖分成 94552 个 Delaunay 三角形网格和 47754 个网格节点，三角形最大边长为 0.01 m。利用 GPR 时域有限元法对该模型进行计算时的时间步长为 0.01 ns；激励源采用中

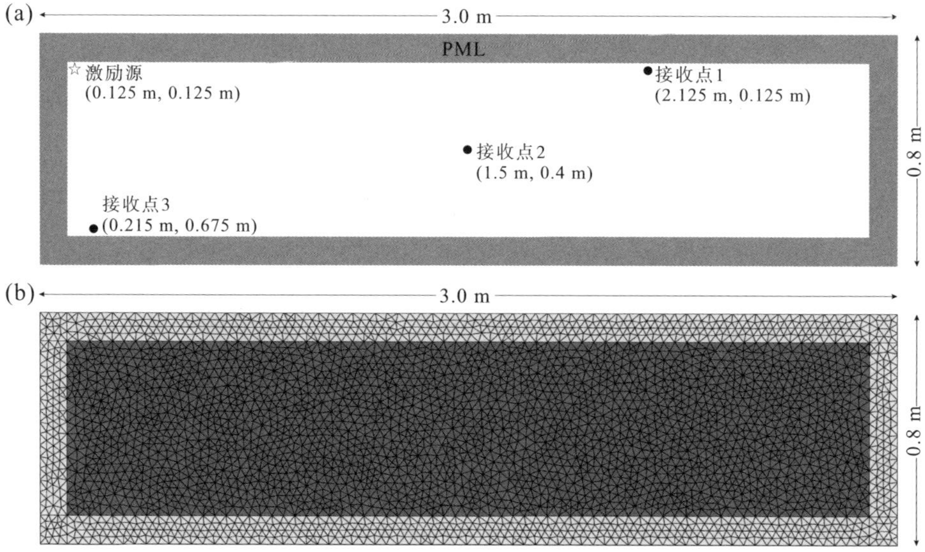

图4.2　狭长型均匀介质模型示意图(a)及其非结构化三角形网格剖分示意图(b)

心频率为 600 MHz 的雷克子波，位于模型左上角(如图中五角星所示)，距 PML 内边界 0.125 m。模型内部设置了 3 个接收点(如图中黑点所示)，其中接收点 1 位于(2.125 m，0.125 m)，以接收大角度入射的电磁波；接收点 2 位于(1.5 m，0.4 m)，接收点 3 位于(0.215 m，0.675 m)，以接收小角度入射的电磁波。

图 4.3 为狭长型均匀模型分别施加 PML 边界条件和 CFS-PML 边界条件下，模拟得到的不同时刻的波场快照图。图 4.3(a)和 4.3(b)分别为 PML 边界条件下 15 ns 和 20 ns 时刻的波场快照；图 4.3(c)和 4.3(d)分别为 CFS-PML 边界条件下 15 ns 和 20 ns 时刻的波场快照。由图可见：施加 PML 边界条件后，电磁波传播至模型截断边界处未发生明显反射现象，说明本书构建的 PML 边界条件具有良好的吸收效果。对比图 4.3(a)和 4.3(c)可知，PML 边界条件对大角度入射波吸收效果差，在顶部和左边界附近产生了较为明显的低频虚假反射，其能量随入射角度和传播距离的增大而增强；相比 PML 边界条

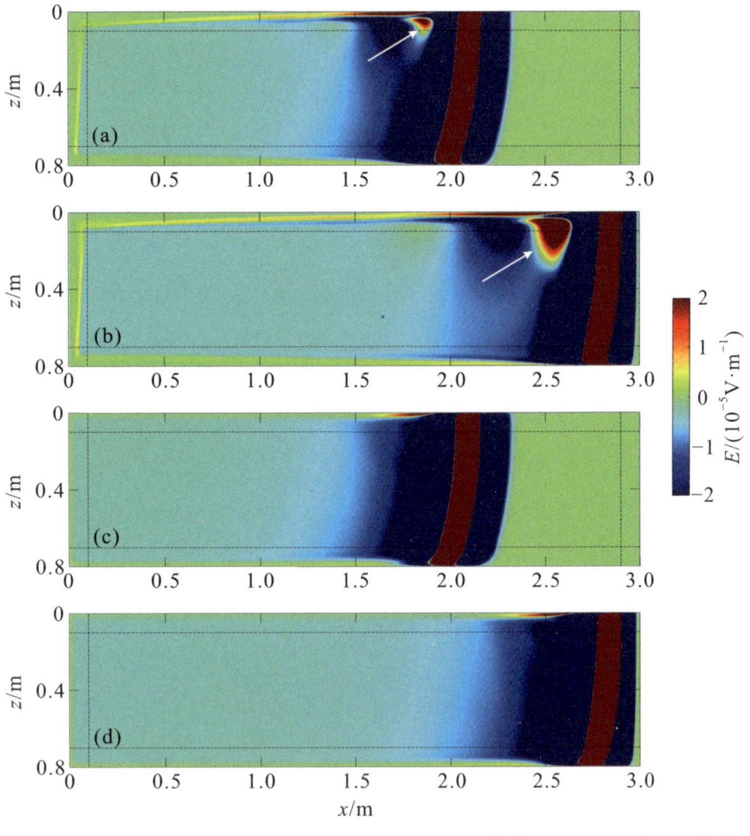

图4.3　常规PML边界条件(a，b)和CFS-PML边界条件(c，d)下狭长型均匀模型不同时刻的波场快照图

(a)和(c) 为 15 ns；(b)和(d)为 20 ns

件，CFS-PML 边界条件对大角度入射波的吸收效果更好，低频虚假反射波能量非常微弱，如图 4. 3(c)和 4. 3(d)所示，未见 PML 边界条件下产生的超强低频反射波，特别是在大偏移距处也未见明显的低频虚假反射波。

图 4. 4(a)和 4. 4(b)分别为施加 PML 边界条件与 CFS-PML 边界条件下狭长型均匀介质模型的多偏移距 GPR 模拟剖面。对比图 4. 4(a)和 4. 4(b)可知，PML 边界条件下，如图 4. 4(a)中黑色箭头所示，GPR 高频电磁波在远偏移距处会产生较强的低频反射波，而在图 4. 4(b)中 CFS-PML 边界条件下的 GPR 多偏移距剖面中未见明显的低频反射波，表明 CFS-PML 边界条件对于掠射波与低频反射波均有着良好的吸收效果。

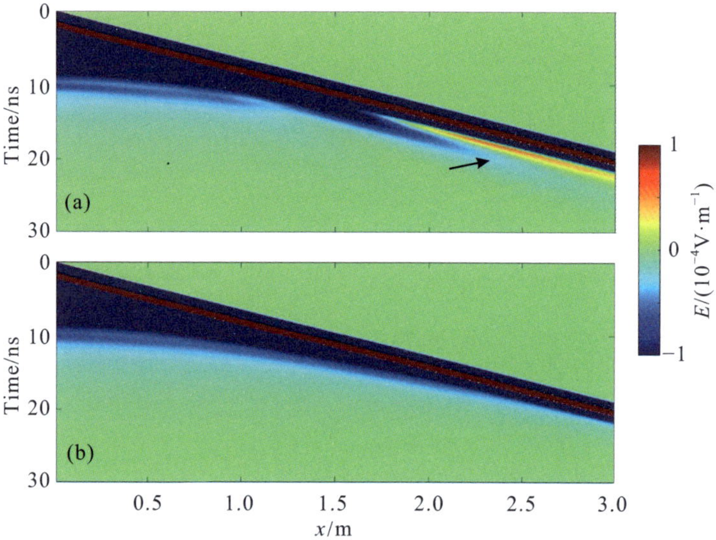

图 4. 4　PML 边界条件(a)与 CFS-PML 边界条件(b)下多偏移距 GPR 模拟剖面

为更好地分析 CFS-PML 边界条件的吸收效果，将 CFS-PML 边界条件和 PML 边界条件下接收点 1、接收点 2 和接收点 3 处的单道波形与参考解(Reference solution)进行对比，如图 4. 5、图 4. 6 和图 4. 7 所示。参考解是在无边界条件下，将模型扩大 5 倍以保证计算时间内边界反射波不会到达接收点位置，采用相同数值模拟方法计算得到的。由图 4. 5 可见：PML 边界条件下，接收点 1 的单道波形与参考解拟合较差，特别是在波峰和波谷附近(如图中的放大图所示)，这是由于 PML 边界条件下接收点 1 接收到了大角度入射产生的低频虚假反射；与 PML 边界条件相比，CFS-PML 边界条件下的接收点 1 的单道波形与参考解几乎完全拟合，说明 CFS-PML 对大角度入射的低频虚假反射波的吸收效果更好。由图 4. 6 和图 4. 7 可知：PML 边界条件和 CFS-PML 边界条件下接收点 2 与接收点 3 处的单道波形都与参考解吻合，说明两种 PML 边界条件均可实现外行电磁波的有效吸收。

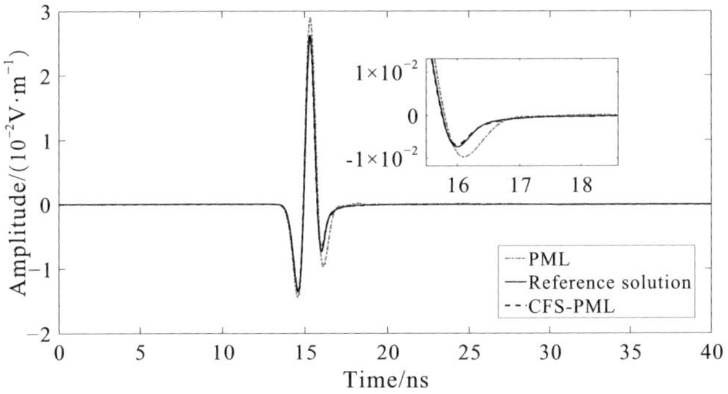

图4.5　PML边界条件和CFS-PML边界条件下接收点1处的单道波形与参考解对比图

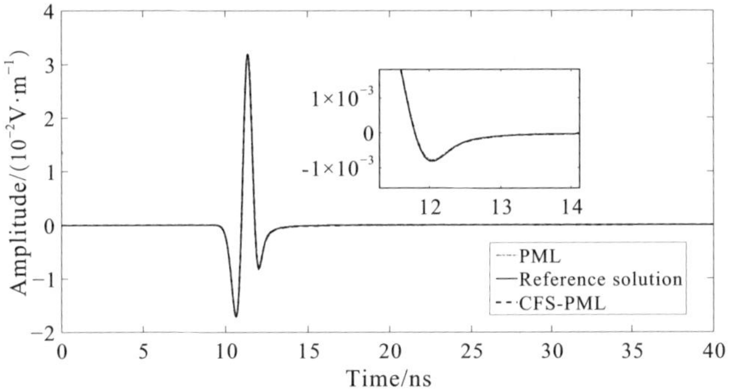

图4.6　PML边界条件和CFS-PML边界条件下接收点2处的单道波形与参考解对比图

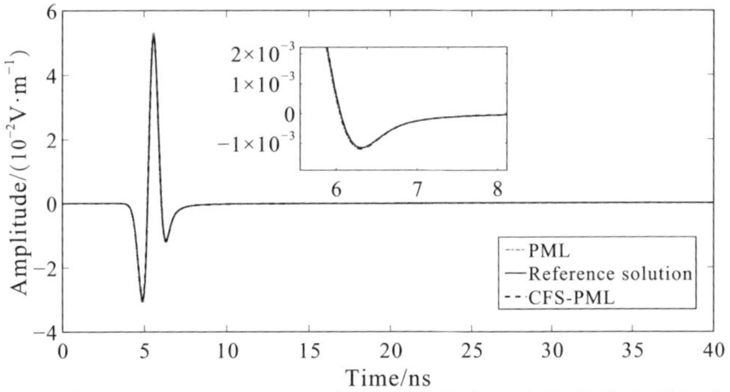

图4.7　PML边界条件和CFS-PML边界条件下接收点3处的单道波形与参考解对比图

图 4.8 为无边界条件、施加 PML 边界条件和 CFS-PML 边界条件下计算区域内电场能量随时间变化曲线。由图可见：当 GPR 数值模拟刚开始时，激励源的能量不断加载到计算区域，能量急剧上升，约 1.9 ns 时刻达到最大值。1.9 ns 后，由于介质电导率的衰减作用和 PML 边界条件的吸收作用，电场能量缓慢下降。随着传播时间的增大，能量慢慢减弱，约 21.6 ns 时刻，大部分电磁波传播至 PML 边界层被有效吸收。相比于 PML 边界条件，CFS-

PML 边界条件下的剩余电磁波场能量明显更低且能量仍有持续下降趋势。由此可见，CFS-PML 边界条件相比 PML 边界条件具有更好的吸收性能。

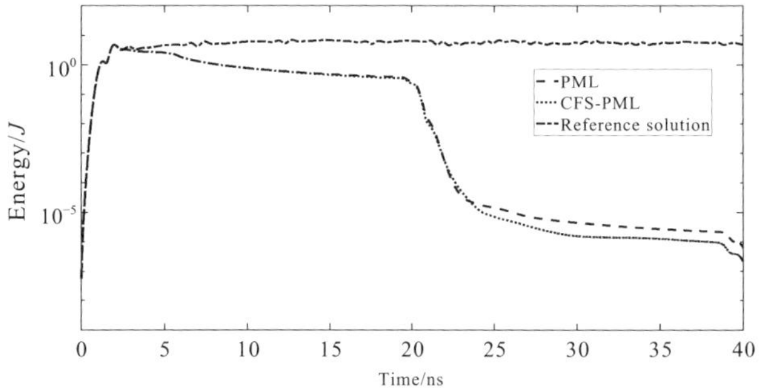

图4.8　两种PML边界条件下计算区域内电场能量随时间变化曲线

4.6.2　模型算例一

为充分说明基于二阶电磁波动方程的 CFS-PML 边界条件在复杂结构 GPR 正演模拟中的良好吸收效果，分析复杂介质中高频电磁波的传播特征，建立了一个大小为 3.0 m×1.6 m(不包括 PML 层)的复杂 GPR 地电模型，如图 4.9 所示。模型被一条起伏界面分为上、下两层介质，埋深约为 0.8 m；起伏界面的上层为干燥混凝土，相对介电常数为 4.0，电导率为 0.0001 S/m；下层为土壤，相对介电常数为 8.0，电导率为 0.0005 S/m。下层介质中埋有一个圆形空洞和一个正方形空洞，其中圆形空洞的直径为 0.1 m，圆心坐标为(0.7 m，1.0 m)；正方形空洞的边长为 0.1 m，中心坐标分别为(2.3 m，1.3 m)，计算区域与 PML 层的分界线如图中黑色虚线所示。

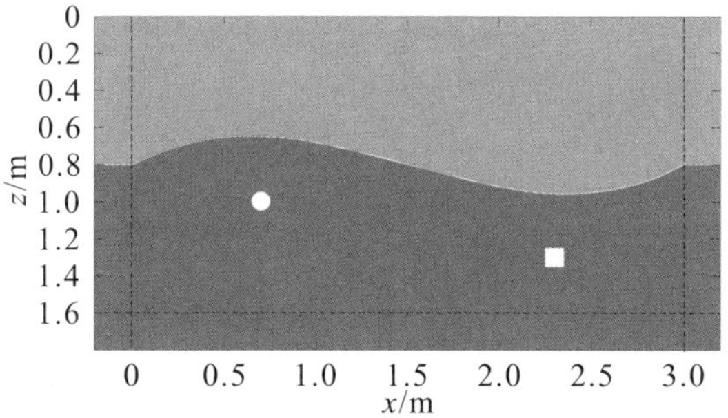

图4.9　复杂GPR模型

图 4.10 为该模型的矩形剖分和三角网格剖分示意图。如图 4.10(a)所示，使用矩形剖分将模型剖分成 68000 个矩形网格和 68541 个网格节点，矩形网格的边长为 0.01 m。如图 4.10(b)所示，使用三角形剖分将模型剖分为 174788 个网格，网格节点为 87935，网格最大单元大小设置为 0.01 m。图

4.10 中两侧和底部白色区域为 PML 层，不同深度颜色区域分别代表不同介质区域。对比图 4.10(a)和图 4.10(b)可知，非结构化三角形网格在模型的起伏界面和圆形空洞边界处剖分更细，几何离散更小，更与实际地电模型结构相符。应用 GPR 时域有限元法对该模型进行计算时的时间步长为 0.01 ns，计算时间为 30 ns，激励源是中心频率为 600 MHz 的零相位雷克子波，激励源与接收点距离为 0.03 m，移动步长为 0.03 m。

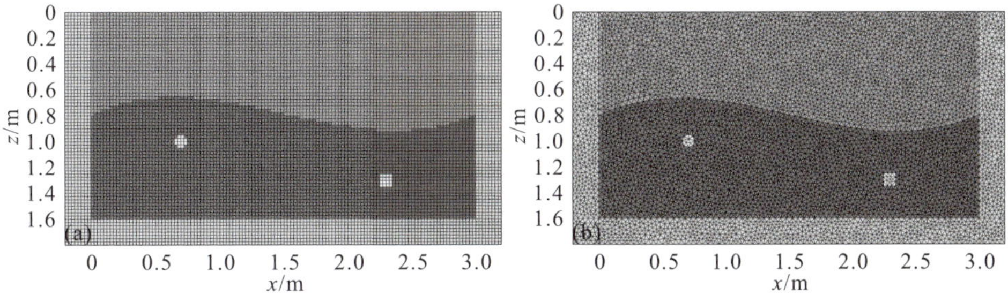

图4.10　复杂起伏界面模型使用矩形网格(a)与非结构化三角形网格(b)剖分示意图

图 4.11 为基于三角形剖分的两种测量方式模拟获得的 GPR 正演剖面图。由图可见：在 10 ~13 ns 之间出现了一条非常明显的起伏反射波，虽然左右两侧各出现一条能量较为明显的绕射波，但起伏界面的起伏形态在剖面中依然清晰可辨，且与真实起伏形态非常吻合。15 ns 后出现由圆形空洞和正方形空洞产生的两条能量较为明显的双曲线绕射波，两条绕射波两翼延伸较宽，且顶部出现时间不同，这是由于两个空洞的埋深不同所致。与图 4.11(a)相比，图 4.11(b)所示的宽角法模拟剖面中，起伏界面的反射波没有剖面法中那样明显，只有起伏界面的隆起部分的反射波清晰可见。由于观测方式的影响，下层介质中的空洞产生的双曲线反射波出现时间、形状和顶点位置均与剖面法中的不同，但两个空洞产生的双曲线反射波依然清晰可见。模拟剖面中未出现明显的人工截断边界的干扰，说明 CFS-PML 边界条件对人工截断边界产生的超强反射波具有较好的吸收效果。

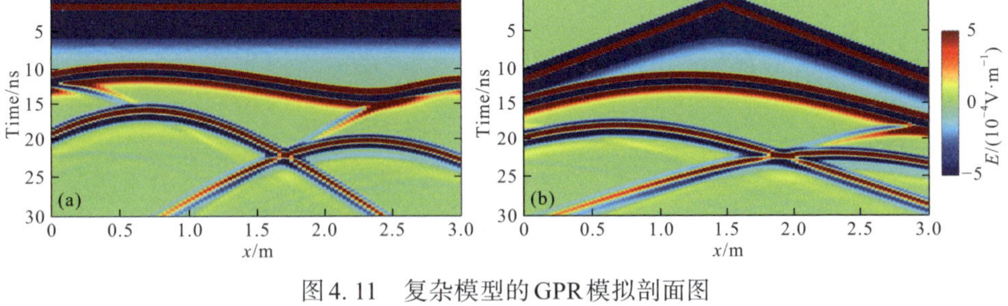

图4.11　复杂模型的GPR模拟剖面图

(a)剖面法；(b)宽角法

为进一步加强 GPR 高频电磁波在复杂结构中传播规律的理解，将发射源置于地表正中心位置，获得的不同时刻的波场快照如图 4.12 所示。图中白线和白色区域分别表示地表模型中起伏界面和空洞位置，黑色虚线为计算区域与 PML 层的分界线。如图 4.12 所示，电磁波以半同心圆向外扩散传播，9 ns 时刻，电磁波遇到起伏界面产生反射，如图 4.12(a)所示。12 ns 之后，波前面继续向前传播，由于界面的起伏，波前不规则，反射波传播至 CFS-PML 层部分不可见，左侧空洞开始产生反射波，如图 4.12(b)所示。15 ns 时刻，波前遇到两个空洞异常体并产生明显的反射波，如图 4.12(c)所示。18 ns 时刻，波前继续向外扩散传播并进入 CFS-PML 层内，几乎没有能量返回到计算区域内；两个空洞异常体产生反射波不断扩大，大部分波前面传播至 CFS-PML 层内，得到有效吸收；空洞异常体产生的反射波由于遇到起伏反射界面，波前面不规则，并且出现不连续现象，如图 4.12(d)所示。

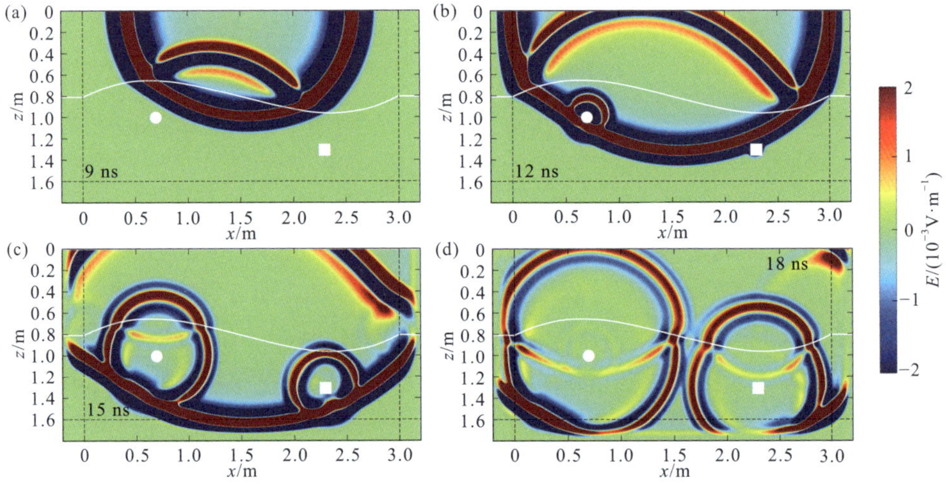

图 4.12　激励源位于模型表面中心位置时不同时刻的波场快照

4.6.3　模型算例二

图 4.13 是利用基于图 4.10 中矩形网格剖分和三角形网格剖分的 GPR 时域有限元法模拟所得的 10 ns 和 16 ns 的波场快照。由图可见，图 4.13(a)由于采用矩形网格剖分，起伏界面产生的反射波不光滑，出现较为明显的虚假反射波，这个现象在 16 ns 时刻的波场快照图 4.13(c)中更加明显，数值频散强烈；而基于三角形网格剖分的波场快照中，反射波光滑连续，数值频散非常微弱，如图 4.13(b)和 4.13(d)所示。可见，利用三角形网格剖分有利于提高复杂 GPR 模型的模拟精度。

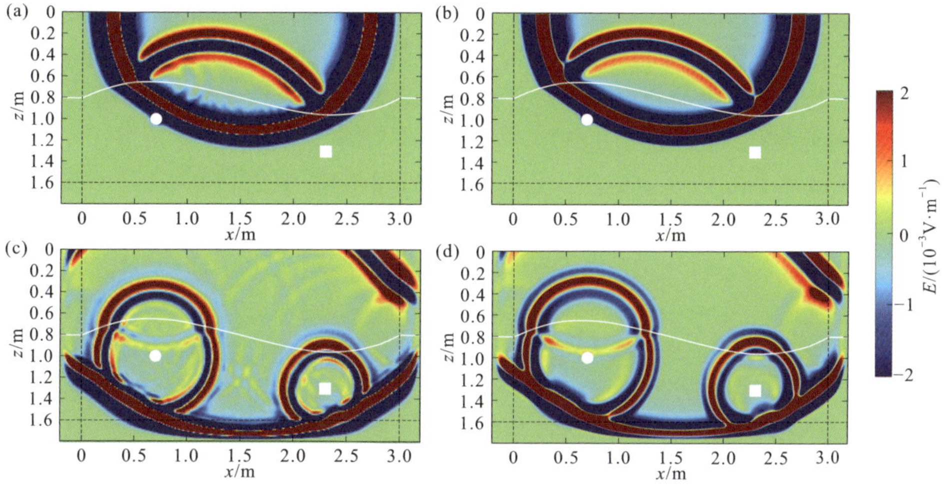

图4.13　基于矩形和三角形剖分的GPR时域有限元法模拟的波场快照

(a) 矩形网格剖分 10 ns；(b) 三角形网格剖分 10 ns；(c) 矩形网格剖分 16 ns；
(d) 三角形网格剖分 16 ns

将发射天线设置于地表(0.0 m，0.0 m)位置处，接收天线设置于地表(0.03 m，0 m)位置处，保持接收天线与发射天线相对位置不变，天线移动步长为 0.03 m 获得的 GPR 模拟剖面如图 4.14(a)和图 4.14(b)所示。虽然模拟结果中可清晰看到起伏界面产生的反射波，但对比图 4.14(a)和 4.14(b)可知，由于数值色散，反射波出现断开现象，出现大量肉眼可见的杂波，数值模拟精度低(如图 4.14(a)中黑色箭头所示)。而图 4.14(b)中反射波下侧光滑且连续，模拟精度更高。由此可见，三角形网格剖分的模拟精度比矩形网格剖分的模拟精度要高。

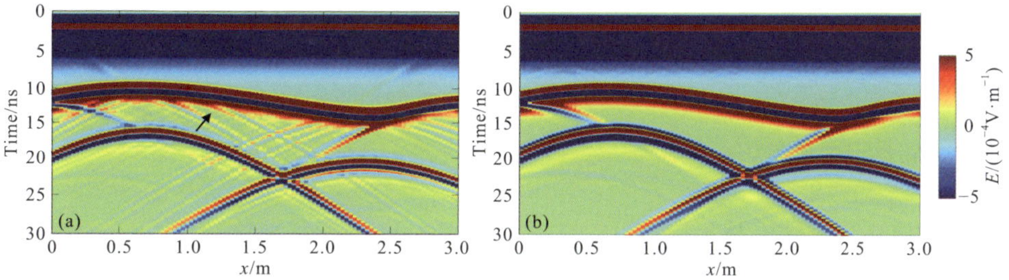

图4.14　基于矩形网格(a)与三角形网格(b)剖分的非频散介质GPR模拟剖面

4.7　本章小结

本章基于复拉伸坐标系，通过合理构建辅助微分方程，避免了电磁波场的卷积计算，详细推导二阶电磁波动方程 GPR 时域有限元模拟的高效波场分裂/非分裂 PML 边界条件和 CFS-PML 边界条件实现方法及其时域有限元求解公式，并用数值算例证明了 PML 边界条件的良好吸收效果和 CFS-PML 边界条件对掠射到边界的低频虚假反射的良好吸收效果。通过对比分析基于矩形网格与三角形网格的复杂模型 GPR 时域有限元模拟结果，分析了三角形网格剖分的优势，得出了三角形网格剖分的数值模拟精度比矩形网格剖分的模拟精度要高的结论。

第 5 章　Debye 频散介质探地雷达时域有限元数值模拟

5.1　Debye 频散介质中的二阶电磁波动方程

假定地电模型的走向为 y 轴，无源条件下的二阶时间域电磁波动方程为[78]

$$\frac{\partial^2 E}{\partial x^2} + \frac{\partial^2 E}{\partial z^2} = \mu\varepsilon \frac{\partial^2 E}{\partial t^2} + \mu\sigma \frac{\partial E}{\partial t} \tag{5.1}$$

将式(5.1)两边进行傅里叶变换，整理可得[15]

$$\frac{\partial^2 \tilde{E}}{\partial x^2} + \frac{\partial^2 \tilde{E}}{\partial z^2} = (-\omega^2 \mu\varepsilon + \mathrm{i}\omega\mu\sigma)\tilde{E} \tag{5.2}$$

假定介质的复介电常数随频率变化满足 Debye 频散关系，可表示为[106]

$$\varepsilon(\omega) = \varepsilon^{\infty} + \frac{\varepsilon^{0} - \varepsilon^{\infty}}{1 + \mathrm{i}\omega\tau} \tag{5.3}$$

式(5.3)中：ε^0 和 ε^∞ 分别为频率趋于 0 和无穷大时的介电常数；τ 为弛豫时间。

将式(5.3)代入式(5.2)，可得

$$\frac{\partial^2 \tilde{E}}{\partial x^2} + \frac{\partial^2 \tilde{E}}{\partial z^2} = \left[-\omega^2 \mu \left(\varepsilon^{\infty} + \frac{\varepsilon^{0} - \varepsilon^{\infty}}{1 + \mathrm{i}\omega\tau}\right) + \mathrm{i}\omega\mu\sigma\right]\tilde{E} \tag{5.4}$$

将式(5.4)进一步整理可得

$$\frac{\partial^2 \tilde{E}}{\partial x^2} + \frac{\partial^2 \tilde{E}}{\partial z^2} = \left(-\omega^2 \mu\varepsilon^{\infty} - \omega^2 \mu \frac{\varepsilon^{0} - \varepsilon^{\infty}}{1 + \mathrm{i}\omega\tau} + \mathrm{i}\omega\mu\sigma\right)\tilde{E} \tag{5.5}$$

式(5.5)即为 Debye 频散介质满足的二阶电磁波动方程。

5.2　复拉伸坐标系中的 Debye 频散介质中的二阶电磁波方程

鉴于基于辅助微分方程的非分裂 CFS-PML 边界条件实现方法，可避免波场分裂，引入的辅助变量较多，本书采用该方法推导基于 CFS-PML 边界条件内满足的复拉伸坐标下的二阶电磁波方程。

将式(4.4)第一式代入式(5.5)，可得

$$\frac{1}{S_x}\frac{\partial}{\partial x}\left(\frac{1}{S_x}\frac{\partial \tilde{E}}{\partial x}\right)+\frac{1}{S_z}\frac{\partial}{\partial z}\left(\frac{1}{S_z}\frac{\partial \tilde{E}}{\partial z}\right)=\left(-\omega^2\mu\varepsilon^{\infty}-\omega^2\mu\frac{\varepsilon^0-\varepsilon^{\infty}}{1+\mathrm{i}\omega\tau}+\mathrm{i}\omega\mu\sigma\right)\tilde{E} \tag{5.6}$$

将式(5.6)两边同乘以 S_xS_z，并整理可得

$$\frac{\partial}{\partial x}\left[\left(\frac{S_z}{S_x}-1\right)\frac{\partial \tilde{E}}{\partial x}\right]+\frac{\partial^2\tilde{E}}{\partial x^2}+\frac{\partial}{\partial z}\left[\left(\frac{S_x}{S_z}-1\right)\frac{\partial \tilde{E}}{\partial z}\right]+\frac{\partial^2\tilde{E}}{\partial z^2}=-\omega^2\left(\mu\varepsilon^{\infty}+\mu\frac{\varepsilon^0-\varepsilon^{\infty}}{1+\mathrm{i}\omega\tau}+\frac{\mu\sigma}{\mathrm{i}\omega}\right)S_xS_z\tilde{E} \tag{5.7}$$

将式(5.7)两边同除以 $\mu\varepsilon^{\infty}$，并整理可得

$$\frac{1}{\mu\varepsilon^{\infty}}\frac{\partial}{\partial x}\left[\left(\frac{S_z}{S_x}-1\right)\frac{\partial \tilde{E}}{\partial x}\right]+\frac{1}{\mu\varepsilon^{\infty}}\frac{\partial^2\tilde{E}}{\partial x^2}+\frac{1}{\mu\varepsilon^{\infty}}\frac{\partial}{\partial z}\left[\left(\frac{S_x}{S_z}-1\right)\frac{\partial \tilde{E}}{\partial z}\right]+\frac{1}{\mu\varepsilon^{\infty}}\frac{\partial^2\tilde{E}}{\partial z^2}=-\omega^2\left(1+\frac{1}{\varepsilon^{\infty}}\frac{\varepsilon^0-\varepsilon^{\infty}}{1+\mathrm{i}\omega\tau}+\frac{\sigma}{\mathrm{i}\omega\varepsilon^{\infty}}\right)S_xS_z\tilde{E} \tag{5.8}$$

引入中间变量 $\tilde{P}_x$、$\tilde{P}_z$、$\tilde{Q}$、$\tilde{R}$[175]，式(5.8)可转化为

$$\begin{cases}\dfrac{1}{\mu\varepsilon^{\infty}}\dfrac{\partial^2\tilde{E}}{\partial x^2}+\dfrac{1}{\mu\varepsilon^{\infty}}\dfrac{\partial^2\tilde{E}}{\partial z^2}+\dfrac{1}{\mu\varepsilon^{\infty}}\dfrac{\partial \tilde{P}_x}{\partial x}+\dfrac{1}{\mu\varepsilon^{\infty}}\dfrac{\partial \tilde{P}_z}{\partial z}=-\omega^2\tilde{Q}\\ \left(1+\dfrac{\varepsilon^0-\varepsilon^{\infty}}{\varepsilon^{\infty}(1+\mathrm{i}\omega\tau)}+\dfrac{\sigma}{\mathrm{i}\omega\varepsilon^{\infty}}\right)\tilde{R}=\tilde{Q}\\ \left(\dfrac{S_z}{S_x}-1\right)\dfrac{\partial\tilde{E}}{\partial x}=\tilde{P}_x\\ \left(\dfrac{S_x}{S_z}-1\right)\dfrac{\partial\tilde{E}}{\partial z}=\tilde{P}_z\\ S_xS_z\tilde{E}=\tilde{R}\end{cases} \tag{5.9}$$

将式(4.6)代入式(5.9)，可得

$$\begin{cases}\dfrac{1}{\mu\varepsilon^{\infty}}\dfrac{\partial^2\tilde{E}}{\partial x^2}+\dfrac{1}{\mu\varepsilon^{\infty}}\dfrac{\partial^2\tilde{E}}{\partial z^2}+\dfrac{1}{\mu\varepsilon^{\infty}}\dfrac{\partial \tilde{P}_x}{\partial x}+\dfrac{1}{\mu\varepsilon^{\infty}}\dfrac{\partial \tilde{P}_z}{\partial z}=-\omega^2\tilde{Q}\\ \left[1+\dfrac{\varepsilon^0-\varepsilon^{\infty}}{\varepsilon^{\infty}(1+\mathrm{i}\omega\tau)}+\dfrac{\sigma}{\mathrm{i}\omega\varepsilon^{\infty}}\right]\tilde{R}=\tilde{Q}\\ \left(\dfrac{k_z+\dfrac{d_z}{\alpha_z+\mathrm{i}\omega}}{k_x+\dfrac{d_x}{\alpha_x+\mathrm{i}\omega}}-1\right)\dfrac{\partial\tilde{E}}{\partial x}=\tilde{P}_x\end{cases} \tag{5.10-1}$$

$$
\begin{cases}
\left(\dfrac{k_x + \dfrac{d_x}{\alpha_x + \mathrm{i}\omega}}{k_z + \dfrac{d_z}{\alpha_z + \mathrm{i}\omega}} - 1\right)\dfrac{\partial \tilde{E}}{\partial z} = \tilde{P}_z \\
\left(k_x + \dfrac{d_x}{\alpha_x + \mathrm{i}\omega}\right)\left(k_z + \dfrac{d_z}{\alpha_z + \mathrm{i}\omega}\right)\tilde{E} = \tilde{R}
\end{cases}
\tag{5. 10-2}
$$

将式(5. 10)进一步整理，可得

$$
\begin{cases}
\dfrac{1}{\mu\varepsilon^\infty}\dfrac{\partial^2 \tilde{E}}{\partial x^2} + \dfrac{1}{\mu\varepsilon^\infty}\dfrac{\partial^2 \tilde{E}}{\partial z^2} + \dfrac{1}{\mu\varepsilon^\infty}\dfrac{\partial \tilde{P}_x}{\partial x} + \dfrac{1}{\mu\varepsilon^\infty}\dfrac{\partial \tilde{P}_z}{\partial z} = -\omega^2 \tilde{Q} \\
\left(-\omega^2 + \mathrm{i}\omega\dfrac{\varepsilon^0}{\tau\varepsilon^\infty} + \dfrac{\sigma}{\tau\varepsilon^\infty} + \mathrm{i}\omega\dfrac{\sigma}{\varepsilon^\infty}\right)\tilde{R} = \left(-\omega^2 + \dfrac{\mathrm{i}\omega}{\tau}\right)\tilde{Q} \\
\left\{\dfrac{[k_z(\alpha_z + \mathrm{i}\omega) + d_z](\alpha_x + \mathrm{i}\omega)}{(\alpha_z + \mathrm{i}\omega)[k_x(\alpha_x + \mathrm{i}\omega) + d_x]} - 1\right\}\dfrac{\partial \tilde{E}}{\partial x} = \tilde{P}_x \\
\left\{\dfrac{[k_x(\alpha_x + \mathrm{i}\omega) + d_x](\alpha_z + \mathrm{i}\omega)}{(\alpha_x + \mathrm{i}\omega)[k_z(\alpha_z + \mathrm{i}\omega) + d_z]} - 1\right\}\dfrac{\partial \tilde{E}}{\partial z} = \tilde{P}_z \\
\left[k_x k_z + \dfrac{k_x d_z(\alpha_x + \mathrm{i}\omega) + k_z d_x(\alpha_z + \mathrm{i}\omega) + d_x d_z}{(\alpha_x + \mathrm{i}\omega)(\alpha_z + \mathrm{i}\omega)}\right]\tilde{E} = \tilde{R}
\end{cases}
\tag{5. 11}
$$

利用傅里叶反变换，将式(5. 11)转化到时间域，并整理可得

$$
\begin{cases}
\dfrac{1}{\mu\varepsilon^\infty}\dfrac{\partial^2 E}{\partial x^2} + \dfrac{1}{\mu\varepsilon^\infty}\dfrac{\partial^2 E}{\partial z^2} + \dfrac{1}{\mu\varepsilon^\infty}\dfrac{\partial P_x}{\partial x} + \dfrac{1}{\mu\varepsilon^\infty}\dfrac{\partial P_z}{\partial z} = \dfrac{\partial^2 Q}{\partial t^2} \\
\dfrac{\partial^2 Q}{\partial t^2} + \dfrac{1}{\tau}\dfrac{\partial Q}{\partial t} = \dfrac{\partial^2 R}{\partial t^2} + \left(\dfrac{\varepsilon^0 + \tau\sigma}{\tau\varepsilon^\infty}\right)\dfrac{\partial R}{\partial t} + \dfrac{\sigma}{\tau\varepsilon^\infty}R \\
k_x\dfrac{\partial^2 P_x}{\partial t^2} + [k_x(\alpha_x + \alpha_z) + d_x]\dfrac{\partial P_x}{\partial t} + (k_x\alpha_x + d_x)\alpha_z P_x \\
= (k_z - k_x)\dfrac{\partial^2}{\partial t^2}\left(\dfrac{\partial E}{\partial x}\right) + c\dfrac{\partial}{\partial t}\left(\dfrac{\partial E}{\partial x}\right) + d_1\dfrac{\partial E}{\partial x} \\
k_z\dfrac{\partial^2 P_z}{\partial t^2} + [k_z(\alpha_z + \alpha_x) + d_z]\dfrac{\partial P_z}{\partial t} + (k_z\alpha_z + d_z)\alpha_x P_z \\
= (k_x - k_z)\dfrac{\partial^2}{\partial t^2}\left(\dfrac{\partial E}{\partial z}\right) - c\dfrac{\partial}{\partial t}\left(\dfrac{\partial E}{\partial z}\right) + d_2\dfrac{\partial E}{\partial z} \\
\dfrac{\partial R}{\partial t^2} + (\alpha_x + \alpha_z)\dfrac{\partial R}{\partial t} + \alpha_x\alpha_z R = k_x k_z\dfrac{\partial^2 E}{\partial t^2} + a\dfrac{\partial E}{\partial t} + bE
\end{cases}
\tag{5. 12}
$$

式(5. 12)即为 CFS-PML 层内满足的二阶电磁波动方程，其中 P_x、P_z、Q 和 R 是 $\tilde{P}_x$、$\tilde{P}_z$、$\tilde{Q}$ 和 $\tilde{R}$ 的时间域形式。系数 a、b、c、d_1、d_2 表达式为

$$\begin{cases}a = k_x k_z(\alpha_x + \alpha_z) + k_x d_z + d_x k_z \\ b = k_x k_z \alpha_x \alpha_z + k_x d_z \alpha_x + d_x k_z \alpha_z + d_x d_z \\ c = (k_z - k_x)(\alpha_z + \alpha_x) + d_z - d_x \\ d_1 = (k_z \alpha_z + d_z)\alpha_x - (k_x \alpha_x + d_x)\alpha_z \\ d_2 = (k_x \alpha_x + d_x)\alpha_z - (k_z \alpha_z + d_z)\alpha_x\end{cases} \tag{5.13}$$

当收缩因子 $k = 1$、频移因子 $\alpha = 0$ 时，式(5. 12)退化为常规 PML 层内满足的电磁波方程。可见，式(5. 12)为施加不同 PML 边界条件的统一电磁波方程形式，在基于常规 PML 边界条件的 GPR 数值模拟程序上，只需增加描述 CFS-PML 边界条件中收缩因子和频移因子数组和相应的系数矩阵即可实现 CFS-PML 边界条件的加载，有易于推广应用。

5. 3 时域有限元法求解

5. 3. 1 弱形式的空间离散

利用 Galerkin 法推导式(5. 12)的积分弱形式为[67,165]

$$\begin{cases}\displaystyle\int_\Omega \frac{\partial^2 Q}{\partial t^2}\varphi \mathrm{d}\Omega - \int_\Omega \frac{1}{\mu\varepsilon^\infty}\frac{\partial P_x}{\partial x}\varphi \mathrm{d}\Omega - \int_\Omega \frac{1}{\mu\varepsilon^\infty}\frac{\partial P_z}{\partial z}\varphi \mathrm{d}\Omega \\ \displaystyle= \int_\Gamma \frac{1}{\mu\varepsilon^\infty}\left(\frac{\partial E}{\partial x}n_x + \frac{\partial E}{\partial z}n_z\right)\varphi \mathrm{d}\Gamma - \int_\Omega \frac{1}{\mu\varepsilon^\infty}\left(\frac{\partial E}{\partial x}\frac{\partial \varphi}{\partial x} + \frac{\partial E}{\partial z}\frac{\partial \varphi}{\partial z}\right)\mathrm{d}\Omega \\ \displaystyle\int_\Omega \frac{\partial^2 Q}{\partial t^2}\varphi \mathrm{d}\Omega + \int_\Omega \frac{1}{\tau}\frac{\partial Q}{\partial t}\varphi \mathrm{d}\Omega \\ \displaystyle= \int_\Omega \frac{\partial^2 R}{\partial t^2}\varphi \mathrm{d}\Omega + \int_\Omega \left(\frac{\varepsilon^0 + \tau\sigma}{\tau\varepsilon^\infty}\right)\frac{\partial R}{\partial t}\varphi \mathrm{d}\Omega + \int_\Omega \frac{\sigma}{\tau\varepsilon^\infty}R\varphi \mathrm{d}\Omega \\ \displaystyle\int_\Omega k_x \frac{\partial^2 P_x}{\partial t^2}\varphi_x \mathrm{d}\Omega + \int_\Omega [k_x(\alpha_x + \alpha_z) + d_x]\frac{\partial P_x}{\partial t}\varphi_x \mathrm{d}\Omega + \int_\Omega (k_x\alpha_x + d_x)\alpha_z P_x \varphi_x \mathrm{d}\Omega \\ \displaystyle= \int_\Omega (k_z - k_x)\frac{\partial^2}{\partial t^2}\left(\frac{\partial E}{\partial x}\right)\varphi_x \mathrm{d}\Omega + \int_\Omega c\frac{\partial}{\partial t}\left(\frac{\partial E}{\partial x}\right)\varphi_x \mathrm{d}\Omega + \int_\Omega d_1 \frac{\partial}{\partial t}\left(\frac{\partial E}{\partial x}\right)\varphi_x \mathrm{d}\Omega \\ \displaystyle\int_\Omega k_z \frac{\partial^2 P_z}{\partial t^2}\varphi_z \mathrm{d}\Omega + \int_\Omega [k_z(\alpha_x + \alpha_z) + d_z]\frac{\partial P_z}{\partial t}\varphi_z \mathrm{d}\Omega + \int_\Omega (k_z\alpha_z + d_z)\alpha_x P_z \varphi_z \mathrm{d}\Omega \\ \displaystyle= \int_\Omega (k_x - k_z)\frac{\partial^2}{\partial t^2}\left(\frac{\partial E}{\partial z}\right)\varphi_z \mathrm{d}\Omega - \int_\Omega c\frac{\partial}{\partial t}\left(\frac{\partial E}{\partial z}\right)\varphi_z \mathrm{d}\Omega + \int_\Omega d_2 \frac{\partial}{\partial t}\left(\frac{\partial E}{\partial z}\right)\varphi_z \mathrm{d}\Omega \\ \displaystyle\int_\Omega \frac{\partial^2 R}{\partial t^2}\varphi \mathrm{d}\Omega + \int_\Omega (\alpha_x + \alpha_z)\frac{\partial R}{\partial t}\varphi \mathrm{d}\Omega + \int_\Omega \alpha_x\alpha_z R\varphi \mathrm{d}\Omega \\ \displaystyle= \int_\Omega k_x k_z \frac{\partial^2 E}{\partial t^2}\varphi \mathrm{d}\Omega + \int_\Omega a\frac{\partial E}{\partial t}\varphi \mathrm{d}\Omega + \int_\Omega bE\varphi \mathrm{d}\Omega\end{cases} \tag{5.14}$$

式(5.14)形成的时域有限元方程为

$$\begin{cases}\boldsymbol{M}\dfrac{\partial^2\boldsymbol{Q}}{\partial t^2}=\boldsymbol{K}_x\boldsymbol{P}_x+\boldsymbol{K}_z\boldsymbol{P}_z-\boldsymbol{KE}\\ \boldsymbol{M}\dfrac{\partial^2\boldsymbol{Q}}{\partial t^2}+\boldsymbol{M}_1\dfrac{\partial\boldsymbol{Q}}{\partial t}=\boldsymbol{M}\dfrac{\partial^2\boldsymbol{R}}{\partial t^2}+\boldsymbol{C}_1\dfrac{\partial\boldsymbol{R}}{\partial t}+\boldsymbol{C}_2\boldsymbol{R}\\ \boldsymbol{M}\dfrac{\partial^2\boldsymbol{R}}{\partial t^2}+\boldsymbol{M}_2\dfrac{\partial\boldsymbol{R}}{\partial t}+\boldsymbol{M}_3\boldsymbol{R}=\boldsymbol{C}_3\dfrac{\partial^2\boldsymbol{E}}{\partial t^2}+\boldsymbol{C}_4\dfrac{\partial\boldsymbol{E}}{\partial t}+\boldsymbol{C}_5\boldsymbol{E}\\ \boldsymbol{M}_{x1}\dfrac{\partial^2\boldsymbol{E}}{\partial t^2}+\boldsymbol{M}_{x2}\dfrac{\partial\boldsymbol{E}}{\partial t}+\boldsymbol{M}_{x3}\boldsymbol{E}=\boldsymbol{C}_{x1}\dfrac{\partial^2\boldsymbol{P}_x}{\partial t^2}+\boldsymbol{C}_{x2}\dfrac{\partial\boldsymbol{P}_x}{\partial t}+\boldsymbol{C}_{x3}\boldsymbol{P}_x\\ \boldsymbol{M}_{z1}\dfrac{\partial^2\boldsymbol{E}}{\partial t^2}+\boldsymbol{M}_{z2}\dfrac{\partial\boldsymbol{E}}{\partial t}+\boldsymbol{M}_{z3}\boldsymbol{E}=\boldsymbol{C}_{z1}\dfrac{\partial^2\boldsymbol{P}_z}{\partial t^2}+\boldsymbol{C}_{z2}\dfrac{\partial\boldsymbol{P}_z}{\partial t}+\boldsymbol{C}_{z3}\boldsymbol{P}_z\end{cases}\tag{5.15}$$

其中，系数矩阵的计算公式为

$$\begin{cases}\boldsymbol{M}=\int_\Omega\boldsymbol{NN}^{\mathrm{T}}\mathrm{d}\Omega,\ \boldsymbol{M}_1=\dfrac{1}{\tau}\int_\Omega\boldsymbol{NN}^{\mathrm{T}}\mathrm{d}\Omega\\ \boldsymbol{M}_2=(\alpha_x+\alpha_z)\int_\Omega\boldsymbol{NN}^{\mathrm{T}}\mathrm{d}\Omega,\ \boldsymbol{M}_3=\alpha_x\alpha_z\int_\Omega\boldsymbol{NN}^{\mathrm{T}}\mathrm{d}\Omega\\ \boldsymbol{K}=\dfrac{1}{\mu\varepsilon^\infty}\int_\Omega(\boldsymbol{N}_x\boldsymbol{N}_x{}^{\mathrm{T}}+\boldsymbol{N}_z\boldsymbol{N}_z{}^{\mathrm{T}})\mathrm{d}\Omega\\ \boldsymbol{K}_x=\dfrac{1}{\mu\varepsilon^\infty}\int_\Omega\boldsymbol{N}_x\boldsymbol{N}^{\mathrm{T}}\mathrm{d}\Omega,\ \boldsymbol{K}_z=\dfrac{1}{\mu\varepsilon^\infty}\int_\Omega\boldsymbol{N}_z\boldsymbol{N}^{\mathrm{T}}\mathrm{d}\Omega\\ \boldsymbol{C}_1=\dfrac{\varepsilon^0+\tau\sigma}{\tau\varepsilon^\infty}\int_\Omega\boldsymbol{NN}^{\mathrm{T}}\mathrm{d}\Omega,\ \boldsymbol{C}_2=\dfrac{\sigma}{\tau\varepsilon^\infty}\int_\Omega\boldsymbol{NN}^{\mathrm{T}}\mathrm{d}\Omega\\ \boldsymbol{C}_3=\int_\Omega k_xk_z\boldsymbol{NN}^{\mathrm{T}}\mathrm{d}\Omega,\ \boldsymbol{C}_4=\int_\Omega a\boldsymbol{NN}^{\mathrm{T}}\mathrm{d}\Omega\\ \boldsymbol{C}_5=\int_\Omega b\boldsymbol{NN}^{\mathrm{T}}\mathrm{d}\Omega\end{cases}\tag{5.16}$$

$$\begin{cases}\boldsymbol{M}_{x1}=\int_\Omega(k_z-k_x)\boldsymbol{N}_x\boldsymbol{N}^{\mathrm{T}}\mathrm{d}\Omega,\ \boldsymbol{M}_{x2}=\int_\Omega c\boldsymbol{N}_x\boldsymbol{N}^{\mathrm{T}}\mathrm{d}\Omega,\ \boldsymbol{M}_{x3}=\int_\Omega d_1\boldsymbol{N}_x\boldsymbol{N}^{\mathrm{T}}\mathrm{d}\Omega\\ \boldsymbol{M}_{z1}=\int_\Omega(k_x-k_z)\boldsymbol{N}_z\boldsymbol{N}^{\mathrm{T}}\mathrm{d}\Omega,\ \boldsymbol{M}_{z2}=\int_\Omega -c\boldsymbol{N}_z\boldsymbol{N}^{\mathrm{T}}\mathrm{d}\Omega,\ \boldsymbol{M}_{z3}=\int_\Omega d_2\boldsymbol{N}_z\boldsymbol{N}^{\mathrm{T}}\mathrm{d}\Omega\\ \boldsymbol{C}_{x1}=\int_\Omega k_x\boldsymbol{NN}^{\mathrm{T}}\mathrm{d}\Omega,\ \boldsymbol{C}_{x2}=\int_\Omega[k_x(\alpha_x+\alpha_z)+d_x]\boldsymbol{NN}^{\mathrm{T}}\mathrm{d}\Omega\\ \boldsymbol{C}_{x3}=\int_\Omega(k_x\alpha_x\alpha_z+\alpha_zd_x)\boldsymbol{NN}^{\mathrm{T}}\mathrm{d}\Omega\\ \boldsymbol{C}_{z1}=\int_\Omega k_z\boldsymbol{NN}^{\mathrm{T}}\mathrm{d}\Omega,\ \boldsymbol{C}_{z2}=\int_\Omega[k_z(\alpha_z+\alpha_x)+d_z]\boldsymbol{NN}^{\mathrm{T}}\mathrm{d}\Omega\\ \boldsymbol{C}_{z3}=\int_\Omega(k_z\alpha_z\alpha_x+\alpha_xd_z)\boldsymbol{NN}^{\mathrm{T}}\mathrm{d}\Omega\end{cases}\tag{5.17}$$

式(5.17)中：$\boldsymbol{N}$ 为形函数；$\boldsymbol{N}_x$ 和 $\boldsymbol{N}_z$ 分别为形函数关于 x 和 z 的导数。

5.3.2 时间差分离散

下面应用 Newmark 差分对式(5.15)进行时间离散。将 Newmark 差分格式式(3.77)代入式(5.15)第一式，并整理可得

$$\frac{\boldsymbol{M}}{\Delta t^2}\boldsymbol{Q}_{t+\Delta t}=\left(\frac{2\boldsymbol{M}}{\Delta t^2}\right)\boldsymbol{Q}_t-\frac{\boldsymbol{M}}{\Delta t^2}\boldsymbol{Q}_{t-\Delta t}+(\boldsymbol{K}_x\boldsymbol{P}_{x,t}+\boldsymbol{K}_z\boldsymbol{P}_{z,t}-\boldsymbol{K}\boldsymbol{E}_t)\tag{5.18}$$

与式(4.59)第二式的 Newmark 差分格式推导类似，式(5.15)第二式的 Newmark 差分可推导为

$$\begin{aligned}&\left(\frac{\boldsymbol{M}}{\Delta t^2}+\frac{\boldsymbol{M}_1}{2\Delta t}\right)\boldsymbol{Q}_{t+\Delta t}-\frac{\boldsymbol{M}}{\Delta t^2}\boldsymbol{Q}_t+\left(\frac{\boldsymbol{M}}{\Delta t^2}-\frac{1}{2\Delta t}\right)\boldsymbol{Q}_{t-\Delta t}\\&=\left(\frac{\boldsymbol{M}}{\Delta t^2}+\frac{\boldsymbol{C}_1}{2\Delta t}+\frac{1}{4}\boldsymbol{C}_2\right)\boldsymbol{R}_{t+\Delta t}-\left(\frac{2\boldsymbol{M}}{\Delta t^2}-\frac{1}{2}\boldsymbol{C}_2\right)\boldsymbol{R}_t+\left(\frac{\boldsymbol{M}}{\Delta t^2}-\frac{\boldsymbol{C}_1}{2\Delta t}+\frac{1}{4}\boldsymbol{C}_2\right)\boldsymbol{R}_{t-\Delta t}\end{aligned}\tag{5.19}$$

将式(5.19)整理可得

$$\begin{aligned}&\left(\frac{\boldsymbol{M}}{\Delta t^2}+\frac{\boldsymbol{C}_1}{2\Delta t}+\frac{1}{4}\boldsymbol{C}_2\right)\boldsymbol{R}_{t+\Delta t}=\left(\frac{2\boldsymbol{M}}{\Delta t^2}-\frac{1}{2}\boldsymbol{C}_2\right)\boldsymbol{R}_t-\left(\frac{\boldsymbol{M}}{\Delta t^2}-\frac{\boldsymbol{C}_1}{2\Delta t}+\frac{1}{4}\boldsymbol{C}_2\right)\boldsymbol{R}_{t-\Delta t}\\&+\left(\frac{\boldsymbol{M}}{\Delta t^2}+\frac{\boldsymbol{M}_1}{2\Delta t}\right)\boldsymbol{Q}_{t+\Delta t}-\frac{2\boldsymbol{M}}{\Delta t^2}\boldsymbol{Q}_t+\left(\frac{\boldsymbol{M}}{\Delta t^2}-\frac{\boldsymbol{M}_1}{2\Delta t}\right)\boldsymbol{Q}_{t-\Delta t}\end{aligned}\tag{5.20}$$

同理，式(5.15)第三式、第四式、第五式的 Newmark 时间差分离散可分别推导为

$$\begin{aligned}&\left(\frac{\boldsymbol{C}_3}{\Delta t^2}+\frac{\boldsymbol{C}_4}{2\Delta t}+\frac{1}{4}\boldsymbol{C}_5\right)\boldsymbol{E}_{t+\Delta t}=\left(\frac{2\boldsymbol{C}_3}{\Delta t^2}-\frac{1}{2}\boldsymbol{C}_5\right)\boldsymbol{E}_t-\left(\frac{\boldsymbol{C}_3}{\Delta t^2}-\frac{\boldsymbol{C}_4}{2\Delta t}+\frac{1}{4}\boldsymbol{C}_5\right)\boldsymbol{E}_{t-\Delta t}\\&+\left(\frac{\boldsymbol{M}}{\Delta t^2}+\frac{\boldsymbol{M}_2}{2\Delta t}+\frac{1}{4}\boldsymbol{M}_3\right)\boldsymbol{R}_{t+\Delta t}-\left(2\frac{\boldsymbol{M}}{\Delta t^2}-\frac{\boldsymbol{M}_3}{2\Delta t^2}\right)\boldsymbol{R}_t+\left(\frac{\boldsymbol{M}}{\Delta t^2}-\frac{\boldsymbol{M}_2}{2\Delta t}+\frac{1}{4}\boldsymbol{M}_3\right)\boldsymbol{R}_{t-\Delta t}\end{aligned}\tag{5.21}$$

$$\begin{aligned}&\left(\frac{\boldsymbol{C}_{x1}}{\Delta t^2}+\frac{\boldsymbol{C}_{x2}}{2\Delta t}+\frac{1}{4}\boldsymbol{C}_{x3}\right)\boldsymbol{P}_{x,t+\Delta t}=\left(\frac{2\boldsymbol{C}_{x1}}{\Delta t^2}-\frac{1}{2}\boldsymbol{C}_{x3}\right)\boldsymbol{P}_{x,t}-\left(\boldsymbol{C}_{x1}-\frac{\boldsymbol{C}_{x2}}{2\Delta t}+\frac{1}{4}\boldsymbol{C}_{x3}\right)\boldsymbol{P}_{x,t-\Delta t}\\&+\left(\frac{\boldsymbol{M}_{x1}}{\Delta t^2}+\frac{\boldsymbol{M}_{x2}}{2\Delta t}+\frac{1}{4}\boldsymbol{M}_{x3}\right)\boldsymbol{E}_{t+\Delta t}-\left(\frac{2\boldsymbol{M}_{x1}}{\Delta t^2}-\frac{\boldsymbol{M}_{x3}}{2}\right)\boldsymbol{E}_t+\left(\frac{\boldsymbol{M}_{x1}}{\Delta t^2}-\frac{\boldsymbol{M}_{x2}}{2\Delta t}+\frac{1}{4}\boldsymbol{M}_{x3}\right)\boldsymbol{E}_{t-\Delta t}\end{aligned}\tag{5.22}$$

$$\begin{aligned}&\left(\frac{\boldsymbol{C}_{z1}}{\Delta t^2}+\frac{\boldsymbol{C}_{z2}}{2\Delta t}+\frac{1}{4}\boldsymbol{C}_{z3}\right)\boldsymbol{P}_{z,t+\Delta t}=\left(\frac{2\boldsymbol{C}_{z1}}{\Delta t^2}-\frac{1}{2}\boldsymbol{C}_{z3}\right)\boldsymbol{P}_{z,t}-\left(\frac{\boldsymbol{C}_{z1}}{\Delta t^2}-\frac{\boldsymbol{C}_{z2}}{2\Delta t}+\frac{1}{4}\boldsymbol{C}_{z3}\right)\boldsymbol{P}_{z,t-\Delta t}\\&+\left(\frac{\boldsymbol{M}_{z1}}{\Delta t^2}+\frac{\boldsymbol{M}_{z2}}{2\Delta t}+\frac{1}{4}\boldsymbol{M}_{z3}\right)\boldsymbol{E}_{t+\Delta t}-\left(\frac{2\boldsymbol{M}_{z1}}{\Delta t^2}-\frac{\boldsymbol{M}_{z3}}{2}\right)\boldsymbol{E}_t+\left(\frac{\boldsymbol{M}_{z1}}{\Delta t^2}-\frac{\boldsymbol{M}_{z2}}{2\Delta t}+\frac{1}{4}\boldsymbol{M}_{z3}\right)\boldsymbol{E}_{t-\Delta t}\end{aligned}\tag{5.23}$$

式(5.18)、式(5.20)、式(5.21)、式(5.22)、式(5.23)为式(5.15)的Newmark时间差分迭代公式，程序实现过程中，依次利用式(5.19)、式(5.20)、式(5.21)、式(5.22)、式(5.23)分别计算 $\boldsymbol{Q}_{t+\Delta t}$、$\boldsymbol{R}_{t+\Delta t}$、$\boldsymbol{E}_{t+\Delta t}$、$\boldsymbol{P}_{x,t+\Delta t}$、$\boldsymbol{P}_{z,t+\Delta t}$，从而实现Debye频散介质中GPR高频电磁波场的迭代计算。

5.4 数值算例

为测试本书构建的Debye频散介质GPR时域有限元模拟的非分裂PML和CFS-PML边界条件的正确性和有效性，建立了2种Debye频散介质Ⅰ和Ⅱ，其中频散介质Ⅰ的复相对介电常数为6 + 4i，即频率趋于0和无穷大时的介电常数分别为6和4，电导率为0.0001 S/m，弛豫时间为0.08 ns；频散介质Ⅱ的复相对介电常数为10 + 8i，即频率趋于0和无穷大时的介电常数分别为10和8，电导率为0.0005 S/m，弛豫时间为0.11 ns。图5.1展示了频散介质Ⅰ和频散介质Ⅱ的复相对介电常数随频率变化曲线。由图5.1可见，在0.01~100 GHz范围内，频散介质的复相对介电常数随频率变化而变化；频率趋于0或无穷大时，复相对介电常数都趋于稳定。

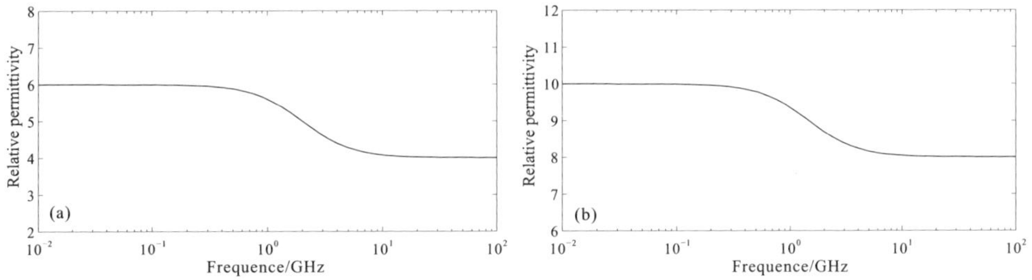

图5.1 Debye频散介质Ⅰ(a)和介质Ⅱ(b)的复相对介电常数随频率变化曲线

5.4.1 CFS-PML边界条件吸收效果分析

将图4.2的狭长型均匀介质模型设置为Debye频散介质Ⅰ。利用基于非分裂PML和CFS-PML边界条件的Debye频散介质与非频散介质GPR时域有限元法进行计算，获得的15 ns和20 ns时刻的波场快照如图5.2所示，其中图5.2(a)、5.2(b)和5.2(c)、5.2(d)分别是PML和CFS-PML边界条件下频散介质模型中的波场快照；图5.2(e)、5.2(f)和5.2(g)、5.2(h)分别为PML和CFS-PML边界条件下非频散介质模型中的波场快照。由图可知，由于发射源靠近左侧和上侧PML层，易产生掠射波和低频反射波，常规PML边界条件对掠射波和低频反射波吸收不完全，在上侧和左侧 PML 层附近出现较为明显的掠射波和低频反射波，如图 5.2(a)、5.2(b)、5.2(e)、5.2(f)中白色箭头所示；且低频反射波能量随入射角和传播距离的增大而增强，并延伸到计算区域，严重影响波前面的形态。而施加 CFS-PML 边界条件后，远偏移距处的掠射波和低频反射波几乎被吸收完全，未产生可见的虚假反射，波前面形态非常完整，如图 5.2(c)、5.2(d)、5.2(g)、5.2(h)所示。

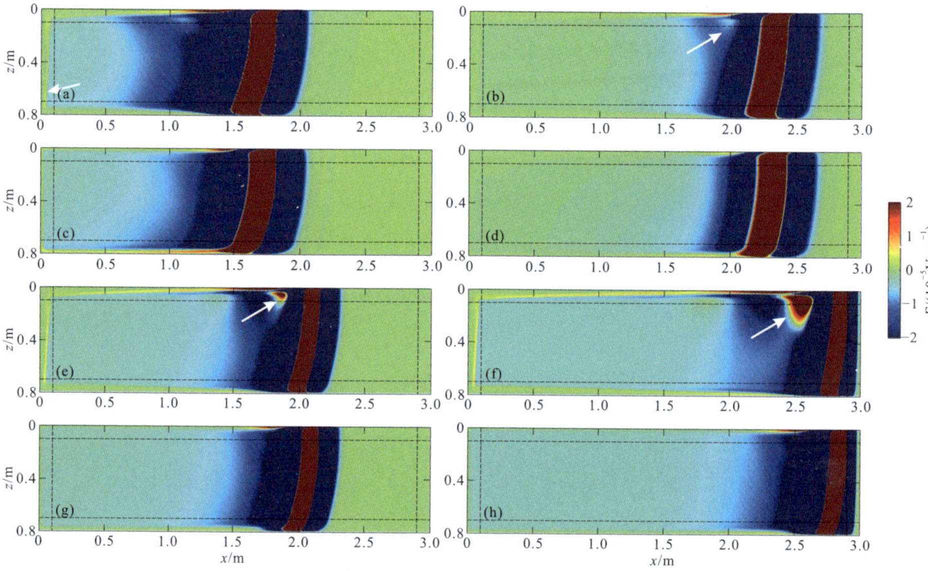

图5.2　PML和CFS-PML边界条件下均匀频散和非频散介质模型中15 ns(左侧)和20 ns时刻(右侧)的波场快照

(a)、(b)和(c)、(d)分别为 PML 和 CFS-PML 边界条件下频散介质模型中的波场快照；(e)、(f)和(g)、(h)分别为 PML 和 CFS-PML 边界条件下非频散介质模型中的波场快照

上述现象也可从图 5.3 所示的基于 PML 和 CFS-PML 边界条件下的 GPR 模拟剖面中清晰可见，PML 边界条件下，远偏移距处的直达波下方出现较为明显的低频虚假反射波，如图 5.3(a)和图 5.3(c)中的黑色箭头所示；而图 5.3(b)和 5.3(d)所示的 CFS-PML 边界条件下的 GPR 剖面中的直达波下方未出现可见低频反射波，直达波更为清晰可见。分别对比图 5.2(b)和 5.2(f)、图 5.3(a)和 5.3(c)可知，由于高频电磁波在非频散介质中传播时要比在频散介质中衰减更弱，因而在非频散介质中远偏移距处产生的低频反射波能量更强。

将 PML 和 CFS-PML 边界条件下的接收点 1 处接收到的单道波形与参考解进行对比，结果分别如图 5.4(a)和 5.4(b)所示。参考解是在无任何边界条件下计算模型扩大 6 倍，发射源与接收点相对位置不变，以保证接收点在计算时间内接收不到模型边界反射时模拟计算得到的。由图可知：PML 边界条件

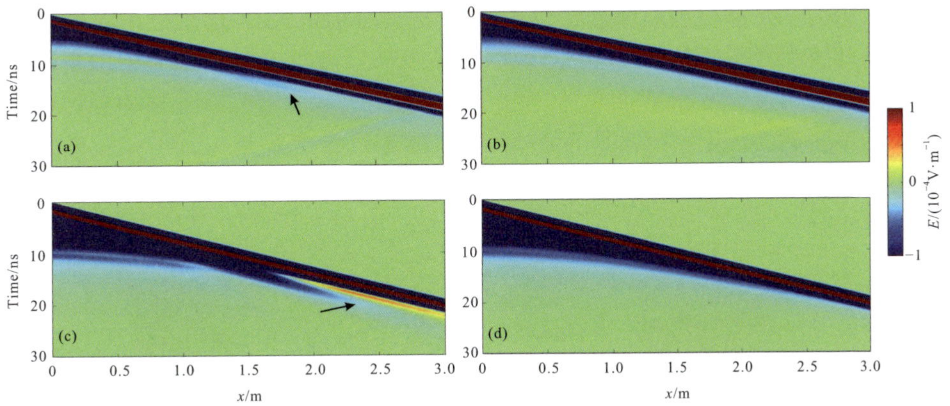

图5.3　基于PML和CFS-PML边界条件的GPR模拟剖面

(a)和(b)分别为 PML 和 CFS-PML 边界条件下频散介质 GPR 模拟剖面；
(c)和(d)分别为 PML 和 CFS-PML 边界条件下非频散介质 GPR 模拟剖面

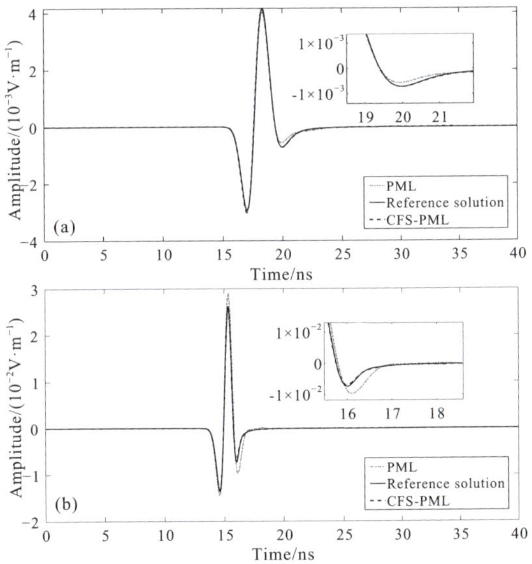

图5.4　PML和CFS-PML边界条件下狭长型均匀频散介质(a)和非频散介质(b)模型中接收点1的单道波形与参考解的对比

下，由于接收点 1 处接收到了近水平入射产生的掠射波和低频虚假反射，导致在频散介质中 20 ns 附近的波形与参考解吻合较差，如局部放大图所示；与 PML 边界条件相比，施加 CFS-PML 边界条件后，接收点 1 处接收到的单道波形与参考解高度吻合，误差非常微小。对比图 5.4(a)和 5.4(b)可知，PML 和 CFS-PML 边界条件下频散介质中产生的低频反射波振幅差异分别约为 1.51×10^{-4} V/m 和 4.21×10^{-6} V/m；而 PML 和 CFS-PML 边界条件下非频散介质中产生的低频反射波振幅差异分别约为 2.34×10^{-3} V/m 和 4.43×10^{-5} V/m；可见，频散介质中产生的低频反射波振幅要比非频散介质弱。

图 5.5 与图 5.6 分别为接收点 2 和接收点 3 处的单道波形与参考解的对比。由于发射源位于模型左上角，接收点 2 和接收点 3 只能接收到近垂直入射和小角度入射波，因而 PML 和 CFS-PML 边界条件下的单道波形均与参考解

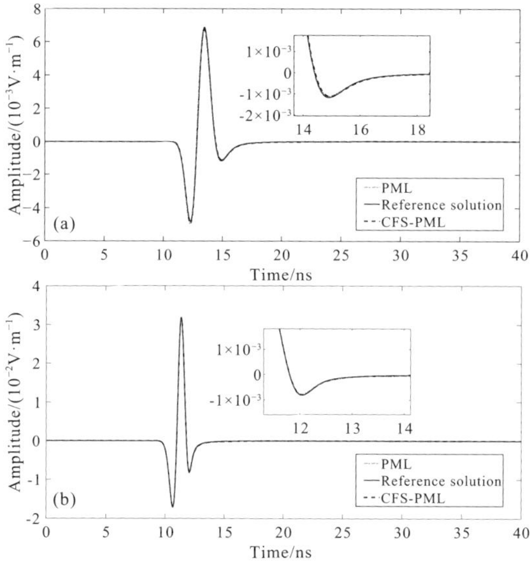

图5.5　PML和CFS-PML边界条件下狭长型均匀频散介质(a)和非频散介质(b)模型中接收点2的单道波形与参考解的对比

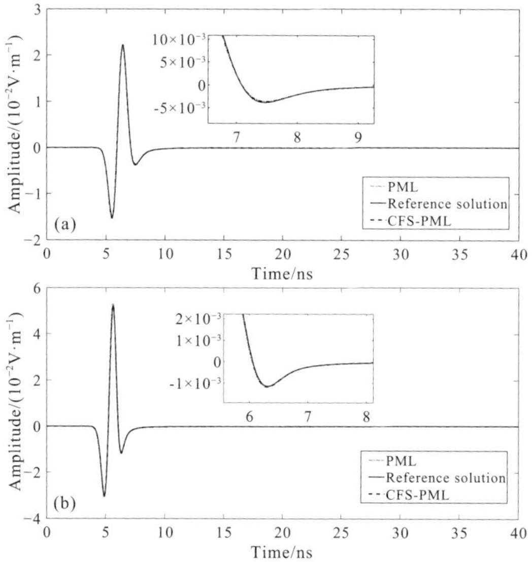

图5.6　PML和CFS-PML边界条件下狭长型均匀频散介质(a)和非频散介质(b)模型中接收点3的单道波形与参考解的对比

拟合较好。由此可见，PML 和 CFS-PML 边界条件都可实现外行波的有效吸收，CFS-PML 边界条件对近垂直入射和小角度入射波的吸收效果并无明显改善。

图 5.7 为 PML 和 CFS-PML 边界条件下狭长型均匀频散介质和非频散介质模型内波场能量随时间衰减曲线。由图可见：当发射源开始激发时，在 0~1.9 ns 之间，能量被注入计算模型中，能量急剧增加；1.9 ns 之后，由于波场传播左侧和上侧 PML 层，部分能量被 PML 边界条件吸收，开始出现缓慢的下降趋势；电磁波在非频散介质和频散介质分别传播 5 ns 和 6 ns 后，到达下侧 PML 层，能量进一步被吸收。与 PML 边界条件相比，CFS-PML 边界条件下的波场能量在 25 ns 以后更被有效吸收；与非频散介质相比，频散介质中的波场传播速度较慢，在非频散介质中，约 21.6 ns 到达右侧 PML 边界层，总能量发生骤减；但是在 Debye 频散介质中，约 24.8 ns 到达右侧 PML 层，波场在频散介质中传播时衰减更快。由上述分析结果可知，在非频散介质和频散介质中 CFS-PML 边界条件的吸收效果都要优于常规 PML 边界条件。

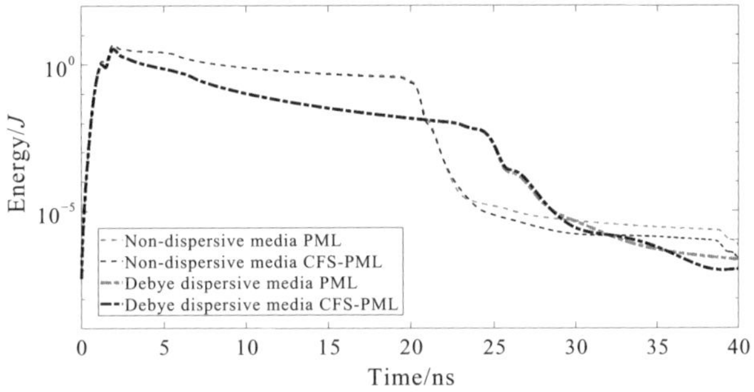

图 5.7　PML 和 CFS-PML 边界条件下狭长型均匀 Debye 频散介质和非频散介质模型内波场能量衰减曲线

5.4.2　模型算例一

为进一步研究分析 GPR 高频电磁波在复杂 Debye 频散介质模型的响应特征，将图 4.9 所示的复杂 GPR 模型中的非频散介质设置为 Debye 频散介质，其中上层介质设置为频散介质Ⅰ，下层介质设置为频散介质Ⅱ，其他参数保持不变，如图 5.8 所示。

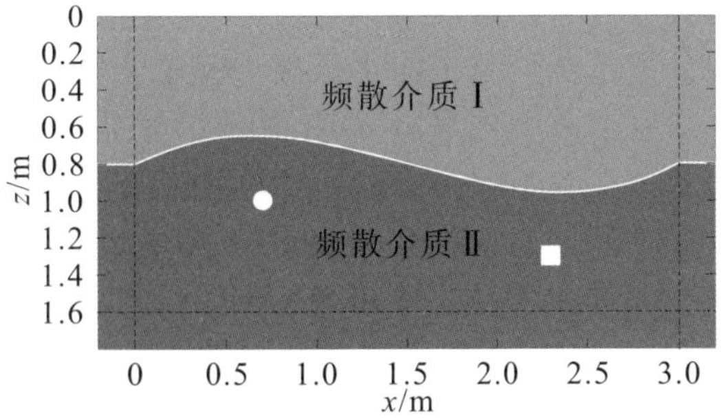

图 5.8　复杂 Debye 频散介质模型示意图

将激励源置于地表正中心位置，获得的不同时刻的波场快照如图 5.9 所示，其中 5.9(a)、5.9(b)分别为频散介质和非频散介质中 9 ns 时刻波场快照，5.9(c)、5.9(d)分别为频散介质和非频散介质中 17 ns 时刻波场快照。9 ns 时刻，频散介质中的电磁波传播至地层分界面并产生反射波，如图 5.9(a)所示；而在非频散介质中，此时起伏分界面已产生较为强烈的反射波，如图 5.9(b)所示。电磁波传播至下层介质后，波前传播至下层中的空洞产生反射，如图 5.9(c)和 5.9(d)所示；17 ns 时刻，空洞产生的反射波继续向外传播，由于遇到起伏分界面，波前面产生较为强烈的反射波。

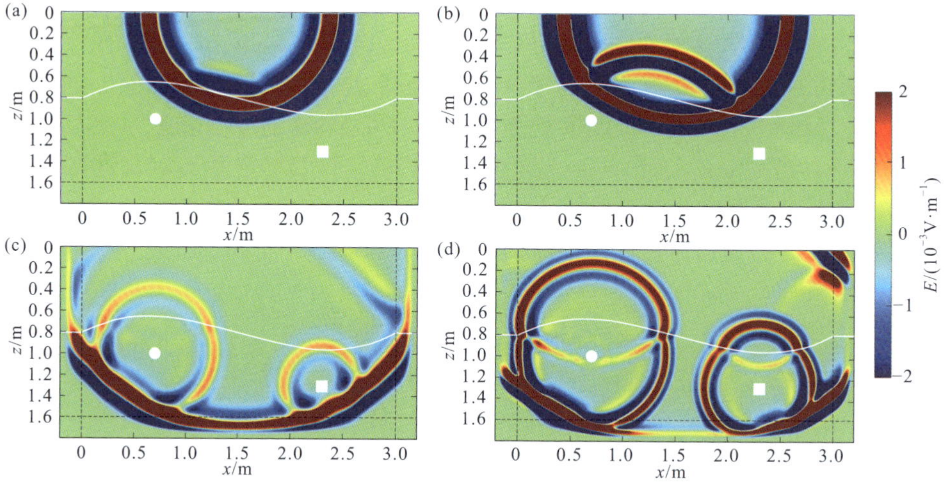

图 5.9　激励源位于地表正中心位置时不同时刻的波场快照

(a) Debye 频散介质 9 ns；(b)非频散介质 9 ns；(c) Debye 频散介质 17 ns；(d) 非频散介质 17 ns

利用 Debye 频散介质 GPR 时域有限元模拟算法对图 5.8 所示的复杂 Debye 频散介质模型进行计算，获得 GPR 模拟剖面如图 5.10(a)所示，对应的非频散介质模型的 GPR 模拟剖面如图 5.10(b)所示。对比图 5.10(a)和图 5.10(b)可知，非频散介质模型中起伏界面产生的反射波能量要强于 Debye 频散介质中起伏界面产生的反射波能量；图 5.10(a)中反射波在 10~17 ns 之间出现，比图 5.10(b)反射波出现在 8~13 ns 要晚。非频散介质模型中空洞产生的绕射

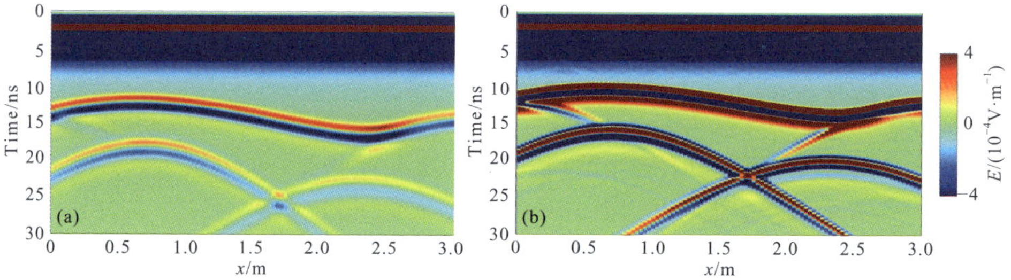

图 5.10　复杂 Debye 频散介质模型(a)及其非频散介质模型(b)的 GPR 模拟剖面

波能量要强于 Debye 频散介质中空洞产生的绕射波能量，且反射波出现时间更早。由此可见，与非频散介质中的高频电磁波传播相比，高频电磁波在频散介质中传播时能量衰减更快且传播速度更小。

5.4.3 模型算例二

为分析介质频散特性对 GPR 信号的影响规律，建立了一个 2.5 m×2.0 m 的层状介质模型，如图 5.11 所示。上层介质为频散介质Ⅰ，厚度为 1.0 m；下层介质为频散介质Ⅱ，其中介质Ⅰ的复相对介电常数为 6+4i，即频率趋于 0 和无穷大时的介电常数分别为 6 和 4，电导率为 0.005 S/m，弛豫时间为 0.1 ns；介质Ⅱ的复相对介电常数为 10+8i，即频率趋于 0 和无穷大时的介电常数分别为 10 和 8，电导率为 0.01 S/m，弛豫时间为 0.2 ns。GPR 测量采用共发射源测量方式，发射天线 T 和接收天线 R 都位于地表，其中发射天线固定于 0.1 m 位置处，而接收天线首先位于 0.3 m，并以 0.1 m 的步长等距离移动 21 次。其他计算参数与狭长型模型相同。

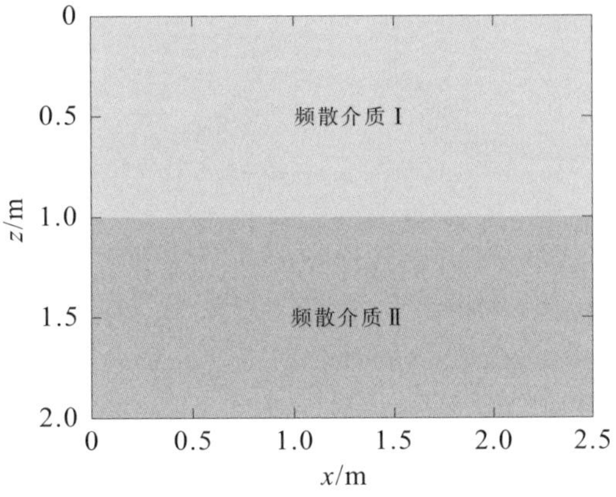

图5.11　层状GPR模型示意图

图 5.12 分别为频散层状介质和非频散层状介质的 GPR 正演剖面。其中，频散层状介质的相对介电常数为图 5.1 所示的频散介质Ⅰ和频散介质Ⅱ的复相对介电常数随频率变化曲线，非频散介质的相对介电常数为中心频率为 600 MHz 对应的相对介电常数实部，分别为 5.75 和 9.27，电导率与频散介质中的电导率相同。为了更好地显示远偏移距处的反射波特征，每道 GPR 信号都利用直达波的最大振幅值进行了归一化。图 5.12(b)所示的非频散介质中的 GPR 子波几乎相同，而图 5.12(a)中频散介质的 GPR 子波被拉宽，分辨率降低，且子波宽度随偏移距增大而增大，这是由于电磁波在频散介质中传播时高频成分衰减更快所致。

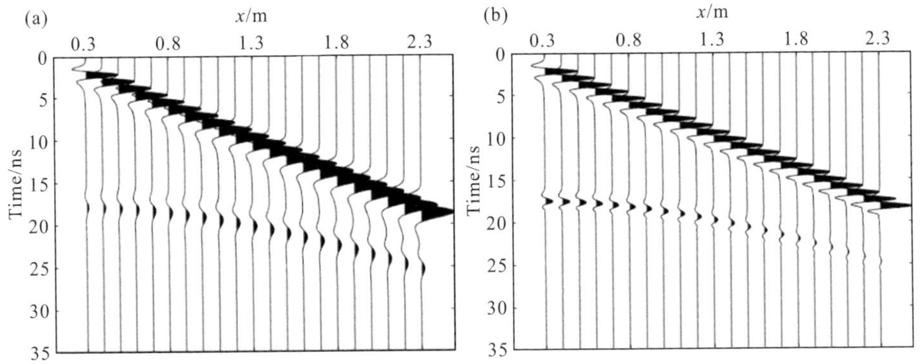

图5.12 层状模型的GPR正演剖面

(a)频散介质；(b)非频散介质

利用不同中心频率的雷克子波作为发射源进行计算获得的水平位置1.5 m处的单道波形对比如图5.13所示。由图可知，发射源中心频率越大，1.5 m处接收到的波形振幅越弱，特别是中心频率为600 MHz和800 MHz时，反射波几乎衰减完全。由此可见，中心频率越高，在频散介质中传播时衰减更强，反射波更不易被识别。

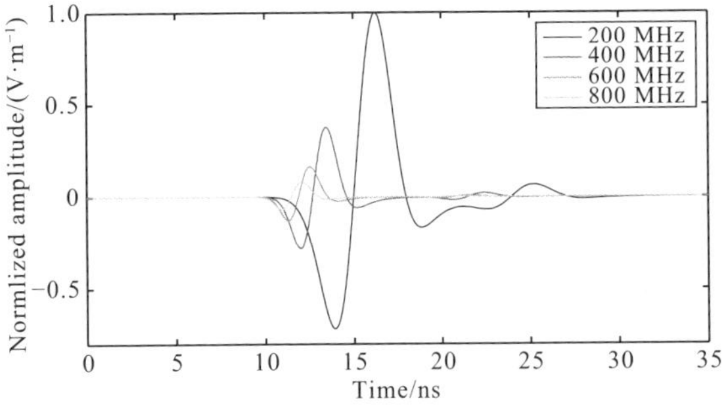

图5.13 不同中心频率的雷克子波模拟的1.5 m处的波形对比

为分析介质频散对GPR信号振幅和传播速度的影响，提取图5.12中频散和非频散介质的直达波和反射波的振幅随偏移距变化曲线如图5.14所示。由图可知：频散和非频散介质中的直达波和反射波的能量都随偏移距的增大而减小；相比非频散介质，频散介质中的直达波和反射波衰减更快；相比反射波能量的衰减，不管是频散介质还是非频散介质，直达波衰减更快。图5.15为利用图5.12中GPR数据计算得到的速度谱。如图所示：相比图5.15(b)中非频散介质的速度谱，图5.15(a)中频散介质的速度谱中的能量更发散，通过提取速度谱中能量最强位置对应的速度，估计的频散介质中的电磁波传播速度为0.117 m/ns，而非频散介质中的电磁波传播速度为0.123 m/ns，与真实值0.125 m/ns相比误差更小。由此可见，电磁波在频散介质中的传播速度要比在非频散介质中更低。

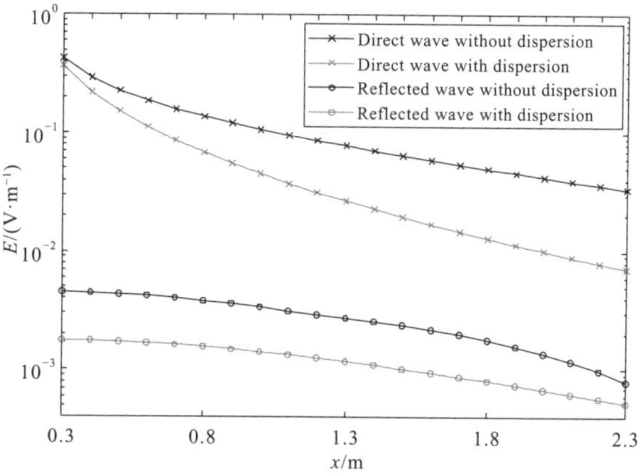

图5. 14　图5. 12中直达波和反射波信号的振幅随偏移距变化曲线

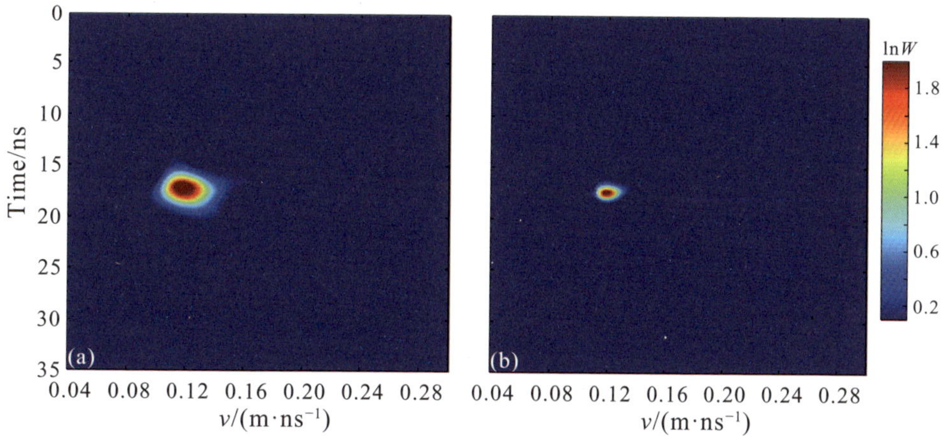

图5. 15　图5. 12中GPR数据计算得到的速度谱

(a)频散介质；(b)非频散介质

图 5. 16(a)和 5. 16(b)分别为图 5. 12(a)所示的频散介质中水平位置 0. 8 m 和 1. 4 m 处的单道波形，图 5. 16(c)和 5. 16(d)为利用短时傅里叶变换计算的时频分析剖面；图 5. 16(e)和 5. 16(f)分别为图 5. 12(b)所示的非频散介质中水平位置 0. 8 m 和 1. 4 m 处的单道波形，图 5. 16(g)和图 5. 16(h)为相应的时频分析剖面。从图 5. 16(c)提取的直达波和反射波的主频分别为 390 MHz 和 48 MHz，与子波的中心频率 600 MHz 相比，高频成分衰减特别严重；且当传播到 1. 4 m 时，直达波和反射波的主频分别降低为 268 MHz 和 8 MHz。而图 5. 16(g)和图 5. 16(h)所示的非频散介质的时频分析剖面中，直达波和反射波主频均为 561 MHz，只有少量高频成分得到衰减。可见，与电磁波在非频散介质中传播相比，电磁波在频散介质中传播时高频成分衰减更强，直达波和反

射波的主频更小，且主频随传播距离的增大而减小。上述分析结果表明：相比于非频散介质，高频电磁波在频散介质中传播衰减更强、子波持续时间增大、分辨率降低、传播速度降低、直达波和反射波的主频更小。

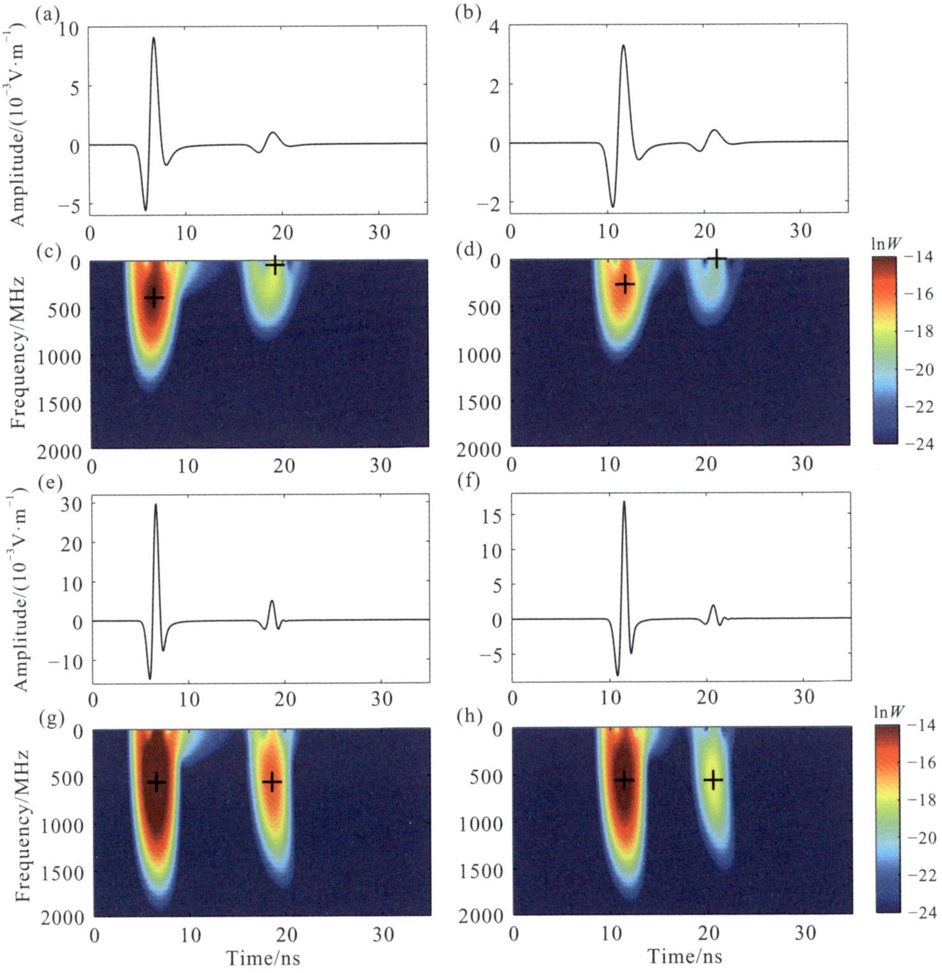

图5.16　图5.12中水平位置0.8 m和1.4 m处的单道波形及其时频分析剖面

(a)、(e)和(c)、(g)分别为频散介质和非频散介质中水平位置0.8 m处的单道波形及其时频分析剖面；(b)、(f)和(d)、(h)分别为频散介质和非频散介质中水平位置1.4 m处的单道波形及其时频分析剖面

5.5　本章小结

本章从频散介质满足Debye频散关系出发，推导了Debye频散介质中的

二阶电磁波动方程；通过合理构造辅助微分方程，推导了 Debye 频散介质二阶电磁波动方程 GPR 时域有限元模拟的非分裂 CFS-PML 边界条件实现公式。在此基础上，采用 Galerkin 法和 Newmark 差分法推导了相应的时域有限元方程及时间差分离散格式，构建了一种基于非分裂 CFS-PML 边界条件的 Debye 频散介质 GPR 时域有限元模拟算法。狭长均匀 Debye 频散介质模型验证了 CFS-PML 边界条件对 Debye 频散介质中大角度掠射波与低频反射波具有良好的吸收效果；两个复杂 Debye 频散介质模型的模拟结果分析表明：相比于非频散介质，高频电磁波在频散介质中传播衰减更强、子波持续时间增大、分辨率降低、传播速度降低、直达波和反射波的主频更小。

第 6 章　Cole-Cole 频散介质探地雷达时域有限元数值模拟

6.1　Cole-Cole 频散介质中的二阶电磁波动方程

假设二维地电模型的走向为 y 轴，频率域二阶电磁波动方程为

$$\frac{1}{(\mathrm{i}\omega)^2\mu}\frac{\partial^2\tilde{E}}{\partial x^2}+\frac{1}{(\mathrm{i}\omega)^2\mu}\frac{\partial^2\tilde{E}}{\partial z^2}=\varepsilon_0\varepsilon_r\tilde{E} \tag{6.1}$$

Cole-Cole 频散介质模型的复相对介电常数表示为[184]

$$\varepsilon_r=\varepsilon_r^{\infty}+\frac{\varepsilon_r^0-\varepsilon_r^{\infty}}{1+(\mathrm{i}\omega\tau)^{\beta}}+\frac{\sigma}{\mathrm{i}\omega\varepsilon_0} \tag{6.2}$$

式(6.2)中，$\beta(0\leqslant\beta\leqslant 1)$为 Cole-Cole 频散介质的衰减因子。

令 $\Delta\varepsilon=\varepsilon_r^0-\varepsilon_r^{\infty}$，并将式(6.1)代入式(6.2)，整理可得

$$\frac{1}{(\mathrm{i}\omega)^2\mu}\frac{\partial^2\tilde{E}}{\partial x^2}+\frac{1}{(\mathrm{i}\omega)^2\mu}\frac{\partial^2\tilde{E}}{\partial z^2}=\left(\varepsilon^{\infty}+\frac{\sigma}{\mathrm{i}\omega}\right)\tilde{E}+\frac{\Delta\varepsilon}{1+(\mathrm{i}\omega\tau)^{\beta}}\tilde{E} \tag{6.3}$$

令：

$$\frac{\Delta\varepsilon}{1+(\mathrm{i}\omega\tau)^{\beta}}\tilde{E}=\tilde{J} \tag{6.4}$$

将式(6.4)代入式(6.3)，可得

$$\frac{1}{(\mathrm{i}\omega)^2\mu}\frac{\partial^2\tilde{E}}{\partial x^2}+\frac{1}{(\mathrm{i}\omega)^2\mu}\frac{\partial^2\tilde{E}}{\partial z^2}=\left(\varepsilon^{\infty}+\frac{\sigma}{\mathrm{i}\omega}\right)\tilde{E}+\tilde{J} \tag{6.5}$$

将式(6.4)两边同乘以 $1+(\mathrm{i}\omega\tau)^{\beta}$ 后，进行反傅里叶变换，将其转化到时间域可得

$$J+\tau^{\beta}\frac{\partial^{\beta}J}{\partial t^{\beta}}=\Delta\varepsilon E \tag{6.6}$$

由于存在时间分数阶导数项 $\partial^{\beta}J/\partial t^{\beta}$，利用差分法在时间域进行离散求解非常困难。为此，引入辅助变量 $x=\mathrm{i}(\omega/\omega_0)$，将辅助变量代入式(6.4)，整理可得

$$\tilde{J} = \frac{\Delta\varepsilon}{1 + (x\omega_0\tau)^{\beta}}\tilde{E} \tag{6.7}$$

式(6.7)中，ω_0 为弛豫频率($\omega_0 = \omega_\tau$)或 GPR 脉冲激励源的中心频率。

由于 $x = 0$ 是函数 $f(x) = x^{\beta}$ 的导数的奇点，函数 $f(x)$ 在 $x = 0$ 处的泰勒展开不存在。因此，$f(x)$ 在半径为 $|x - \omega|$ 的区域内由于包含奇点 $x = 0$，函数 $f(x)$ 的泰勒展开不存在。为此，采用 Pade 逼近算法对 $f(x)$ 在 ω 处进行有理函数展开。为了方便计算，取 $\omega = 1$，则 $f(x) = x^{\beta}$ 的 Pade 逼近表达式为[185]

$$x^{\beta} = \frac{\sum_{n=0}^{N} p_n(x-1)^n}{\sum_{m=0}^{M} q_m(x-1)^m} = \frac{\sum_{n=0}^{N} x^n \sum_{k=n}^{N} p_k a_{k,k-n}}{\sum_{m=0}^{M} x^m \sum_{k=m}^{M} q_k a_{k,k-m}} \tag{6.8}$$

式(6.8)中：M 和 N 分别为分母和分子多项式的阶数；$q_0 = 1$，$a_{k,k-l} = (k!)/(l!(k-l)!)(-1)^{k-l}$；有理函数的系数 p_n 与 q_n 的计算公式如下[156]：

当 $x = 1$ 时，函数 $f(x) = x^{\beta}$ 的泰勒展开可表示为

$$x^{\beta} = \sum_{l=0}^{\infty} c_l (x-1)^l \tag{6.9}$$

其中 c_l 可表示为

$$c_l = \frac{\mathrm{d}^l(x^{\beta})}{\mathrm{d}x^l}(x=1) = \frac{\beta(\beta-1)\cdots(\beta-l+1)}{l!} \tag{6.10}$$

将式(6.9)代入式(6.8)，并整理可得

$$\frac{\sum_{n=0}^{N} p_n(x-1)^n}{\sum_{m=0}^{M} q_m(x-1)^m} = \sum_{l=0}^{\infty} c_l(x-1)^l \tag{6.11}$$

当 $q_0 = 1$ 时，式(6.11)可转化为

$$\sum_{n=0}^{N} p_n(x-1)^n = \sum_{m=0}^{M} q_m(x-1)^m \sum_{l=0}^{\infty} c_l(x-1)^l = \sum_{m=0}^{M} q_m \sum_{l=0}^{\infty} c_l(x-1)^{l+m} \tag{6.12}$$

根据 $(x-1)$ 左右两边从 0 到 $N + M$ 相同次幂的系数相等，可得

$$\begin{cases} p_n = \sum_{m=0}^{\min\{n,M\}} c_{n-m} q_m & n = 0, 1, \cdots, N \\ \sum_{m=1}^{\min\{M,N+l\}} c_{N+l-m} q_m = -c_{N+l} & l = 1, 2, \cdots, M \end{cases} \tag{6.13}$$

求解式(6.13)中的第二式和第一式形成的方程组，可分别求解 q_1，q_2，…，q_M 和 p_0，p_1，…，p_N。

将式(6.8)代入式(6.7)，可得

$$\tilde{J}=\frac{\Delta\varepsilon}{1+(x\omega_0\tau)^{\beta}}\tilde{E}=\frac{\Delta\varepsilon}{1+x^{\beta}(\omega_0\tau)^{\beta}}\tilde{E}=\Delta\varepsilon\frac{1}{1+\dfrac{\sum\limits_{n=0}^{N}x^{n}\sum\limits_{k=n}^{N}p_k a_{k,k-n}}{\sum\limits_{m=0}^{M}x^{m}\sum\limits_{k=m}^{M}q_k a_{k,k-m}}(\omega_0\tau)^{\beta}}\tilde{E} \quad (6.14)$$

将式(6.14)整理可得

$$\tilde{J}=\Delta\varepsilon\frac{\sum\limits_{m=0}^{M}x^{m}\sum\limits_{k=m}^{M}q_k a_{k,k-m}}{\sum\limits_{m=0}^{M}x^{m}\sum\limits_{k=m}^{M}q_k a_{k,k-m}+\sum\limits_{n=0}^{N}x^{n}\sum\limits_{k=n}^{N}p_k a_{k,k-n}(\omega_0{}^{\beta}\tau^{\beta})}\tilde{E} \quad (6.15)$$

将 $x=\mathrm{i}(\omega/\omega_0)$ 代入式(6.15)，整理可得

$$\tilde{J}=\Delta\varepsilon\frac{\sum\limits_{m=0}^{M}\left(\frac{\mathrm{i}\omega}{\omega_0}\right)^{m}\sum\limits_{k=m}^{M}q_k a_{k,k-m}}{\sum\limits_{m=0}^{M}\left(\frac{\mathrm{i}\omega}{\omega_0}\right)^{m}\sum\limits_{k=m}^{M}q_k a_{k,k-m}+\sum\limits_{n=0}^{N}\left(\frac{\mathrm{i}\omega}{\omega_0}\right)^{n}\sum\limits_{k=n}^{N}p_k a_{k,k-n}(\omega_0{}^{\beta}\tau^{\beta})}\tilde{E} \quad (6.16)$$

将式(6.16)整理可得

$$\tilde{J}=\Delta\varepsilon\frac{\sum\limits_{m=0}^{M}\left(\frac{1}{\omega_0}\right)^{m}(\mathrm{i}\omega)^{m}\sum\limits_{k=m}^{M}q_k a_{k,k-m}}{\sum\limits_{m=0}^{M}\left(\frac{1}{\omega_0}\right)^{m}(\mathrm{i}\omega)^{m}\sum\limits_{k=m}^{M}q_k a_{k,k-m}+\sum\limits_{n=0}^{N}\left(\frac{1}{\omega_0}\right)^{n}(\mathrm{i}\omega)^{n}\sum\limits_{k=n}^{N}p_k a_{k,k-n}(\omega_0{}^{\beta}\tau^{\beta})}\tilde{E} \quad (6.17)$$

将式(6.17)进一步整理可得

$$\tilde{J}=\Delta\varepsilon\frac{\sum\limits_{m=0}^{M}(\mathrm{i}\omega)^{m}\left(\frac{1}{\omega_0{}^{\beta}\omega_0{}^{m}}\right)\sum\limits_{k=m}^{M}q_k a_{k,k-m}}{\sum\limits_{m=0}^{M}(\mathrm{i}\omega)^{m}\left(\frac{1}{\omega_0{}^{\beta}\omega_0{}^{m}}\right)\sum\limits_{k=m}^{M}q_k a_{k,k-m}+\sum\limits_{n=0}^{N}(\mathrm{i}\omega)^{n}\left(\frac{\tau^{\beta}}{\omega_0{}^{n}}\right)\sum\limits_{k=n}^{N}p_k a_{k,k-n}}\tilde{E} \quad (6.18)$$

令

$$A_m=\left(\frac{1}{\omega_0{}^{\beta}\omega_0{}^{m}}\right)\sum_{k=m}^{M}q_k a_{k,k-m},\quad B_n=\left(\frac{\tau^{\beta}}{\omega_0{}^{n}}\right)\sum_{k=n}^{N}p_k a_{k,k-n} \quad (6.19)$$

将式(6.19)代入式(6.18)，可得

$$\tilde{J}=\Delta\varepsilon\frac{\sum\limits_{m=0}^{M}(\mathrm{i}\omega)^{m}A_m}{\sum\limits_{m=0}^{M}(\mathrm{i}\omega)^{m}A_m+\sum\limits_{n=0}^{N}(\mathrm{i}\omega)^{n}B_n}\tilde{E} \quad (6.20)$$

对比式(6.2)、式(6.4)和式(6.20)可知，利用 Pade 逼近算法估计的复相

对介电常数公式为

$$\varepsilon = \varepsilon^{\infty} + \frac{\sigma}{\mathrm{i}\omega\varepsilon_0} + \Delta\varepsilon \frac{\sum_{m=0}^{M}(\mathrm{i}\omega)^m A_m}{\sum_{m=0}^{M}(\mathrm{i}\omega)^m A_m + \sum_{n=0}^{N}(\mathrm{i}\omega)^n B_n} \tag{6.21}$$

将式(6.20)进一步整理可得

$$\sum_{m=0}^{M}(\mathrm{i}\omega)^m A_m \tilde{J} + \sum_{n=0}^{N}(\mathrm{i}\omega)^n B_n \tilde{J} = \Delta\varepsilon \sum_{m=0}^{M}(\mathrm{i}\omega)^m A_m \tilde{E} \tag{6.22}$$

将式(6.22)两边进行反傅里叶变换，转化到时间域可得

$$\sum_{m=0}^{M} A_m \frac{\partial^m J}{\partial t^m} + \sum_{n=0}^{N} B_n \frac{\partial^n J}{\partial t^n} = \Delta\varepsilon \sum_{m=0}^{M} A_m \frac{\partial^m E}{\partial t^m} \tag{6.23}$$

式(6.22)和式(6.5)组成的方程组即为电磁波在 Cole-Cole 频散介质传播中满足的二阶电磁波方程，即

$$\begin{cases} \dfrac{1}{(\mathrm{i}\omega)^2\mu_0}\dfrac{\partial^2\tilde{E}}{\partial x^2} + \dfrac{1}{(\mathrm{i}\omega)^2\mu_0}\dfrac{\partial^2\tilde{E}}{\partial z^2} = \left(\varepsilon^{\infty} + \dfrac{\sigma}{\mathrm{i}\omega}\right)\tilde{E} + \tilde{J} \\ \sum_{m=0}^{M}(\mathrm{i}\omega)^m A_m \tilde{J} + \sum_{n=0}^{N}(\mathrm{i}\omega)^n B_n \tilde{J} = \Delta\varepsilon \sum_{m=0}^{M}(\mathrm{i}\omega)^m A_m \tilde{E} \end{cases} \tag{6.24}$$

6.2 复拉伸坐标系下 Cole-Cole 频散介质中的二阶电磁波方程

将式(4.4)第一式代入式(6.24)第一式可得

$$\frac{1}{(\mathrm{i}\omega)^2\mu}\frac{1}{S_x}\frac{\partial}{\partial x}\left(\frac{1}{S_x}\frac{\partial\tilde{E}}{\partial x}\right) + \frac{1}{(\mathrm{i}\omega)^2\mu}\frac{1}{S_z}\frac{\partial}{\partial z}\left(\frac{1}{S_z}\frac{\partial\tilde{E}}{\partial z}\right) = \left(\varepsilon^{\infty} + \frac{\sigma}{\mathrm{i}\omega}\right)\tilde{E} + \tilde{J} \tag{6.25}$$

将式(6.25)左右两端同时乘以 S_xS_z，可得

$$\frac{1}{(\mathrm{i}\omega)^2\mu}\frac{\partial}{\partial x}\left(\frac{S_z}{S_x}\frac{\partial\tilde{E}}{\partial x}\right) + \frac{1}{(\mathrm{i}\omega)^2\mu}\frac{\partial}{\partial z}\left(\frac{S_x}{S_z}\frac{\partial\tilde{E}}{\partial z}\right) = S_xS_z\left(\varepsilon^{\infty} + \frac{\sigma}{\mathrm{i}\omega}\right)\tilde{E} + S_xS_z\tilde{J} \tag{6.26}$$

将式(6.26)进一步整理，可得

$$\begin{aligned} &\frac{1}{(\mathrm{i}\omega)^2\mu}\frac{\partial}{\partial x}\left[\left(\frac{S_z}{S_x} - 1\right)\frac{\partial\tilde{E}}{\partial x}\right] + \frac{1}{(\mathrm{i}\omega)^2\mu}\frac{\partial^2\tilde{E}}{\partial x^2} + \frac{1}{(\mathrm{i}\omega)^2\mu}\frac{\partial}{\partial z}\left[\left(\frac{S_x}{S_z} - 1\right)\frac{\partial\tilde{E}}{\partial z}\right] \\ &+ \frac{1}{(\mathrm{i}\omega)^2\mu}\frac{\partial^2\tilde{E}_z}{\partial z^2} = S_xS_z\left[\left(\varepsilon^{\infty} + \frac{\sigma}{\mathrm{i}\omega}\right)\tilde{E} + \tilde{J}\right] \end{aligned} \tag{6.27}$$

引入中间辅助变量 $\tilde{P}_x$、$\tilde{P}_z$、$\tilde{R}$、$\tilde{Q}$，式(6.27)可转化为

$$
\begin{cases}
\left(\dfrac{S_z}{S_x}-1\right)\dfrac{\partial \tilde{E}}{\partial x}=\tilde{P}_x \\
\left(\dfrac{S_x}{S_z}-1\right)\dfrac{\partial \tilde{E}}{\partial z}=\tilde{P}_z \\
\left(\varepsilon^{\infty}+\dfrac{\sigma}{\mathrm{i}\omega}\right)\tilde{E}+\tilde{J}=\tilde{R} \\
S_x S_z \tilde{R}=\tilde{Q} \\
\dfrac{1}{\mu}\dfrac{\partial \tilde{P}_x}{\partial x}+\dfrac{1}{\mu}\dfrac{\partial^2 \tilde{E}}{\partial x^2}+\dfrac{1}{\mu}\dfrac{\partial \tilde{P}_z}{\partial z}+\dfrac{1}{\mu}\dfrac{\partial^2 \tilde{E}}{\partial z^2}=(\mathrm{i}\omega)^2\tilde{Q}
\end{cases}
\tag{6.28}
$$

将式(4.6)代入式(6.28)中的偏导数系数，可得

$$
\begin{cases}
\left(\dfrac{S_z}{S_x}-1\right)=\dfrac{k_z+\dfrac{d_z}{\mathrm{i}\omega+\alpha_z}}{k_x+\dfrac{d_x}{\mathrm{i}\omega+\alpha_x}}-1=\dfrac{[k_z(\mathrm{i}\omega+\alpha_z)+d_z](\mathrm{i}\omega+\alpha_x)}{[k_x(\mathrm{i}\omega+\alpha_x)+d_x](\mathrm{i}\omega+\alpha_z)}-1 \\
\left(\dfrac{S_x}{S_z}-1\right)=\dfrac{k_x+\dfrac{d_x}{\mathrm{i}\omega+\alpha_x}}{k_z+\dfrac{d_z}{\mathrm{i}\omega+\alpha_z}}-1=\dfrac{[k_x(\mathrm{i}\omega+\alpha_x)+d_x](\mathrm{i}\omega+\alpha_z)}{[k_y(\mathrm{i}\omega+\alpha_z)+d_z](\mathrm{i}\omega+\alpha_x)}-1 \\
S_x S_z=\left(k_x+\dfrac{d_x}{\mathrm{i}\omega+\alpha_x}\right)\left(k_z+\dfrac{d_z}{\mathrm{i}\omega+\alpha_z}\right) \\
\qquad=\left[k_x k_z+\dfrac{k_x d_z(\alpha_x+\mathrm{i}\omega)+k_z d_x(\alpha_z+\mathrm{i}\omega)+d_x d_z}{(\alpha_x+\mathrm{i}\omega)(\alpha_z+\mathrm{i}\omega)}\right]
\end{cases}
\tag{6.29}
$$

将式(6.29)代入式(6.28)，可得

$$
\begin{cases}
\dfrac{1}{\mu}\dfrac{\partial \tilde{P}_x}{\partial x}+\dfrac{1}{\mu}\dfrac{\partial^2 \tilde{E}}{\partial x^2}+\dfrac{1}{\mu}\dfrac{\partial \tilde{P}}{\partial z}+\dfrac{1}{\mu}\dfrac{\partial^2 \tilde{E}}{\partial z^2}=(\mathrm{i}\omega)^2\tilde{Q} \\
\left\{\dfrac{[k_z(\mathrm{i}\omega+\alpha_z)+d_z](\mathrm{i}\omega+\alpha_x)}{[k_x(\mathrm{i}\omega+\alpha_x)+d_x](\mathrm{i}\omega+\alpha_z)}-1\right\}\dfrac{\partial \tilde{E}}{\partial x}=\tilde{P}_x \\
\left\{\dfrac{[k_x(\mathrm{i}\omega+\alpha_x)+d_x](\mathrm{i}\omega+\alpha_z)}{[k_z(\mathrm{i}\omega+\alpha_z)+d_z](\mathrm{i}\omega+\alpha_x)}-1\right\}\dfrac{\partial \tilde{E}}{\partial z}=\tilde{P}_z \\
\left[k_x k_z+\dfrac{k_x d_z(\alpha_x+\mathrm{i}\omega)+k_z d_x(\alpha_z+\mathrm{i}\omega)+d_x d_z}{(\alpha_x+\mathrm{i}\omega)(\alpha_z+\mathrm{i}\omega)}\right]\tilde{R}=\tilde{Q} \\
\left(\varepsilon_0\varepsilon_r^{\infty}+\dfrac{\sigma}{\mathrm{i}\omega}\right)\tilde{E}+\tilde{J}=\tilde{R}
\end{cases}
\tag{6.30}
$$

将式(6.24)第二式代入式(6.30)，可得

$$\begin{cases}\dfrac{1}{\mu}\dfrac{\partial\tilde{P}_x}{\partial x}+\dfrac{1}{\mu}\dfrac{\partial^2\tilde{E}}{\partial x^2}+\dfrac{1}{\mu}\dfrac{\partial\tilde{P}_z}{\partial z}+\dfrac{1}{\mu}\dfrac{\partial^2\tilde{E}}{\partial z^2}=(\mathrm{i}\omega)^2\tilde{Q}\\ \left\{\dfrac{[k_z(\mathrm{i}\omega+\alpha_z)+d_z](\mathrm{i}\omega+\alpha_x)}{[k_x(\mathrm{i}\omega+\alpha_x)+d_x](\mathrm{i}\omega+\alpha_z)}-1\right\}\dfrac{\partial\tilde{E}}{\partial x}=\tilde{P}_x\\ \left\{\dfrac{[k_x(\mathrm{i}\omega+\alpha_x)+d_x](\mathrm{i}\omega+\alpha_z)}{[k_z(\mathrm{i}\omega+\alpha_z)+d_z](\mathrm{i}\omega+\alpha_x)}-1\right\}\dfrac{\partial\tilde{E}}{\partial z}=\tilde{P}_z\\ \left[k_xk_z+\dfrac{k_xd_z(\alpha_x+\mathrm{i}\omega)+k_zd_x(\alpha_z+\mathrm{i}\omega)+d_xd_z}{(\alpha_x+\mathrm{i}\omega)(\alpha_z+\mathrm{i}\omega)}\right]\tilde{R}=\tilde{Q}\\ \left(\varepsilon_0\varepsilon_r^\infty+\dfrac{\sigma}{\mathrm{i}\omega}\right)\tilde{E}+\tilde{J}=\tilde{R}\\ \sum\limits_{m=0}^{M}(\mathrm{i}\omega)^mA_m\tilde{J}+\sum\limits_{n=0}^{N}(\mathrm{i}\omega)^nB_n\tilde{J}=\Delta\varepsilon\sum\limits_{m=0}^{M}(\mathrm{i}\omega)^mA_m\tilde{E}\end{cases}\tag{6.31}$$

式(6.31)即为复拉伸坐标系下电磁波在 Cole-Cole 频散介质传播中满足的方程，即施加 CFS-PML 边界条件下的电磁波波动方程。

下面对式(6.31)中的各式进行反傅里叶变换，转换到时间域。

对式(6.31)第一式进行反傅里叶变换，转化到时间域可得

$$\frac{1}{\mu}\frac{\partial P_x}{\partial x}+\frac{1}{\mu}\frac{\partial^2 E}{\partial x^2}+\frac{1}{\mu}\frac{\partial P_z}{\partial z}+\frac{1}{\mu}\frac{\partial^2 E}{\partial z^2}=\frac{\partial^2 Q}{\partial t^2}\tag{6.32}$$

将式(6.31)第二式进一步整理可得

$$\left\{\frac{[k_z(\mathrm{i}\omega+\alpha_z)+d_z](\mathrm{i}\omega+\alpha_x)-[k_x(\mathrm{i}\omega+\alpha_x)+d_x](\mathrm{i}\omega+\alpha_z)}{[k_x(\mathrm{i}\omega+\alpha_x)+d_x](\mathrm{i}\omega+\alpha_z)}\right\}\frac{\partial\tilde{E}}{\partial x}=\tilde{P}_x\tag{6.33}$$

将式(6.33)两边同时乘以 $[k_x(\mathrm{i}\omega+a_x)+d_x](\mathrm{i}\omega+\alpha_z)$，可得

$$\begin{aligned}&\left\{[k_z(\mathrm{i}\omega+\alpha_z)+d_z](\mathrm{i}\omega+\alpha_x)-[k_x(\mathrm{i}\omega+\alpha_x)+d_x](\mathrm{i}\omega+\alpha_z)\right\}\frac{\partial\tilde{E}}{\partial x}\\&=[k_x(\mathrm{i}\omega+\alpha_x)+d_x](\mathrm{i}\omega+\alpha_z)\tilde{P}_x\end{aligned}\tag{6.34}$$

将式(6.34)进一步整理可得

$$\begin{aligned}&\left\{\begin{array}{l}\left[k_z\left[(\mathrm{i}\omega)^2+\mathrm{i}\omega(\alpha_x+\alpha_z)+\alpha_x\alpha_z\right]+d_z(\mathrm{i}\omega+\alpha_x)\right]\\-\left[k_x\left[(\mathrm{i}\omega)^2+\mathrm{i}\omega(\alpha_x+\alpha_z)+\alpha_x\alpha_z\right]+d_x(\mathrm{i}\omega+\alpha_z)\right]\end{array}\right\}\frac{\partial\tilde{E}}{\partial x}\\&=[k_x(\mathrm{i}\omega+\alpha_x)(\mathrm{i}\omega+\alpha_z)+d_x(\mathrm{i}\omega+\alpha_z)]\tilde{P}_x\end{aligned}\tag{6.35}$$

对式(6.35)中的系数进行同类项合并，可得

$$
\left\{\begin{array}{l}(k_z-k_x)(\mathrm{i}\omega)^2+[(k_z-k_x)(\alpha_x+\alpha_z)+d_z-d_x]\mathrm{i}\omega \\ +(k_z-k_x)\alpha_x\alpha_z+\alpha_x d_z-\alpha_z d_x\end{array}\right\}\frac{\partial\tilde{E}}{\partial x}
$$

$$
=\left[k_x(\mathrm{i}\omega)^2+[k_x(\alpha_x+\alpha_z)+d_x]\mathrm{i}\omega+(k_x\alpha_x\alpha_z+d_x\alpha_z)\right]\tilde{P}_x \tag{6.36}
$$

对式(6.36)进行反傅里叶变换，转化到时间域可得

$$
\begin{aligned}
&(k_z-k_x)\frac{\partial^2}{\partial t^2}\left(\frac{\partial E}{\partial x}\right)+[(k_z-k_x)(\alpha_x+\alpha_z)+d_z-d_x]\frac{\partial}{\partial t}\left(\frac{\partial E}{\partial x}\right)\\
&+[(k_z-k_x)\alpha_x\alpha_z+\alpha_x d_z-\alpha_z d_x]\frac{\partial E}{\partial x}\\
&=k_x\frac{\partial^2 P_x}{\partial t^2}+[k_x(\alpha_x+\alpha_z)+d_x]\frac{\partial P_x}{\partial t}+(k_x\alpha_x\alpha_z+d_x\alpha_z)P_x
\end{aligned} \tag{6.37}
$$

同理，应用反傅里叶变换将式(6.31)第三式转换到时间域，可得

$$
\begin{aligned}
&(k_x-k_z)\frac{\partial^2}{\partial t^2}\left(\frac{\partial E}{\partial z}\right)+[(k_x-k_z)(\alpha_x+\alpha_z)+(d_x-d_z)]\frac{\partial}{\partial t}\left(\frac{\partial E}{\partial z}\right)\\
&+[(k_x-k_z)\alpha_x\alpha_z+\alpha_z d_x-\alpha_x d_z]\frac{\partial E}{\partial z}\\
&=k_z\frac{\partial^2 P_z}{\partial t^2}+[k_z(\alpha_x+\alpha_z)+d_z]\frac{\partial P_z}{\partial t}+(k_z\alpha_x\alpha_z+\alpha_x d_z)P_z
\end{aligned} \tag{6.38}
$$

将式(6.31)第四式两边同乘以$(\alpha_x+\mathrm{i}\omega)(\alpha_z+\mathrm{i}\omega)$可得

$$
\left[\begin{array}{l}(\alpha_x+\mathrm{i}\omega)(\alpha_z+\mathrm{i}\omega)k_xk_z+k_xd_z(\alpha_x+\mathrm{i}\omega)\\ +k_zd_x(\alpha_z+\mathrm{i}\omega)+d_xd_z\end{array}\right]\tilde{R}=(\alpha_x+\mathrm{i}\omega)(\alpha_z+\mathrm{i}\omega)\tilde{Q} \tag{6.39}
$$

将式(6.39)进一步整理可得

$$
\begin{aligned}
&\left\{k_xk_z(\mathrm{i}\omega)^2+[k_xk_z(\alpha_x+\alpha_z)+k_xd_z+k_zd_x]\mathrm{i}\omega+(k_x\alpha_x+d_x)(k_z\alpha_z+d_z)\right\}\tilde{R}\\
&=\left[(\mathrm{i}\omega)^2+\mathrm{i}\omega(\alpha_x+\alpha_z)+\alpha_x\alpha_z\right]\tilde{Q}
\end{aligned} \tag{6.40}
$$

将式(6.40)进行反傅里叶变换，转化到时间域可得

$$
\begin{aligned}
&k_xk_z\frac{\partial^2 R}{\partial t^2}+[k_xk_z(\alpha_x+\alpha_z)+k_xd_z+k_zd_x]\frac{\partial R}{\partial t}+(k_x\alpha_x+d_x)(k_z\alpha_z+d_z)R\\
&=\frac{\partial^2 Q}{\partial t^2}+(\alpha_x+\alpha_z)\frac{\partial Q}{\partial t}+\alpha_x\alpha_z Q
\end{aligned} \tag{6.41}
$$

将式(6.31)第五式两边同乘以 iω，可得

$$
(\mathrm{i}\omega\varepsilon^{\infty}+\sigma)\tilde{E}+\mathrm{i}\omega\tilde{J}=\mathrm{i}\omega\tilde{R} \tag{6.42}
$$

对式(6.42)进行反傅里叶变换，转化到时间域可得

$$
\varepsilon^{\infty}\frac{\partial E}{\partial t}+\sigma E+\frac{\partial J}{\partial t}=\frac{\partial R}{\partial t} \tag{6.43}
$$

将式(6.31)第六式进行反傅里叶变换，转化到时间域可得

$$\sum_{m=0}^{M} A_m \frac{\partial^m}{\partial t^m} J + \sum_{n=0}^{N} B_n \frac{\partial^n}{\partial t^n} J = \Delta\varepsilon \sum_{m=0}^{M} A_m \frac{\partial^m}{\partial t^m} E \tag{6.44}$$

将式(6.32)、式(6.37)、式(6.38)、式(6.41)、式(6.43)、式(6.44)整合在一起可得

$$\begin{cases}
\dfrac{1}{\mu}\dfrac{\partial P_x}{\partial x} + \dfrac{1}{\mu}\dfrac{\partial^2 E}{\partial x^2} + \dfrac{1}{\mu}\dfrac{\partial P_z}{\partial z} + \dfrac{1}{\mu}\dfrac{\partial^2 E}{\partial z^2} = \dfrac{\partial^2 Q}{\partial t^2} \\
(k_z - k_x)\dfrac{\partial^2}{\partial t^2}\left(\dfrac{\partial E}{\partial x}\right) + [(k_z - k_x)(\alpha_x + \alpha_z) + d_z - d_x]\dfrac{\partial}{\partial t}\left(\dfrac{\partial E}{\partial x}\right) \\
+ [(k_z - k_x)\alpha_x\alpha_z + \alpha_x d_z - \alpha_z d_x]\dfrac{\partial E}{\partial x} \\
= k_x\dfrac{\partial^2 P_x}{\partial t^2} + [k_x(\alpha_x + \alpha_z) + d_x]\dfrac{\partial P_x}{\partial t} + (k_x\alpha_x\alpha_z + d_x\alpha_z)P_x \\
(k_x - k_z)\dfrac{\partial^2}{\partial t^2}\left(\dfrac{\partial E}{\partial z}\right) + [(k_x - k_z)(\alpha_x + \alpha_z) + (d_x - d_z)]\dfrac{\partial}{\partial t}\left(\dfrac{\partial E}{\partial z}\right) \\
+ [(k_x - k_z)\alpha_x\alpha_z + \alpha_z d_x - \alpha_x d_z]\dfrac{\partial E}{\partial z} \\
= k_z\dfrac{\partial^2 P_z}{\partial t^2} + [k_z(\alpha_x + \alpha_z) + d_z]\dfrac{\partial P_z}{\partial t} + (k_z\alpha_x\alpha_z + \alpha_x d_z)P_z \\
k_x k_z\dfrac{\partial^2 R}{\partial t^2} + [k_x k_z(\alpha_x + \alpha_z) + k_x d_z + k_z d_x]\dfrac{\partial R}{\partial t} + (k_x\alpha_x + d_x)(k_z\alpha_z + d_z)R \\
= \dfrac{\partial^2 Q}{\partial t^2} + (\alpha_x + \alpha_z)\dfrac{\partial Q}{\partial t} + \alpha_x\alpha_z Q \\
\varepsilon^{\infty}\dfrac{\partial E}{\partial t} + \sigma E + \dfrac{\partial J}{\partial t} = \dfrac{\partial R}{\partial t} \\
\displaystyle\sum_{m=0}^{M} A_m \frac{\partial^m J}{\partial t^m} + \sum_{n=0}^{N} B_n \frac{\partial^n J}{\partial t^n} = \Delta\varepsilon \sum_{m=0}^{M} A_m \frac{\partial^m E}{\partial t^m}
\end{cases} \tag{6.45}$$

当 CFS-PML 边界条件下复拉伸坐标系中的 $k=1$、$\alpha = d = 0$ 时，式(6.45)退化为原坐标系下的电磁波动方程为

$$\begin{cases}
\dfrac{1}{\mu}\dfrac{\partial P_x}{\partial x} + \dfrac{1}{\mu}\dfrac{\partial^2 E_z}{\partial x^2} + \dfrac{1}{\mu}\dfrac{\partial P_z}{\partial z} + \dfrac{1}{\mu}\dfrac{\partial^2 E}{\partial z^2} = \dfrac{\partial^2 Q}{\partial t^2} \\
\dfrac{\partial^2 R}{\partial t^2} + \dfrac{\partial R}{\partial t} = \dfrac{\partial^2 Q}{\partial t^2} \\
\varepsilon^{\infty}\dfrac{\partial E}{\partial t} + \sigma E + \dfrac{\partial J}{\partial t} = \dfrac{\partial R}{\partial t} \\
\displaystyle\sum_{m=0}^{M} A_m \frac{\partial^m J}{\partial t^m} + \sum_{n=0}^{N} B_n \frac{\partial^n J}{\partial t^n} = \Delta\varepsilon \sum_{m=0}^{M} A_m \frac{\partial^m E}{\partial t^m}
\end{cases} \tag{6.46}$$

6.3 时域有限元法求解

6.3.1 弱形式的空间离散

根据 Galerkin 有限元原理，式(6.45)所对应的弱形式为[67]

$$
\left\{
\begin{aligned}
&\int_\Omega \frac{\partial^2 Q}{\partial t^2}\varphi \mathrm{d}\Omega - \int_\Omega \frac{1}{\mu}\frac{\partial P_x}{\partial x}\varphi \mathrm{d}\Omega - \int_\Omega \frac{1}{\mu}\frac{\partial P_z}{\partial z}\varphi \mathrm{d}\Omega \\
&= \int_\Gamma \frac{1}{\mu}\left(\frac{\partial E}{\partial x}n_x + \frac{\partial E}{\partial z}n_z\right)\varphi \mathrm{d}\Gamma - \int_\Omega \frac{1}{\mu}\left(\frac{\partial E}{\partial x}\frac{\partial \varphi}{\partial x} + \frac{\partial E}{\partial z}\frac{\partial \varphi}{\partial z}\right)\mathrm{d}\Omega \\
&\int_\Omega (k_z - k_x)\frac{\partial^2}{\partial t^2}\left(\frac{\partial E}{\partial x}\right)\varphi \mathrm{d}\Omega + \int_\Omega [(k_z - k_x)(\alpha_x + \alpha_z) + (d_z - d_x)]\frac{\partial}{\partial t}\left(\frac{\partial E}{\partial x}\right)\varphi \mathrm{d}\Omega \\
&+ \int_\Omega [(k_z - k_x)\alpha_x\alpha_z + \alpha_x d_z - \alpha_z d_x]\frac{\partial E}{\partial x}\varphi \mathrm{d}\Omega = \int_\Omega k_x \frac{\partial^2 P_x}{\partial t^2}\varphi \mathrm{d}\Omega \\
&+ \int_\Omega [k_x(\alpha_x + \alpha_z) + d_x]\frac{\partial P_x}{\partial t}\varphi \mathrm{d}\Omega + \int_\Omega (k_x\alpha_x\alpha_z + d_x\alpha_z)P_x\varphi \mathrm{d}\Omega \\
&\int_\Omega (k_x - k_z)\frac{\partial^2}{\partial t^2}\left(\frac{\partial E}{\partial z}\right)\varphi \mathrm{d}\Omega + \int_\Omega [(k_x - k_z)(\alpha_x + \alpha_z) + (d_x - d_z)]\frac{\partial}{\partial t}\left(\frac{\partial E}{\partial z}\right)\varphi \mathrm{d}\Omega \\
&+ \int_\Omega [(k_x - k_z)\alpha_x\alpha_z + \alpha_z d_x - \alpha_x d_z]\frac{\partial E}{\partial z}\varphi \mathrm{d}\Omega = \int_\Omega k_z \frac{\partial^2 P_z}{\partial t^2}\varphi \mathrm{d}\Omega \\
&+ \int_\Omega [k_z(\alpha_x + \alpha_z) + d_z]\frac{\partial P_z}{\partial t}\varphi \mathrm{d}\Omega + \int_\Omega (k_z\alpha_x\alpha_z + d_z\alpha_x)P_z\varphi \mathrm{d}\Omega \\
&\int_\Omega k_x k_z \frac{\partial^2 R}{\partial t^2}\varphi \mathrm{d}\Omega + \int_\Omega [k_x k_z(\alpha_x + \alpha_z) + k_x d_z + k_z d_x]\frac{\partial R}{\partial t}\varphi \mathrm{d}\Omega \\
&+ \int_\Omega (k_x\alpha_x + d_x)(k_z\alpha_z + d_z)R\varphi \mathrm{d}\Omega \\
&= \int_\Omega \frac{\partial^2 Q}{\partial t^2}\varphi \mathrm{d}\Omega + \int_\Omega (\alpha_x + \alpha_z)\frac{\partial Q}{\partial t}\varphi \mathrm{d}\Omega + \int_\Omega \alpha_x\alpha_z Q\varphi \mathrm{d}\Omega \\
&\int_\Omega \varepsilon^\infty \frac{\partial E}{\partial t}\varphi \mathrm{d}\Omega + \int_\Omega \sigma E\varphi \mathrm{d}\Omega + \int_\Omega \frac{\partial J}{\partial t}\varphi d\Omega = \int_\Omega \frac{\partial R}{\partial t}\varphi \mathrm{d}\Omega \\
&\int_\Omega \sum_{m=0}^{M} A_m \frac{\partial^m J}{\partial t^m}\varphi \mathrm{d}\Omega + \int_\Omega \sum_{n=0}^{N} B_n \frac{\partial^n J}{\partial t^n}\varphi \mathrm{d}\Omega = \int_\Omega \Delta\varepsilon \sum_{m=0}^{M} A_m \frac{\partial^m}{\partial t^m}E\varphi \mathrm{d}\Omega
\end{aligned}
\right.
\tag{6.47}
$$

式(6.47)形成的有限元方程组为

$$
\begin{cases}
\boldsymbol{M}\dfrac{\partial^2\boldsymbol{Q}}{\partial t^2}=\boldsymbol{K}_1\boldsymbol{P}_x+\boldsymbol{K}_2\boldsymbol{P}_z-\boldsymbol{KE}\\
\boldsymbol{C}_{x1}\dfrac{\partial^2\boldsymbol{P}_x}{\partial t^2}+\boldsymbol{C}_{x2}\dfrac{\partial\boldsymbol{P}_x}{\partial t}+\boldsymbol{C}_{x3}\boldsymbol{P}_x=\boldsymbol{C}_{x4}\dfrac{\partial^2\boldsymbol{E}}{\partial t^2}+\boldsymbol{C}_{x5}\dfrac{\partial\boldsymbol{E}}{\partial t}+\boldsymbol{C}_{x6}\boldsymbol{E}\\
\boldsymbol{C}_{z1}\dfrac{\partial^2\boldsymbol{P}_z}{\partial t^2}+\boldsymbol{C}_{z2}\dfrac{\partial\boldsymbol{P}_z}{\partial t}+\boldsymbol{C}_{z3}\boldsymbol{P}_z=\boldsymbol{C}_{z4}\dfrac{\partial^2\boldsymbol{E}}{\partial t^2}+\boldsymbol{C}_{z5}\dfrac{\partial\boldsymbol{E}}{\partial t}+\boldsymbol{C}_{z6}\boldsymbol{E}\\
\boldsymbol{C}_1\dfrac{\partial^2\boldsymbol{R}}{\partial t^2}+\boldsymbol{C}_2\dfrac{\partial\boldsymbol{R}}{\partial t}+\boldsymbol{C}_3\boldsymbol{R}=\boldsymbol{M}\dfrac{\partial^2\boldsymbol{Q}}{\partial t^2}+\boldsymbol{C}_4\dfrac{\partial\boldsymbol{Q}}{\partial t}+\boldsymbol{C}_5\boldsymbol{Q}\\
\boldsymbol{C}_6\dfrac{\partial\boldsymbol{E}}{\partial t}+\boldsymbol{C}_7\boldsymbol{E}+\boldsymbol{M}\dfrac{\partial\boldsymbol{J}}{\partial t}=\boldsymbol{M}\dfrac{\partial\boldsymbol{R}}{\partial t}\\
\displaystyle\sum_{m=0}^{M}\boldsymbol{K}_{1,m}\frac{\partial^m\boldsymbol{J}}{\partial t^m}+\sum_{n=0}^{N}\boldsymbol{K}_{2,n}\frac{\partial^n\boldsymbol{J}}{\partial t^n}=\sum_{m=0}^{M}\boldsymbol{K}_{3,m}\frac{\partial^m\boldsymbol{E}}{\partial t^m}
\end{cases}
\tag{6.48}
$$

式(6.48)中的系数矩阵表达式为

$$
\begin{cases}
\boldsymbol{M}=\displaystyle\int_\Omega\boldsymbol{NN}^{\mathrm{T}}\mathrm{d}\Omega,\ \boldsymbol{K}_1=\frac{1}{\mu}\int_\Omega\boldsymbol{N}_x\boldsymbol{N}^{\mathrm{T}}\mathrm{d}\Omega\\
\boldsymbol{K}_2=\displaystyle\frac{1}{\mu}\int_\Omega\boldsymbol{N}_z\boldsymbol{N}^{\mathrm{T}}\mathrm{d}\Omega,\ \boldsymbol{K}=\frac{1}{\mu}\int_\Omega(\boldsymbol{N}_x\boldsymbol{N}_x{}^{\mathrm{T}}+\boldsymbol{N}_z\boldsymbol{N}_z{}^{\mathrm{T}})\mathrm{d}\Omega\\
\boldsymbol{C}_{x1}=k_x\displaystyle\int_\Omega\boldsymbol{NN}^{\mathrm{T}}\mathrm{d}\Omega,\ \boldsymbol{C}_{x2}=[k_x(\alpha_x+\alpha_z)+d_x]\int_\Omega\boldsymbol{NN}^{\mathrm{T}}\mathrm{d}\Omega\\
\boldsymbol{C}_{x3}=(k_x\alpha_x\alpha_z+d_x\alpha_z)\displaystyle\int_\Omega\boldsymbol{NN}^{\mathrm{T}}\mathrm{d}\Omega,\ \boldsymbol{C}_{x4}=(k_z-k_x)\int_\Omega\boldsymbol{N}_x\boldsymbol{N}^{\mathrm{T}}\mathrm{d}\Omega\\
\boldsymbol{C}_{x5}=[(k_z-k_x)(\alpha_x+\alpha_z)+(d_z-d_x)]\displaystyle\int_\Omega\boldsymbol{N}_x\boldsymbol{N}^{\mathrm{T}}\mathrm{d}\Omega\\
\boldsymbol{C}_{x6}=[(k_z-k_x)\alpha_x\alpha_z+\alpha_xd_z-\alpha_zd_x]\displaystyle\int_\Omega\boldsymbol{N}_x\boldsymbol{N}^{\mathrm{T}}\mathrm{d}\Omega\\
\boldsymbol{C}_{z1}=k_z\displaystyle\int_\Omega\boldsymbol{NN}^{\mathrm{T}}\mathrm{d}\Omega,\ \boldsymbol{C}_{z2}=[k_z(\alpha_x+\alpha_z)+d_z]\int_\Omega\boldsymbol{NN}^{\mathrm{T}}\mathrm{d}\Omega\\
\boldsymbol{C}_{z3}=(k_z\alpha_x\alpha_z+d_z\alpha_x)\displaystyle\int_\Omega\boldsymbol{NN}^{\mathrm{T}}\mathrm{d}\Omega,\ \boldsymbol{C}_{z4}=(k_x-k_z)\int_\Omega\boldsymbol{N}_z\boldsymbol{N}^{\mathrm{T}}\mathrm{d}\Omega\\
\boldsymbol{C}_{z5}=[(k_x-k_z)(\alpha_x+\alpha_z)+(d_x-d_z)]\displaystyle\int_\Omega\boldsymbol{N}_z\boldsymbol{N}^{\mathrm{T}}\mathrm{d}\Omega\\
\boldsymbol{C}_{z6}=[(k_x-k_z)\alpha_x\alpha_z+\alpha_zd_x-\alpha_xd_z]\displaystyle\int_\Omega\boldsymbol{N}_z\boldsymbol{N}^{\mathrm{T}}\mathrm{d}\Omega\\
\boldsymbol{C}_1=k_xk_z\displaystyle\int_\Omega\boldsymbol{NN}^{\mathrm{T}}\mathrm{d}\Omega,\ \boldsymbol{C}_2=[k_xk_z(\alpha_x+\alpha_z)+k_xd_z+k_zd_x]\int_\Omega\boldsymbol{NN}^{\mathrm{T}}\mathrm{d}\Omega\\
\boldsymbol{C}_3=(k_xk_z\alpha_x\alpha_z+k_xd_z\alpha_x+d_xk_z\alpha_z+d_xd_z)\displaystyle\int_\Omega\boldsymbol{NN}^{\mathrm{T}}\mathrm{d}\Omega\\
\boldsymbol{C}_4=(\alpha_x+\alpha_z)\displaystyle\int_\Omega\boldsymbol{NN}^{\mathrm{T}}\mathrm{d}\Omega,\ \boldsymbol{C}_5=\alpha_x\alpha_z\int_\Omega\boldsymbol{NN}^{\mathrm{T}}\mathrm{d}\Omega\\
\boldsymbol{C}_6=\varepsilon^{\infty}\displaystyle\int_\Omega\boldsymbol{NN}^{\mathrm{T}}\mathrm{d}\Omega,\ \boldsymbol{C}_7=\sigma\int_\Omega\boldsymbol{NN}^{\mathrm{T}}\mathrm{d}\Omega
\end{cases}
\tag{6.49}
$$

$$\boldsymbol{K}_{1,m}=\int_{\Omega}A_m\boldsymbol{N}\boldsymbol{N}^{\mathrm{T}}\mathrm{d}\Omega,\ \boldsymbol{K}_{2,n}=\int_{\Omega}B_n\boldsymbol{N}\boldsymbol{N}^{\mathrm{T}}\mathrm{d}\Omega,\ \boldsymbol{K}_{3,m}=\Delta\varepsilon\int_{\Omega}A_m\boldsymbol{N}\boldsymbol{N}^{\mathrm{T}}\mathrm{d}\Omega \tag{6.50}$$

6.3.2 时间差分离散

下面应用 Newmark 差分法和中心差分法对式(6.48)进行时间离散。使用 Newmark 差分时同样地采用 $\beta=0.25$ 进行时间迭代计算，其差分格式与式(3.77)相同。

(1) 式(6.48)第一式

其 Newmark 差分法推导的时间离散公式为

$$\frac{\boldsymbol{M}}{\Delta t^2}\boldsymbol{Q}_{t+\Delta t}=\frac{2\boldsymbol{M}}{\Delta t^2}\boldsymbol{Q}_t-\frac{\boldsymbol{M}}{\Delta t^2}\boldsymbol{Q}_{t-\Delta t}+\boldsymbol{K}_1\boldsymbol{P}_{x,t}+\boldsymbol{K}_2\boldsymbol{P}_{z,t}-\boldsymbol{K}\boldsymbol{E}_t \tag{6.51}$$

(2) 式(6.48)第二式

令式(6.48)的第二式左右两边均等于 $\boldsymbol{\omega}$，则其可写为

$$\begin{cases}\boldsymbol{C}_{x1}\dfrac{\partial^2\boldsymbol{P}_x}{\partial t^2}+\boldsymbol{C}_{x2}\dfrac{\partial\boldsymbol{P}_x}{\partial t}+\boldsymbol{C}_{x3}\boldsymbol{P}_x=\boldsymbol{\omega}\\ \boldsymbol{C}_{x4}\dfrac{\partial^2\boldsymbol{E}}{\partial t^2}+\boldsymbol{C}_{x5}\dfrac{\partial\boldsymbol{E}}{\partial t}+\boldsymbol{C}_{x6}\boldsymbol{E}=\boldsymbol{\omega}\end{cases} \tag{6.52}$$

将 Newmark 差分离散的通解式(3.77)代入式(6.52)，可得

$$\begin{cases}\left(\dfrac{\boldsymbol{C}_{x1}}{\Delta t^2}+\dfrac{\boldsymbol{C}_{x2}}{2\Delta t}+\dfrac{1}{4}\boldsymbol{C}_{x3}\right)\boldsymbol{P}_{x,t+\Delta t}-\left(\dfrac{2\boldsymbol{C}_{x1}}{\Delta t^2}-\dfrac{1}{2}\boldsymbol{C}_{x3}\right)\boldsymbol{P}_{x,t}\\ \quad+\left(\dfrac{\boldsymbol{C}_{x1}}{\Delta t^2}-\dfrac{\boldsymbol{C}_{x2}}{2\Delta t}+\dfrac{1}{4}\boldsymbol{C}_{x3}\right)\boldsymbol{P}_{x,t-\Delta t}=\boldsymbol{\omega}_t\\ \left(\dfrac{\boldsymbol{C}_{x4}}{\Delta t^2}+\dfrac{\boldsymbol{C}_{x5}}{2\Delta t}+\dfrac{1}{4}\boldsymbol{C}_{x6}\right)\boldsymbol{E}_{t+\Delta t}-\left(\dfrac{2\boldsymbol{C}_{x4}}{\Delta t^2}-\dfrac{1}{2}\boldsymbol{C}_{x6}\right)\boldsymbol{E}_t\\ \quad+\left(\dfrac{\boldsymbol{C}_{x4}}{\Delta t^2}-\dfrac{\boldsymbol{C}_{x5}}{2\Delta t}+\dfrac{1}{4}\boldsymbol{C}_{x6}\right)\boldsymbol{E}_{t-\Delta t}=\boldsymbol{\omega}_t\end{cases} \tag{6.53}$$

由于式(6.53)的第一式和第二式的等号的右边相同，则两式的等号左边应相同，即

$$\begin{aligned}&\left(\frac{\boldsymbol{C}_{x1}}{\Delta t^2}+\frac{\boldsymbol{C}_{x2}}{2\Delta t}+\frac{1}{4}\boldsymbol{C}_{x3}\right)\boldsymbol{P}_{x,t+\Delta t}-\left(\frac{2\boldsymbol{C}_{x1}}{\Delta t^2}-\frac{1}{2}\boldsymbol{C}_{x3}\right)\boldsymbol{P}_{x,t}\\&+\left(\frac{\boldsymbol{C}_{x1}}{\Delta t^2}-\frac{\boldsymbol{C}_{x2}}{2\Delta t}+\frac{1}{4}\boldsymbol{C}_{x3}\right)\boldsymbol{P}_{x,t-\Delta t}=\left(\frac{\boldsymbol{C}_{x4}}{\Delta t^2}+\frac{\boldsymbol{C}_{x5}}{2\Delta t}+\frac{1}{4}\boldsymbol{C}_{x6}\right)\boldsymbol{E}_{t+\Delta t}\\&-\left(\frac{2\boldsymbol{C}_{x4}}{\Delta t^2}-\frac{1}{2}\boldsymbol{C}_{x6}\right)\boldsymbol{E}_t+\left(\frac{\boldsymbol{C}_{x4}}{\Delta t^2}-\frac{\boldsymbol{C}_{x5}}{2\Delta t}+\frac{1}{4}\boldsymbol{C}_{x6}\right)\boldsymbol{E}_{t-\Delta t}\end{aligned} \tag{6.54}$$

将式(6.54)进一步整理可得

$$\begin{aligned}&\left(\frac{\boldsymbol{C}_{x1}}{\Delta t^2}+\frac{\boldsymbol{C}_{x2}}{2\Delta t}+\frac{1}{4}\boldsymbol{C}_{x3}\right)\boldsymbol{P}_{x,t+\Delta t}=\left(\frac{2\boldsymbol{C}_{x1}}{\Delta t^2}-\frac{1}{2}\boldsymbol{C}_{x3}\right)\boldsymbol{P}_{x,t}\\&-\left(\frac{\boldsymbol{C}_{x1}}{\Delta t^2}-\frac{\boldsymbol{C}_{x2}}{2\Delta t}+\frac{1}{4}\boldsymbol{C}_{x3}\right)\boldsymbol{P}_{x,t-\Delta t}+\left(\frac{\boldsymbol{C}_{x4}}{\Delta t^2}+\frac{\boldsymbol{C}_{x5}}{2\Delta t}+\frac{1}{4}\boldsymbol{C}_{x6}\right)\boldsymbol{E}_{t+\Delta t}\\&-\left(\frac{2\boldsymbol{C}_{x4}}{\Delta t^2}-\frac{1}{2}\boldsymbol{C}_{x6}\right)\boldsymbol{E}_{t}+\left(\frac{\boldsymbol{C}_{x4}}{\Delta t^2}-\frac{\boldsymbol{C}_{x5}}{2\Delta t}+\frac{1}{4}\boldsymbol{C}_{x6}\right)\boldsymbol{E}_{t-\Delta t}\end{aligned}\tag{6.55}$$

(3) 式(6.48)第三式

同理，式(6.48)的第三式的 Newmark 差分离散公式可推导为

$$\begin{aligned}&\left(\frac{\boldsymbol{C}_{z1}}{\Delta t^2}+\frac{\boldsymbol{C}_{z2}}{2\Delta t}+\frac{1}{4}\boldsymbol{C}_{z3}\right)\boldsymbol{P}_{z,t+\Delta t}=\left(\frac{2\boldsymbol{C}_{z1}}{\Delta t^2}-\frac{1}{2}\boldsymbol{C}_{z3}\right)\boldsymbol{P}_{z,t}\\&-\left(\frac{\boldsymbol{C}_{z1}}{\Delta t^2}-\frac{\boldsymbol{C}_{z2}}{2\Delta t}+\frac{1}{4}\Delta t^2\boldsymbol{C}_{z3}\right)\boldsymbol{P}_{z,t-\Delta t}+\left(\frac{\boldsymbol{C}_{z4}}{\Delta t^2}+\frac{\boldsymbol{C}_{z5}}{2\Delta t}+\frac{1}{4}\boldsymbol{C}_{z6}\right)\boldsymbol{E}_{t+\Delta t}\\&-\left(\frac{2\boldsymbol{C}_{z4}}{\Delta t^2}-\frac{1}{2}\boldsymbol{C}_{z6}\right)\boldsymbol{E}_{t}+\left(\frac{\boldsymbol{C}_{z4}}{\Delta t^2}-\frac{\boldsymbol{C}_{z5}}{2\Delta t}+\frac{1}{4}\boldsymbol{C}_{z6}\right)\boldsymbol{E}_{t-\Delta t}\end{aligned}\tag{6.56}$$

(4) 式(6.48)第四式

同理，式(6.48)的第四式的 Newmark 差分离散公式可推导为

$$\begin{aligned}&\left(\frac{\boldsymbol{C}_{1}}{\Delta t^2}+\frac{\boldsymbol{C}_{2}}{2\Delta t}+\frac{1}{4}\boldsymbol{C}_{3}\right)\boldsymbol{R}_{t+\Delta t}=\left(\frac{2\boldsymbol{C}_{1}}{\Delta t^2}-\frac{1}{2}\boldsymbol{C}_{3}\right)\boldsymbol{R}_{t}\\&-\left(\frac{\boldsymbol{C}_{1}}{\Delta t^2}-\frac{\boldsymbol{C}_{2}}{2\Delta t}+\frac{1}{4}\boldsymbol{C}_{3}\right)\boldsymbol{R}_{t-\Delta t}+\left(\frac{\boldsymbol{M}}{\Delta t^2}+\frac{\boldsymbol{C}_{4}}{2\Delta t}+\frac{1}{4}\boldsymbol{C}_{5}\right)\boldsymbol{Q}_{t+\Delta t}\\&-\left(\frac{2\boldsymbol{M}}{\Delta t^2}-\frac{1}{2}\boldsymbol{C}_{5}\right)\boldsymbol{Q}_{t}+\left(\frac{\boldsymbol{M}}{\Delta t^2}-\frac{\boldsymbol{C}_{5}}{2\Delta t}+\frac{1}{4}\boldsymbol{C}_{5}\right)\boldsymbol{Q}_{t-\Delta t}\end{aligned}\tag{6.57}$$

(5) 式(6.48)第五式

式(6.48)的第五式的中心差分离散公式可推导为

$$\begin{aligned}&\boldsymbol{C}_6\frac{\boldsymbol{E}_{t+\Delta t}-\boldsymbol{E}_{t-\Delta t}}{2\Delta t}+\boldsymbol{C}_7\boldsymbol{E}_t+\boldsymbol{M}\frac{\boldsymbol{J}_{t+\Delta t}-\boldsymbol{J}_{t-\Delta t}}{2\Delta t}=\boldsymbol{M}\frac{\boldsymbol{R}_{t+\Delta t}-\boldsymbol{R}_{t-\Delta t}}{2\Delta t}\\&\frac{\boldsymbol{C}_6}{2\Delta t}\boldsymbol{E}_{t+\Delta t}-\frac{\boldsymbol{C}_6}{2\Delta t}\boldsymbol{E}_{t-\Delta t}+\boldsymbol{C}_7\boldsymbol{E}_t+\frac{\boldsymbol{M}}{2\Delta t}\boldsymbol{J}_{t+\Delta t}-\frac{\boldsymbol{M}}{2\Delta t}\boldsymbol{J}_{t-\Delta t}\\&=\frac{\boldsymbol{M}}{2\Delta t}\boldsymbol{R}_{t+\Delta t}-\frac{\boldsymbol{M}}{2\Delta t}\boldsymbol{R}_{t-\Delta t}\\&\frac{\boldsymbol{C}_6}{2\Delta t}\boldsymbol{E}_{t+\Delta t}=-\boldsymbol{C}_7\boldsymbol{E}_t+\frac{\boldsymbol{C}_6}{2\Delta t}\boldsymbol{E}_{t-\Delta t}+\frac{\boldsymbol{M}}{2\Delta t}\boldsymbol{R}_{t+\Delta t}-\frac{\boldsymbol{M}}{2\Delta t}\boldsymbol{R}_{t-\Delta t}\\&-\frac{\boldsymbol{M}}{2\Delta t}\boldsymbol{J}_{t+\Delta t}+\frac{\boldsymbol{M}}{2\Delta t}\boldsymbol{J}_{t-\Delta t}\end{aligned}\tag{6.58}$$

(6) 式(6.48)第六式

式(6.48)的第六式涉及高阶有限差分，根据差分原理，矢量 $\boldsymbol{F}$ 的 n 阶中心差分公式可表示为[156]

$$\frac{\partial^n \boldsymbol{F}}{\partial t^n} \approx \frac{1}{\Delta t^n} \sum_{m=-l_n}^{l_n} Q_m^n \boldsymbol{F}^m \tag{6.59}$$

其中，$l_n = [n/2]$ 表示对 $n/2$ 取整，Q_m^n 表示 n 阶中心差分式中的第 m 个中心差分参数，其中部分中心差分参数如表 6.1 所示

表 6.1　中心差分参数表

参数	n	l_n	Q_{-2}^n	Q_{-1}^n	Q_0^n	Q_1^n	Q_2^n
数值	0	0			1.0		
	2	1		-0.5	0.0	0.5	
	3	1	1.0	1.0	-2.0	1.0	
	3	2	-0.5	1.0	0.0	-1.0	0.5
	4	2	1.0	-4.0	6.0	-4.0	1.0

研究表明：对于式(6.48)第六式，当 $M=4$、$N=4$ 时 Pade 逼近算法能高精度地计算 Cole-Cole 频散介质的复相对介电常数，其兼顾精度与效率[155]。

当 $M=4$、$N=4$ 时的式(6.48)第六式可改写为如下形式

$$\sum_{m=0}^{4} \boldsymbol{K}_{1,m} \frac{\partial^m \boldsymbol{J}}{\partial t^m} + \sum_{n=0}^{4} \boldsymbol{K}_{2,n} \frac{\partial^n \boldsymbol{J}}{\partial t^n} = \sum_{m=0}^{4} \boldsymbol{K}_{3,m} \frac{\partial^m \boldsymbol{E}}{\partial t^m} \tag{6.60}$$

将式(6.60)进一步展开可得

$$\begin{aligned}
&\boldsymbol{K}_{1,0}\frac{\partial^0 \boldsymbol{J}}{\partial t^0} + \boldsymbol{K}_{1,1}\frac{\partial^1 \boldsymbol{J}}{\partial t^1} + \boldsymbol{K}_{1,2}\frac{\partial^2 \boldsymbol{J}}{\partial t^2} + \boldsymbol{K}_{1,3}\frac{\partial^3 \boldsymbol{J}}{\partial t^3} + \boldsymbol{K}_{1,4}\frac{\partial^4 \boldsymbol{J}}{\partial t^4} \\
&+ \boldsymbol{K}_{2,0}\frac{\partial^0 \boldsymbol{J}}{\partial t^0} + \boldsymbol{K}_{2,1}\frac{\partial^1 \boldsymbol{J}}{\partial t^1} + \boldsymbol{K}_{2,2}\frac{\partial^2 \boldsymbol{J}}{\partial t^2} + \boldsymbol{K}_{2,3}\frac{\partial^3 \boldsymbol{J}}{\partial t^3} + \boldsymbol{K}_{2,4}\frac{\partial^4 \boldsymbol{J}}{\partial t^4} \\
&= \boldsymbol{K}_{3,0}\frac{\partial^0 \boldsymbol{E}}{\partial t^0} + \boldsymbol{K}_{3,1}\frac{\partial^1 \boldsymbol{E}}{\partial t^1} + \boldsymbol{K}_{3,2}\frac{\partial^2 \boldsymbol{E}}{\partial t^2} + \boldsymbol{K}_{3,3}\frac{\partial^3 \boldsymbol{E}}{\partial t^3} + \boldsymbol{K}_{3,4}\frac{\partial^4 \boldsymbol{E}}{\partial t^4}
\end{aligned} \tag{6.61}$$

根据高阶差分公式式(6.59)，可推导式(6.61)中各阶时间差分格式为

$$\frac{\partial^0 \boldsymbol{F}}{\partial t^0} \approx \boldsymbol{F}^0 \tag{6.62}$$

$$\begin{aligned}
\frac{\partial^1 \boldsymbol{F}}{\partial t^1} &\approx \frac{1}{\Delta t^1} \sum_{m=-1}^{1} Q_m^1 \boldsymbol{F}^m = \frac{1}{\Delta t}\left(Q_{-1}^1 \boldsymbol{F}^{-1} + Q_0^1 \boldsymbol{F}^0 + Q_1^1 \boldsymbol{F}^1\right) \\
&= \frac{1}{\Delta t}\left(-\frac{1}{2}\boldsymbol{F}^{-1} + \frac{1}{2}\boldsymbol{F}^1\right) = \frac{\boldsymbol{F}^1 - \boldsymbol{F}^{-1}}{2\Delta t}
\end{aligned} \tag{6.63}$$

$$\begin{aligned}\frac{\partial^2 \boldsymbol{F}}{\partial t^2} &\approx \frac{1}{\Delta t^2}\sum_{m=-1}^{1} Q_m^2 \boldsymbol{F}^m = \frac{1}{\Delta t^2}(Q_{-1}^2\boldsymbol{F}^{-1} + Q_0^2\boldsymbol{F}^0 + Q_1^2\boldsymbol{F}^1)\\ &= \frac{1}{\Delta t^2}(\boldsymbol{F}^{-1} - 2\boldsymbol{F}^0 + \boldsymbol{F}^1) = \frac{\boldsymbol{F}^1 - 2\boldsymbol{F}^0 + \boldsymbol{F}^{-1}}{\Delta t^2}\end{aligned} \tag{6.64}$$

$$\begin{aligned}&\frac{\partial^3 \boldsymbol{F}}{\partial t^3} \approx \frac{1}{\Delta t^3}\sum_{m=-2}^{2} Q_m^3 \boldsymbol{F}^m = \frac{1}{\Delta t^3}(Q_{-2}^3\boldsymbol{F}^{-2} + Q_{-1}^3\boldsymbol{F}^{-1} + Q_0^3\boldsymbol{F}^0 + Q_1^3\boldsymbol{F}^1 + Q_2^3\boldsymbol{F}^2)\\ &= \frac{1}{\Delta t^3}\left(-\frac{1}{2}\boldsymbol{F}^{-2} + \boldsymbol{F}^{-1} - \boldsymbol{F}^1 + \frac{1}{2}\boldsymbol{F}^2\right) = \frac{\boldsymbol{F}^2 - 2\boldsymbol{F}^1 + 2\boldsymbol{F}^{-1} - \boldsymbol{F}^{-2}}{2\Delta t^3}\end{aligned} \tag{6.65}$$

$$\begin{aligned}&\frac{\partial^4 \boldsymbol{F}}{\partial t^4} \approx \frac{1}{\Delta t^4}\sum_{m=-2}^{2} Q_m^4 \boldsymbol{F}^m = \frac{1}{\Delta t^4}(Q_{-2}^4\boldsymbol{F}^{-2} + Q_{-1}^4\boldsymbol{F}^{-1} + Q_0^4\boldsymbol{F}^0 + Q_1^4\boldsymbol{F}^1 + Q_2^4\boldsymbol{F}^2)\\ &= \frac{1}{\Delta t^4}(\boldsymbol{F}^{-2} - 4\boldsymbol{F}^{-1} + 6\boldsymbol{F}^0 - 4\boldsymbol{F}^1 + \boldsymbol{F}^2) = \frac{\boldsymbol{F}^2 - 4\boldsymbol{F}^1 + 6\boldsymbol{F}^0 - 4\boldsymbol{F}^{-1} + \boldsymbol{F}^{-2}}{\Delta t^4}\end{aligned} \tag{6.66}$$

由式(6.62)、式(6.63)、式(6.64)、式(6.65)、式(6.66)可知，式(6.61)中涉及的各阶差分格式为

$$\begin{cases}\dfrac{\partial^0 \boldsymbol{F}}{\partial t^0} \approx \boldsymbol{F}^0,\ \dfrac{\partial^1 \boldsymbol{F}}{\partial t^1} \approx \dfrac{\boldsymbol{F}^1 - \boldsymbol{F}^{-1}}{2\Delta t},\ \dfrac{\partial^2 \boldsymbol{F}}{\partial t^2} \approx \dfrac{\boldsymbol{F}^1 - 2\boldsymbol{F}^0 + \boldsymbol{F}^{-1}}{\Delta t^2}\\ \dfrac{\partial^3 \boldsymbol{F}}{\partial t^3} \approx \dfrac{\boldsymbol{F}^2 - 2\boldsymbol{F}^1 + 2\boldsymbol{F}^{-1} - \boldsymbol{F}^{-2}}{2\Delta t^3},\ \dfrac{\partial^4 \boldsymbol{F}}{\partial t^4} \approx \dfrac{\boldsymbol{F}^2 - 4\boldsymbol{F}^1 + 6\boldsymbol{F}^0 - 4\boldsymbol{F}^{-1} + \boldsymbol{F}^{-2}}{\Delta t^4}\end{cases} \tag{6.67}$$

将式(6.67)代入式(6.48)第六式，可得

$$\begin{aligned}&\boldsymbol{K}_{1,0}\boldsymbol{J}_t + \boldsymbol{K}_{1,1}\frac{\boldsymbol{J}_{t+\Delta t} - \boldsymbol{J}_{t-\Delta t}}{2\Delta t} + \boldsymbol{K}_{1,2}\frac{\boldsymbol{J}_{t+\Delta t} - 2\boldsymbol{J}_t + \boldsymbol{J}_{t-\Delta t}}{\Delta t^2}\\ &+ \boldsymbol{K}_{1,3}\frac{\boldsymbol{J}_{t+\Delta t} - 2\boldsymbol{J}_t + 2\boldsymbol{J}_{t-2\Delta t} - \boldsymbol{J}_{t-3\Delta t}}{2\Delta t^3}\\ &+ \boldsymbol{K}_{1,4}\frac{\boldsymbol{J}_{t+\Delta t} - 4\boldsymbol{J}_t + 6\boldsymbol{J}_{t-\Delta t} - 4\boldsymbol{J}_{t-2\Delta t} + \boldsymbol{J}_{t-3\Delta t}}{\Delta t^4} + \boldsymbol{K}_{2,0}\boldsymbol{J}_t\\ &+ \boldsymbol{K}_{2,1}\frac{\boldsymbol{J}_{t+\Delta t} - \boldsymbol{J}_{t-\Delta t}}{2\Delta t} + \boldsymbol{K}_{2,2}\frac{\boldsymbol{J}_{t+\Delta t} - 2\boldsymbol{J}_t + \boldsymbol{J}_{t-\Delta t}}{\Delta t^2}\\ &+ \boldsymbol{K}_{2,3}\frac{\boldsymbol{J}_{t+\Delta t} - 2\boldsymbol{J}_t + 2\boldsymbol{J}_{t-2\Delta t} - \boldsymbol{J}_{t-3\Delta t}}{2\Delta t^3}\\ &+ \boldsymbol{K}_{2,4}\frac{\boldsymbol{J}_{t+\Delta t} - 4\boldsymbol{J}_t + 6\boldsymbol{J}_{t-\Delta t} - 4\boldsymbol{J}_{t-2\Delta t} + \boldsymbol{J}_{t-3\Delta t}}{\Delta t^4}\\ &= \boldsymbol{K}_{3,0}\boldsymbol{E}_{z,t} + \boldsymbol{K}_{3,1}\frac{\boldsymbol{E}_t - \boldsymbol{E}_{t-2\Delta t}}{2\Delta t} + \boldsymbol{K}_{3,2}\frac{\boldsymbol{E}_{z,t} - 2\boldsymbol{E}_{t-\Delta t} + \boldsymbol{E}_{t-2\Delta t}}{\Delta t^2}\\ &+ \boldsymbol{K}_{3,3}\frac{\boldsymbol{E}_t - 2\boldsymbol{E}_{t-\Delta t} + 2\boldsymbol{E}_{t-3\Delta t} - \boldsymbol{E}_{t-4\Delta t}}{2\Delta t^3}\\ &+ \boldsymbol{K}_{3,4}\frac{\boldsymbol{E}_t - 4\boldsymbol{E}_{t-\Delta t} + 6\boldsymbol{E}_{t-2\Delta t} - 4\boldsymbol{E}_{t-3\Delta t} + \boldsymbol{E}_{t-4\Delta t}}{\Delta t^4}\end{aligned} \tag{6.68}$$

将式(6.68)进一步整理可得

$$
\begin{aligned}
&\left(\frac{\boldsymbol{K}_{1,1}}{2\Delta t}+\frac{\boldsymbol{K}_{1,2}}{\Delta t^2}+\frac{\boldsymbol{K}_{1,3}}{2\Delta t^3}+\frac{\boldsymbol{K}_{1,4}}{\Delta t^4}+\frac{\boldsymbol{K}_{2,1}}{2\Delta t}+\frac{\boldsymbol{K}_{2,2}}{\Delta t^2}+\frac{\boldsymbol{K}_{2,3}}{2\Delta t^3}+\frac{\boldsymbol{K}_{2,4}}{\Delta t^4}\right)\boldsymbol{J}_{t+\Delta t}= \\
&-\left(\boldsymbol{K}_{1,0}-2\frac{\boldsymbol{K}_{1,2}}{\Delta t^2}-\frac{\boldsymbol{K}_{1,3}}{\Delta t^3}-4\frac{\boldsymbol{K}_{1,4}}{\Delta t^4}+\boldsymbol{K}_{2,0}-2\frac{\boldsymbol{K}_{2,2}}{\Delta t^2}-\frac{\boldsymbol{K}_{2,3}}{\Delta t^3}-4\frac{\boldsymbol{K}_{2,4}}{\Delta t^4}\right)\boldsymbol{J}_t \\
&+\left(\frac{\boldsymbol{K}_{1,1}}{2\Delta t}-\frac{\boldsymbol{K}_{1,2}}{\Delta t^2}-6\frac{\boldsymbol{K}_{1,4}}{\Delta t^4}+\frac{\boldsymbol{K}_{2,1}}{2\Delta t}-\frac{\boldsymbol{K}_{2,2}}{\Delta t^2}-6\frac{\boldsymbol{K}_{2,4}}{\Delta t^4}\right)\boldsymbol{J}_{t-\Delta t} \\
&-\left(\frac{\boldsymbol{K}_{1,3}}{\Delta t^3}-4\frac{\boldsymbol{K}_{1,4}}{\Delta t^4}+\frac{\boldsymbol{K}_{2,3}}{\Delta t^3}-4\frac{\boldsymbol{K}_{2,4}}{\Delta t^4}\right)\boldsymbol{J}_{t-2\Delta t} \\
&+\left(\frac{\boldsymbol{K}_{1,3}}{2\Delta t^3}-\frac{\boldsymbol{K}_{1,4}}{\Delta t^4}+\frac{\boldsymbol{K}_{2,3}}{2\Delta t^3}-\frac{\boldsymbol{K}_{2,4}}{\Delta t^4}\right)\boldsymbol{J}_{t-3\Delta t} \\
&+\left(\boldsymbol{K}_{3,0}+\frac{\boldsymbol{K}_{3,1}}{2\Delta t}+\frac{\boldsymbol{K}_{3,2}}{\Delta t^2}+\frac{\boldsymbol{K}_{3,3}}{2\Delta t^3}+\frac{\boldsymbol{K}_{3,4}}{\Delta t^4}\right)\boldsymbol{E}_t \\
&-\left(2\frac{\boldsymbol{K}_{3,2}}{\Delta t^2}+\frac{\boldsymbol{K}_{3,3}}{\Delta t^3}+4\frac{\boldsymbol{K}_{3,4}}{\Delta t^4}\right)\boldsymbol{E}_{t-\Delta t}-\left(\frac{\boldsymbol{K}_{3,1}}{2\Delta t}-\frac{\boldsymbol{K}_{3,2}}{\Delta t^2}-6\frac{\boldsymbol{K}_{3,4}}{\Delta t^4}\right)\boldsymbol{E}_{t-2\Delta t} \\
&+\left(\frac{\boldsymbol{K}_{3,3}}{\Delta t^3}-4\frac{\boldsymbol{K}_{3,4}}{\Delta t^4}\right)\boldsymbol{E}_{t-3\Delta t}-\left(\frac{\boldsymbol{K}_{3,3}}{2\Delta t^3}-\frac{\boldsymbol{K}_{3,4}}{\Delta t^4}\right)\boldsymbol{E}_{t-4\Delta t}
\end{aligned}
\tag{6.69}
$$

综合式(6.48)各式的时间离散公式，可得式(6.48)对应的时间离散方程为

$$
\begin{cases}
\dfrac{\boldsymbol{M}}{\Delta t^2}\boldsymbol{Q}_{t+\Delta t}=\dfrac{2\boldsymbol{M}}{\Delta t^2}\boldsymbol{Q}_t-\dfrac{\boldsymbol{M}}{\Delta t^2}\boldsymbol{Q}_{t-\Delta t}+\boldsymbol{K}_1\boldsymbol{P}_{x,t}+\boldsymbol{K}_2\boldsymbol{P}_{z,t}-\boldsymbol{K}\boldsymbol{E}_t \\
\left(\dfrac{\boldsymbol{C}_{x1}}{\Delta t^2}+\dfrac{\boldsymbol{C}_{x2}}{2\Delta t}+\dfrac{1}{4}\boldsymbol{C}_{x3}\right)\boldsymbol{P}_{x,t+\Delta t}=\left(\dfrac{2\boldsymbol{C}_{x1}}{\Delta t^2}-\dfrac{1}{2}\boldsymbol{C}_{x3}\right)\boldsymbol{P}_{x,t} \\
-\left(\dfrac{\boldsymbol{C}_{x1}}{\Delta t^2}-\dfrac{\boldsymbol{C}_{x2}}{2\Delta t}+\dfrac{1}{4}\boldsymbol{C}_{x3}\right)\boldsymbol{P}_{x,t-\Delta t}+\left(\dfrac{\boldsymbol{C}_{x4}}{\Delta t^2}+\dfrac{\boldsymbol{C}_{x5}}{2\Delta t}+\dfrac{1}{4}\boldsymbol{C}_{x6}\right)\boldsymbol{E}_{t+\Delta t} \\
-\left(\dfrac{2\boldsymbol{C}_{x4}}{\Delta t^2}-\dfrac{\boldsymbol{C}_{x6}}{2}\right)\boldsymbol{E}_t+\left(\dfrac{\boldsymbol{C}_{x4}}{\Delta t^2}-\dfrac{\boldsymbol{C}_{x5}}{2\Delta t}+\dfrac{1}{4}\boldsymbol{C}_{x6}\right)\boldsymbol{E}_{t-\Delta t} \\
\left(\dfrac{\boldsymbol{C}_{z1}}{\Delta t^2}+\dfrac{\boldsymbol{C}_{z2}}{2\Delta t}+\dfrac{1}{4}\boldsymbol{C}_{z3}\right)\boldsymbol{P}_{z,t+\Delta t}=\left(\dfrac{2\boldsymbol{C}_{z1}}{\Delta t^2}-\dfrac{1}{2}\boldsymbol{C}_{z3}\right)\boldsymbol{P}_{z,t} \\
-\left(\dfrac{\boldsymbol{C}_{z1}}{\Delta t^2}-\dfrac{\boldsymbol{C}_{z2}}{2\Delta t}+\dfrac{1}{4}\boldsymbol{C}_{z3}\right)\boldsymbol{P}_{z,t-\Delta t}+\left(\dfrac{\boldsymbol{C}_{z4}}{\Delta t^2}+\dfrac{\boldsymbol{C}_{z5}}{2\Delta t}+\dfrac{1}{4}\boldsymbol{C}_{z6}\right)\boldsymbol{E}_{t+\Delta t} \\
-\left(\dfrac{2\boldsymbol{C}_{z4}}{\Delta t^2}-\dfrac{1}{2}\boldsymbol{C}_{z6}\right)\boldsymbol{E}_t+\left(\dfrac{\boldsymbol{C}_{z4}}{\Delta t^2}-\dfrac{\boldsymbol{C}_{z5}}{2\Delta t}+\dfrac{1}{4}\boldsymbol{C}_{z6}\right)\boldsymbol{E}_{t-\Delta t} \\
\left(\dfrac{\boldsymbol{C}_1}{\Delta t^2}+\dfrac{\boldsymbol{C}_2}{2\Delta t}+\dfrac{1}{4}\boldsymbol{C}_3\right)\boldsymbol{R}_{t+\Delta t}=\left(\dfrac{2\boldsymbol{C}_1}{\Delta t^2}-\dfrac{1}{2}\boldsymbol{C}_3\right)\boldsymbol{R}_t \\
-\left(\dfrac{\boldsymbol{C}_1}{\Delta t^2}-\dfrac{\boldsymbol{C}_2}{2\Delta t}+\dfrac{1}{4}\boldsymbol{C}_3\right)\boldsymbol{R}_{t-\Delta t}+\left(\dfrac{\boldsymbol{M}}{\Delta t^2}+\dfrac{\boldsymbol{C}_4}{2\Delta t}+\dfrac{1}{4}\boldsymbol{C}_5\right)\boldsymbol{Q}_{t+\Delta t} \\
-\left(\dfrac{2\boldsymbol{M}}{\Delta t^2}-\dfrac{1}{2}\boldsymbol{C}_5\right)\boldsymbol{Q}_t+\left(\dfrac{\boldsymbol{M}}{\Delta t^2}-\dfrac{\boldsymbol{C}_5}{2\Delta t}+\dfrac{1}{4}\boldsymbol{C}_5\right)\boldsymbol{Q}_{t-\Delta t}
\end{cases}
\tag{6.70-1}
$$

$$
\left\{
\begin{aligned}
&\frac{\boldsymbol{C}_6}{2\Delta t}\boldsymbol{E}_{t+\Delta t} = -\boldsymbol{C}_7\boldsymbol{E}_t + \frac{\boldsymbol{C}_6}{2\Delta t}\boldsymbol{E}_{t-\Delta t} + \frac{\boldsymbol{M}}{2\Delta t}\boldsymbol{R}_{t+\Delta t} \\
&-\frac{\boldsymbol{M}}{2\Delta t}\boldsymbol{R}_{t-\Delta t} - \frac{\boldsymbol{M}}{2\Delta t}\boldsymbol{J}_{t+\Delta t} + \frac{\boldsymbol{M}}{2\Delta t}\boldsymbol{J}_{t-\Delta t} \\
&\left(\frac{\boldsymbol{K}_{1,1}}{2\Delta t} + \frac{\boldsymbol{K}_{1,2}}{\Delta t^2} + \frac{\boldsymbol{K}_{1,3}}{2\Delta t^3} + \frac{\boldsymbol{K}_{1,4}}{\Delta t^4} + \frac{\boldsymbol{K}_{2,1}}{2\Delta t} + \frac{\boldsymbol{K}_{2,2}}{\Delta t^2} + \frac{\boldsymbol{K}_{2,3}}{2\Delta t^3} + \frac{\boldsymbol{K}_{2,4}}{\Delta t^4}\right)\boldsymbol{J}_{t+\Delta t} = \\
&-\left(\boldsymbol{K}_{1,0} - 2\frac{\boldsymbol{K}_{1,2}}{\Delta t^2} - \frac{\boldsymbol{K}_{1,3}}{\Delta t^3} - 4\frac{\boldsymbol{K}_{1,4}}{\Delta t^4} + \boldsymbol{K}_{2,0} - 2\frac{\boldsymbol{K}_{2,2}}{\Delta t^2} - \frac{\boldsymbol{K}_{2,3}}{\Delta t^3} - 4\frac{\boldsymbol{K}_{2,4}}{\Delta t^4}\right)\boldsymbol{J}_t \\
&+\left(\frac{\boldsymbol{K}_{1,1}}{2\Delta t} - \frac{\boldsymbol{K}_{1,2}}{\Delta t^2} - 6\frac{\boldsymbol{K}_{1,4}}{\Delta t^4} + \frac{\boldsymbol{K}_{2,1}}{2\Delta t} - \frac{\boldsymbol{K}_{2,2}}{\Delta t^2} - 6\frac{\boldsymbol{K}_{2,4}}{\Delta t^4}\right)\boldsymbol{J}_{t-\Delta t} \\
&-\left(\frac{\boldsymbol{K}_{1,3}}{\Delta t^3} - 4\frac{\boldsymbol{K}_{1,4}}{\Delta t^4} + \frac{\boldsymbol{K}_{2,3}}{\Delta t^3} - 4\frac{\boldsymbol{K}_{2,4}}{\Delta t^4}\right)\boldsymbol{J}_{t-2\Delta t} \\
&+\left(\frac{\boldsymbol{K}_{1,3}}{2\Delta t^3} - \frac{\boldsymbol{K}_{1,4}}{\Delta t^4} + \frac{\boldsymbol{K}_{2,3}}{2\Delta t^3} - \frac{\boldsymbol{K}_{2,4}}{\Delta t^4}\right)\boldsymbol{J}_{t-3\Delta t} \\
&+\left(\boldsymbol{K}_{3,0} + \frac{\boldsymbol{K}_{3,1}}{2\Delta t} + \frac{\boldsymbol{K}_{3,2}}{\Delta t^2} + \frac{\boldsymbol{K}_{3,3}}{2\Delta t^3} + \frac{\boldsymbol{K}_{3,4}}{\Delta t^4}\right)\boldsymbol{E}_t \\
&-\left(2\frac{\boldsymbol{K}_{3,2}}{\Delta t^2} + \frac{\boldsymbol{K}_{3,3}}{\Delta t^3} + 4\frac{\boldsymbol{K}_{3,4}}{\Delta t^4}\right)\boldsymbol{E}_{t-\Delta t} - \left(\frac{\boldsymbol{K}_{3,1}}{2\Delta t} - \frac{\boldsymbol{K}_{3,2}}{\Delta t^2} - 6\frac{\boldsymbol{K}_{3,4}}{\Delta t^4}\right)\boldsymbol{E}_{t-2\Delta t} \\
&+\left(\frac{\boldsymbol{K}_{3,3}}{\Delta t^3} - 4\frac{\boldsymbol{K}_{3,4}}{\Delta t^4}\right)\boldsymbol{E}_{t-3\Delta t} - \left(\frac{\boldsymbol{K}_{3,3}}{2\Delta t^3} - \frac{\boldsymbol{K}_{3,4}}{\Delta t^4}\right)\boldsymbol{E}_{t-4\Delta t} \\
&-\left(\frac{\boldsymbol{K}_{3,1}}{2\Delta t} - \frac{\boldsymbol{K}_{3,2}}{\Delta t^2} - \frac{\boldsymbol{K}_{3,3}}{\Delta t^3} + 4\frac{\boldsymbol{K}_{3,4}}{\Delta t^4}\right)\boldsymbol{E}_{t-\Delta t} - \left(\frac{\boldsymbol{K}_{3,3}}{2\Delta t^3} - \frac{\boldsymbol{K}_{3,4}}{\Delta t^4}\right)\boldsymbol{E}_{t-2\Delta t}
\end{aligned}
\right.
\tag{6.70-2}
$$

6.4 数值算例

为测试 Cole-Cole 频散介质 GPR 时域有限元模拟算法及其 PML 边界条件的正确性和有效性，分析 GPR 高频电磁波在 Cole-Cole 频散介质中的传播特征，建立了 Cole-Cole 频散介质 Ⅰ 与 Cole-Cole 频散介质 Ⅱ 两种频散介质。Cole-Cole 频散介质 Ⅰ 的相对介电常数 $\varepsilon_r^0 = 6$、$\varepsilon_r^\infty = 4$，电导率 σ=0. 0001 s/m，弛豫时间 τ=80 ps，衰减因子 $\beta = 0.7$；Cole-Cole 频散介质 Ⅱ 的相对介电常数 $\varepsilon_r^0 = 10$、$\varepsilon_r^\infty = 8$，电导率 σ=0. 0005 s/m，弛豫时间 τ=110 ps，衰减因子 $\beta = 0.8$。两种 Cole-Cole 频散介质的复相对介电常数随频率的变化曲线如图 6. 1 所示，Pade 近似算法(Pade 逼近阶次均为 4)的计算结果在 GPR 探测频率范围(0. 01 ~100 GHz)内，与真实 Cole-Cole 频散介质复相对介电常数非常拟合，如图 6. 1(a)和图 6. 1(b)所示。当频率趋近于 0 时，Cole-Cole 频散介质 Ⅰ 的相对介电常数稳定于 6，当频率趋近于无穷大时，其相对介电常数稳定于 4，如

图 6.1(a)所示；当频率趋近于 0 时，Cole-Cole 频散介质Ⅱ的相对介电常数稳定于 10，当频率趋近于无穷大时，其相对介电常数稳定于 8，如图 6.1(b)所示。可见，构建的 Pade 逼近算法可有效用于估计 Cole-Cole 频散介质的复相对介电常数且精度较高。

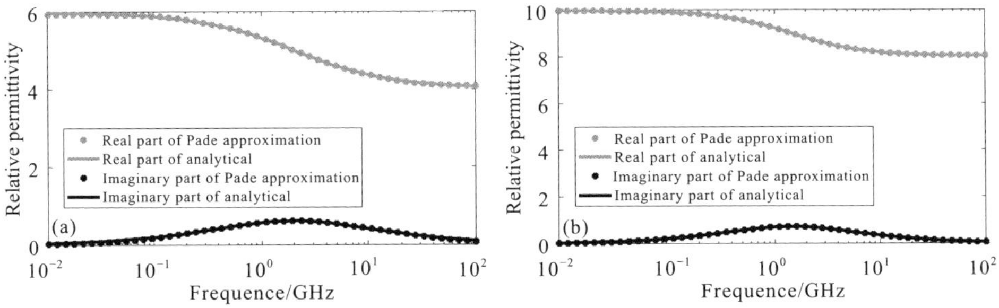

图6.1 Pade逼近算法估计的Cole-Cole频散介质Ⅰ(a)和Cole-Cole频散介质Ⅱ(b)的相对介电常数与解析解对比图

6.4.1 CFS-PML 边界条件吸收效果分析

为分析构建的 Cole-Cole 频散介质时域有限元模拟的 CFS-PML 边界条件的有效性，将图 4.2 所示的狭长型均匀介质模型设置为 Cole-Cole 频散介质Ⅰ，其他几何参数与计算参数与图 4.2 中相同。利用基于 PML 边界条件和 CFS-PML 边界条件的 Cole-Cole 频散介质 GPR 时域有限元法进行计算，获得的 15 ns 和 20 ns 时刻的波场快照如图 6.2 所示。PML 边界条件下 Cole-Cole 频散介质中的波场快照如图 6.2(a)、图 6.2(b)所示，高频电磁波在靠近 PML 边界层上方时，由于 PML 边界条件对掠射波与低频反射波的吸收效果不好，出现肉眼可见的低频反射波，如图 6.2(b)中白色箭头所示；从图 6.2(e)、图 6.2(f)所示的非频散介质中的波场快照中可更明显地看到这个现象，由于高频电磁波在非频散介质中传播时能量衰减较弱，电磁波在传播至 15 ns 时已经可以观测到明显的低频反射波，且低频反射波能量随着掠射波角度与传播距离的变大而不断增强，严重影响了波前面形状，降低了模拟精度。CFS-PML 边界条件下 Cole-Cole 频散介质与非频散介质中的波场快照中未出现较为明显的低频反射波，如图 6.2(c)、图 6.2(d)、图 6.2(g)、图 6.2(h)所示，可见 CFS-PML 边界条件对低频反射波吸收效果更好，电磁波形态更完整，模拟精度更高。

图 6.3(a)和图 6.3(b)分别为基于 PML 边界条件与 CFS-PML 边界条件的 Cole-Cole 频散介质和非频散介质多偏移距 GPR 模拟剖面。对比可见，PML 边界条件下的模拟剖面中出现能量较为微弱的虚假低频反射波，特别是在远偏

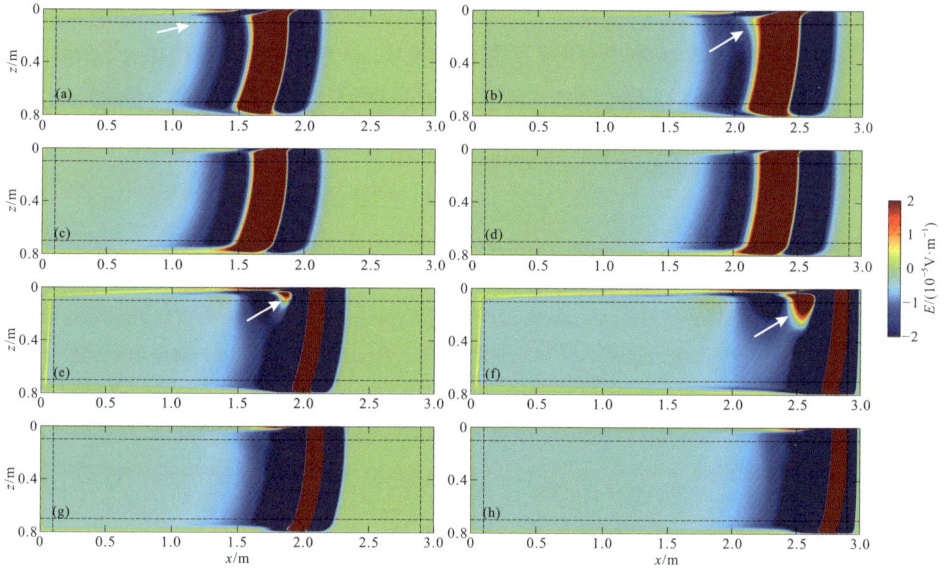

图6.2　PML与CFS-PML边界条件下Cole-Cole频散介质与非频散介质中的波场快照

(a)PML 边界条件下频散介质 15 ns；(b) PML 边界条件下频散介质 20 ns；
(c) CFS-PML 边界条件下频散介质 15 ns；(d) CFS-PML 边界条件下频散介质 20 ns；
(e) PML 边界条件下非频散介质 15 ns；(f) PML 边界条件下非频散介质 20 ns；
(g) CFS-PML 边界条件下非频散介质 15 ns；(h) CFS-PML 边界条件下非频散介质 20 ns

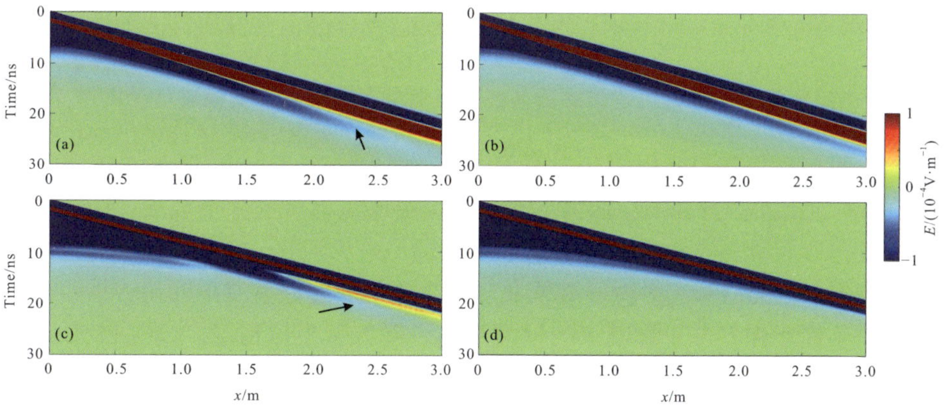

图6.3　PML与CFS-PML边界条件下Cole-Cole频散介质与非频散介质接收的多偏移距剖面

(a) PML 边界条件下频散介质；(b) CFS-PML 边界条件下频散介质；
(c) PML 边界条件下非频散介质；(d) CFS-PML 边界条件下非频散介质

移距处，如图 6.3(a)中黑色箭头所示；而 CFS-PML 边界条件下的模拟剖面中未出现明显的虚假低频反射波。对比图 6.3(c)、图 6.3(d)所示的 PML 边界条件与 CFS-PML 边界条件下非频散介质的模拟剖面可更明显地观察到此现象，这是由于高频电磁波在非频散介质中传播时能量衰减要远弱于 Cole-Cole 频散介质，从而导致非频散介质中的高频电磁波在远偏移距处会产生较强的低频反射波，如图 6.3(c)黑色箭头所示；CFS-PML 边界条件下的非频散介质 GPR 模拟剖面中未见明显的低频反射波，如图 6.3(d)所示。由此可见，CFS-PML 边界条件相比于 PML 边界条件，对 Cole-Cole 频散介质模拟中出现的低频反射波吸收效果更好。

图 6.4 是 PML 边界条件和 CFS-PML 边界条件下接收点 1 在狭长型均匀 Cole-Cole 频散介质模型中接收到的单道波形与在参考模型中接收到的单道波形对比图，其中图 6.4(a)和图 6.4(b)分别为 Cole-Cole 频散介质与非频散介质的模拟结果。参考模型的设置为将狭长模型扩大 5 倍后将激励源放至模型中心位置处，保持接收点 1、2、3 与激励源的相对位置不变，以保证在给定时窗范围内接收点接收不到来自模型截断边界处的反射波。从图 6.4(a)和图 6.4(b)中 20 ns 与 16 ns 附近的放大图中可明显看到，PML 边界条件难以有效吸收接收点 1 处接收到的低频反射波，接收点 1 所接收到的 GPR 信号与参考解拟合不好，误差较大；CFS-PML 边界条件下，接收点 1 所接收到的 GPR 信号基本与参考解吻合，几乎没有误差，可见 CFS-PML 边界条件可更有效吸收低频反射波。为定量分析 PML 边界条件与 CFS-PML 边界条件对低频反射波的吸收效果，分别提取图 6.4(a)和图 6.4(b)中波形放大图的波谷，计算 PML 边界条件与 CFS-PML 边界条件下单道波形的波谷值与参考解波谷值之差。Cole-Cole 频散介质中，PML 边界条件与 CFS-PML 边界条件产生的振幅差异分别

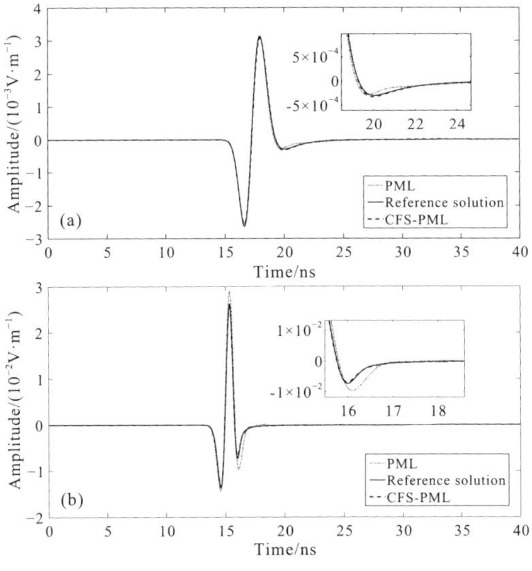

图6.4 PML和CFS-PML边界条件下Cole-Cole频散介质(a)与非频散介质(b)接收点1接收到的单道波形与参考解的对比图

约为 1. 73×10^{-4} V/m、7. 70×10^{-6} V/m；在非频散介质中，PML 与 CFS-PML 边界条件产生的振幅差异分别约为 2. 34×10^{-3} V/m、4. 43×10^{-5} V/m。可见，Cole-Cole 频散介质中远偏移距处产生的低频反射波能量要弱于非频散介质。

PML 边界条件和 CFS-PML 边界条件下，接收点 2 与接收点 3 处接收到的单道波形与参考解的单道波形对比分别如图 6. 5 与图 6. 6 所示。由于激励源设

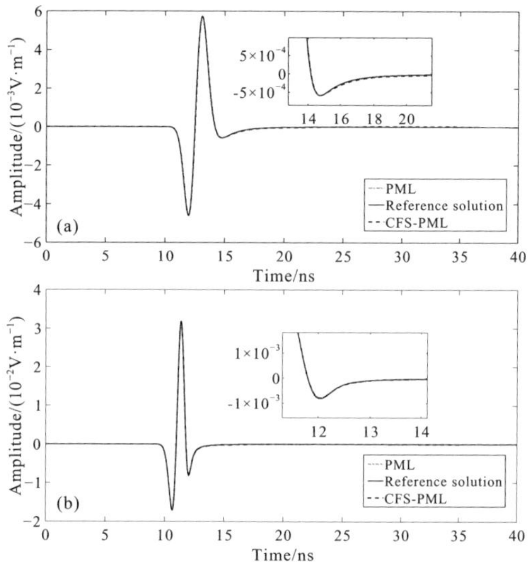

图6. 5　PML 和 CFS-PML 边界条件下 Cole-Cole 频散介质(a)与非频散介质(b)接收点 2 接收到的单道波形与参考解的对比图

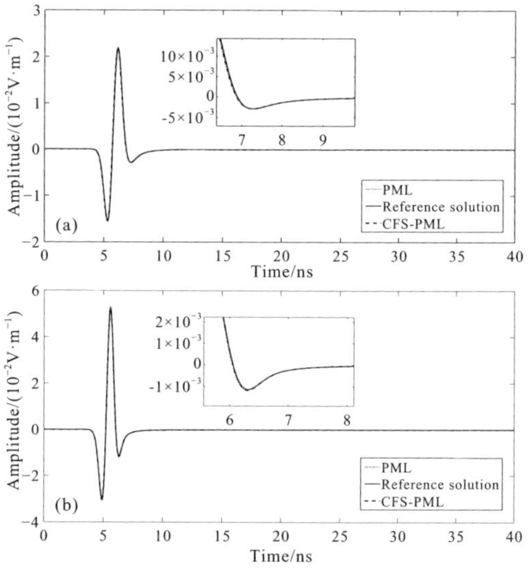

图6. 6　PML 和 CFS-PML 边界条件下 Cole-Cole 频散介质(a)与非频散介质(b)接收点 3 接收到的单道波形与参考解的对比图

置在模型左上角，因而接收点 2 与接收点 3 处接收到的信号为接近垂直入射波与小角度入射波；PML 边界条件和 CFS-PML 边界条件下，Cole-Cole 频散介质和非频散介质中接收点 2 与接收点 3 所接收到的单道波形与参考解都能很好地拟合，几乎不见误差，如图 6.5 与图 6.6 中的波形放大图所示。由此可知，PML 边界条件与 CFS-PML 边界条件均可有效吸收外行波，相比于 PML 边界条件，CFS-PML 边界对接近垂直入射波与小角度入射波的吸收并无明显的改善效果。

图 6.7 为 PML 边界条件和 CFS-PML 边界条件下狭长型均匀 Cole-Cole 频散介质和非频散介质模型中电场能量随时间衰减曲线。由图可见：0~1.9 ns 之间，激励源能量被注入计算模型中，能量急剧增加；1.9 ns 时刻后，电磁波传播至 PML 层上侧与左侧，部分电磁波开始被 PML 层吸收，电场能量缓慢下降；约 5.4 ns 后，非频散介质中的电场能量下降速度变快，这是由于此时电磁波传播至 PML 与 CFS-PML 匹配层下侧所致；由于电磁波在 Cole-Cole 频散介质中传播速度更慢，该现象在约 6.3 ns 才出现；电磁波在非频散介质中传播 21.6 ns 后，遇到右侧 PML 与 CFS-PML 匹配层，电磁波能量下降速度再次提高；Cole-Cole 频散介质中，该现象出现在约 24.5 ns；电磁波传播至约 40 ns，非频散介质中的电场能量下降约 7 个数量级，Cole-Cole 频散介质中的电场能量下降约 8 个数量级。与 PML 边界条件相比，CFS-PML 边界条件下 Cole-Cole 频散介质与非频散介质中的吸收效果要远优于 PML 边界条件，相比于非频散介质，电磁波在频散介质中衰减更快。

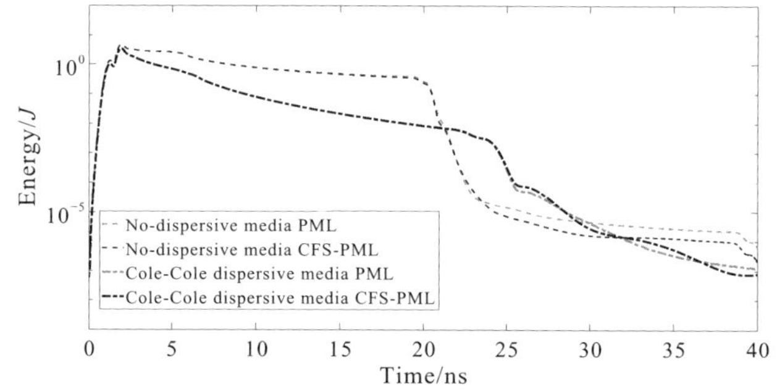

图6.7　PML边界条件与CFS-PML边界条件下Cole-Cole频散介质与非频散介质中电场能量随时间衰减曲线

6.4.2　模型算例

为进一步研究电磁波在复杂 Cole-Cole 频散介质结构中传播规律，建立一个 2.4 m×1.4 m 的起伏复杂模型，模型被深约 0.7 m 的起伏界面分为上、下两层，上层充填 Cole-Cole 频散介质Ⅰ，下层充填 Cole-Cole 频散介质Ⅱ，如

图 6.8 所示。用于非频散介质中的传播对比的非频散介质模型参数如下：非频散介质Ⅰ的相对介电常数 $\varepsilon = 4$，电导率 σ=0.0001 s/m，非频散介质Ⅱ的相对介电常数 $\varepsilon = 8$，电导率 σ=0.0005 s/m。利用 Cole-Cole 频散介质时域有限元模拟算法进行模拟时，选取中心频率为 0.6 GHz 的雷克子波作为激励源，其时间步长设置为 0.01 ns，在下层介质中存在 1 个半径为 0.05 m 的圆形空洞和一个边长为 0.1 m 的正方形空洞，圆形圆心位置为(0.7 m，0.8 m)，正方形中心位置为(1.95 m，0.95 m)。

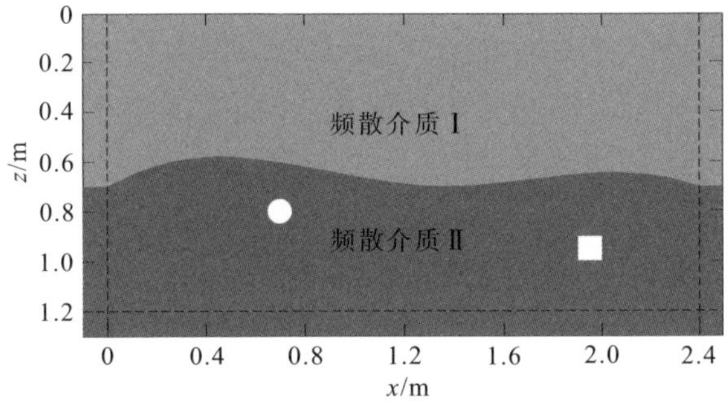

图6.8　复杂Cole-Cole频散介质模型示意图

分别将图 6.8 所示的复杂起伏界面模型进行矩形网格与三角形网格剖分，获得网格剖分示意图分别如图 6.9(a)和图 6.9(b)所示。其中，浅灰色和深灰色区域分别代表 Cole-Cole 频散介质Ⅰ和 Cole-Cole 频散介质Ⅱ，白色区域代表圆形空洞和正方形空洞，左右两侧和底部白色区域代表 CFS-PML 层。可见，三角形网格剖分结果对起伏界面剖分更细，几何离散误差更小。该模型被剖分成 28800 个矩形网格、29161 个节点，网格空间步长为 0.01 m；被三角形网格剖分时，最大网格大小为 0.01 m，共被剖分成 94688 个三角形网格、47745 个节点。

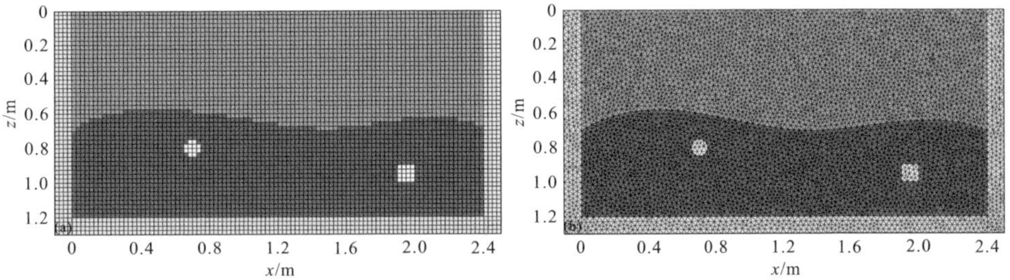

图6.9　复杂Cole-Cole频散介质模型的矩形网格(a)与非结构化三角形网格(b)剖分示意图

将激励源放置于地表中间位置(1.2 m，0.0 m)处，利用矩形网格剖分的 GPR 时域有限元模拟算法对其进行模拟计算，并与非频散介质模拟结果进行对比分析，获得 8.0 ns 和 12.0 ns 时刻的波场快照如图 6.10 所示。其中，图 6.10(a)、图 6.10(b)表示 Cole-Cole 频散介质中的 GPR 波场快照，图 6.10(c)、图 6.10(d)表示非频散介质中的 GPR 波场快照。由图 6.10(a)、图 6.10(c)可见，8.0 ns 时刻 Cole-Cole 频散介质中的电磁波刚传播到起伏分界面处，而非频散介质中的电磁波已经被起伏分界面反射回来，并产生强烈的反射波；由于下层介质的相对介电常数大于上层介质的相对介电常数，电磁波在起伏界面所产生的反射波与直达波相位相反，如图 6.10(c)所示。由图 6.10(d)中黑色箭头位置可见，圆形空洞后产生强烈的绕射波，但数值频散严重，模拟精度低。

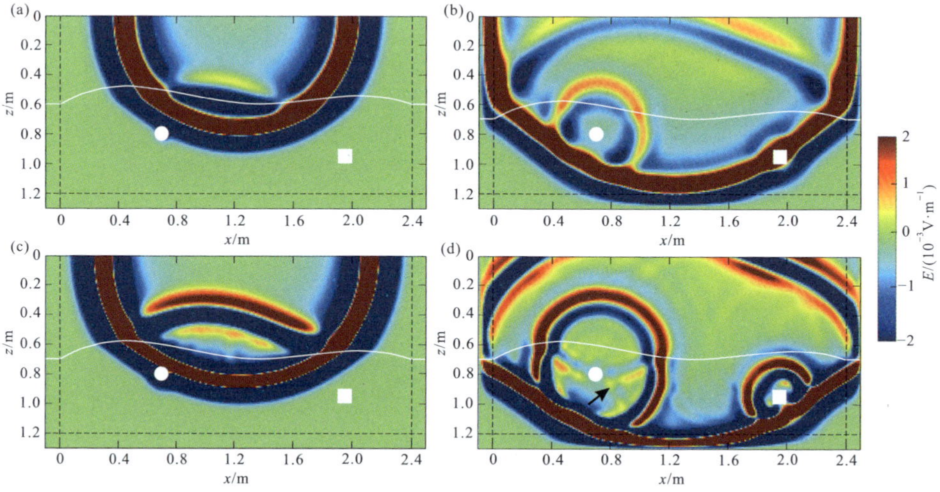

图6.10 基于矩形网格剖分的Cole-Cole频散介质与非频散介质波场快照图

(a) 频散介质 8.0 ns；(b) 频散介质 12.0 ns；(c) 非频散介质 8.0 ns；(d) 非频散介质 12.0 ns

图 6.11 为利用基于三角形网格剖分的 GPR 时域有限元模拟算法对其进行模拟计算，并与非频散介质模拟结果进行对比分析，获得 8.0 ns 和 12.0 ns 时刻的波场快照。其中，图 6.11(a)、图 6.11(b)表示电磁波在 Cole-Cole 频散介质中传播的波场快照，图 6.11(c)、图 6.11(d)表示电磁波在非频散介质中传播的波场快照。对比图 6.11 与图 6.10 可见，相比于矩形网格剖分的波场快照，基于非结构化三角形网格剖分的波场快照，其波前面更平滑，数值频散更弱，模拟精度更高。

将发射天线设置于地表(0.0 m，0.0 m)处，接收天线设置于地表(0.02 m，0 m)处，保持接收天线与发射天线相对位置不变，收发天线空间移动步长为 0.02 m，获得的剖面法 GPR 模拟剖面如图 6.12 所示。对比分析图 6.12(a)和图 6.12(b)可见，虽然可清晰地看到地下复杂起伏界面的大致形态，但在图 6.12(a)中出现可见的断开现象和杂波，如黑色箭头所示。这一现象在非频散介质模型的剖面法 GPR 模拟剖面图 6.13(a)、图 6.13(b)中表现得更加明显。图 6.13(a)可见，GPR 剖面中反射波波形下侧存在大量肉眼可见的杂波，模拟精度低，图 6.13(b)中反射波下侧更光滑且连续，数值模拟精度更高。

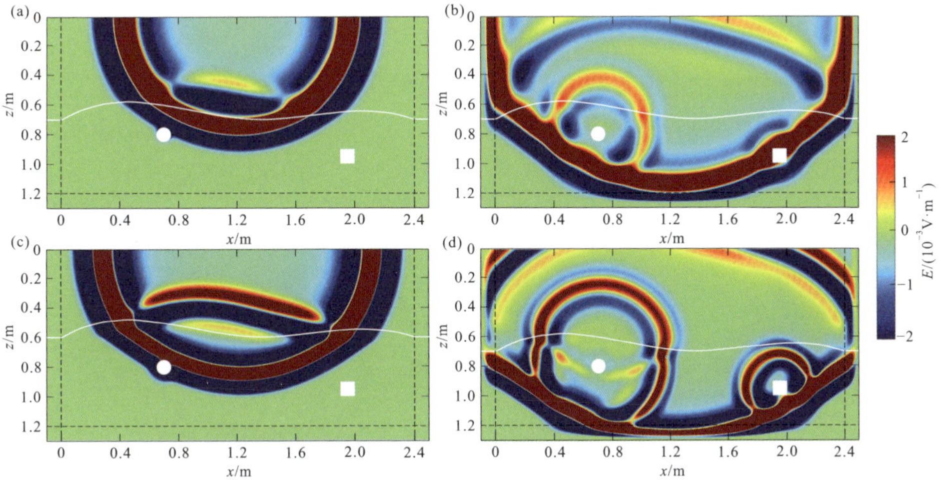

图6.11　基于三角形网格剖分的Cole-Cole频散介质与非频散介质波场快照图
(a) 频散介质 8 ns；(b) 频散介质 12 ns；(c) 非频散介质 8 ns；(d) 非频散介质 12 ns

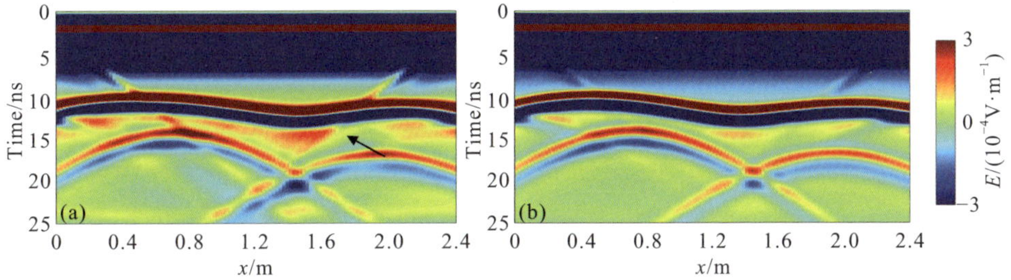

图6.12　基于矩形网格(a)与三角形网格(b)剖分的复杂Cole-Cole频散介质模型GPR模拟剖面

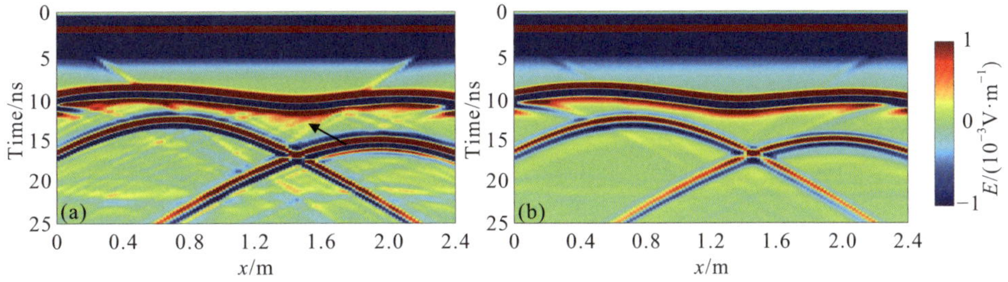

图6.13　基于矩形网格(a)与三角形网格(b)剖分的非频散介质模型GPR模拟剖面

6.5 本章小结

本章从频散介质满足 Cole-Cole 频散关系出发，采用 Pade 逼近算法将含有时间域分数阶导数的方程进行了有理数函数逼近，详细推导了频率域和时间域下的 Cole-Cole 频散介质二阶电磁波动方程；采用 Galerkin 法推导了 Cole-Cole 频散介质下电磁波动方程的弱形式，以及弱形式的空间离散和时间离散方法，构建了 Cole-Cole 频散介质 GPR 时域有限元模拟算法。在此基础上，通过合理构造辅助微分方程，推导了 Cole-Cole 频散介质二阶电磁波动方程 GPR 时域有限元模拟的非分裂 CFS-PML 边界条件实现公式及其时域有限元求解方法。数值实验结果表明：Pade 逼近算法可有效估计 Cole-Cole 频散介质中的复相关介电常数，且具有较高精度；狭长均匀 Cole-Cole 频散介质模型试验验证了 CFS-PML 边界条件对 Cole-Cole 频散介质中的大角度掠射波与低频反射波具有良好的吸收效果；复杂 GPR 模型测试结果表明，构建的 Cole-Cole 频散介质 GPR 时域有限元模拟算法可有效应用于复杂 Cole-Cole 频散介质模拟，相比于矩形网格剖分的模拟结果，三角形网格剖分的模拟结果中数值频散更弱、模拟精度更高。

第 7 章　总结与展望

本书主要开展了非频散介质、Debye 频散介质和 Cole-Cole 频散介质的 GPR 时域有限元数值模拟研究；开展了一系列典型 GPR 模型的数值模拟试验，对比分析了 PML 边界条件和 CFS-PML 边界条件吸收效果、三角形网格剖分和矩形网格剖分在提高 GPR 时域有限元模拟精度方面的优势，深入研究了 GPR 高频电磁波在频散介质和非频散介质中的传播特征。

7.1　主要研究成果及创新点

1）从麦克斯韦方程组出发，详细推导了二阶电磁波动方程；利用伽辽金法详细推导了二阶电磁波动方程的弱形式，并分别基于四边形网格、三角形网格、线性插值基函数推导了波动方程弱形式的空间离散公式及其时域有限元方程；基于中心差分法和 Newmark 差分法详细推导了时域有限元方程的时间迭代公式；给出了时域有限元模拟的稳定性条件。

2）基于复拉伸坐标系，通过合理构建辅助微分方程，避免了电磁波场的卷积计算，详细推导二阶电磁波动方程 GPR 时域有限元模拟的高效波场分裂/非分裂 PML 边界条件和 CFS-PML 边界条件实现方法及其时域有限元求解公式，并用数值算例证明了 PML 边界条件的良好吸收效果和 CFS-PML 边界条件对掠射到边界的低频虚假反射波的良好吸收效果。基于矩形网格与三角形网格的复杂 GPR 模型的时域有限元模拟结果对比分析表明，三角形网格剖分的模拟精度比矩形网格剖分的模拟精度高、数值频散更弱。

3）从频散介质满足 Debye 频散关系出发，推导了 Debye 频散介质中的二阶电磁波动方程；通过合理构造辅助微分方程，推导了 Debye 频散介质二阶电磁波动方程 GPR 时域有限元模拟的非分裂 CFS-PML 边界条件实现公式。在此基础上，用 Galerkin 法和 Newmark 差分法推导了相应的时域有限元方程及时间差分离散格式，构建了一种基于非分裂 CFS-PML 边界条件的 Debye 频散介质 GPR 时域有限元模拟算法。狭长均匀 Debye 频散介质模型验证了 CFS-PML 边界条件对 Debye 频散介质中大角度掠射波与低频反射波具有良好的吸收效果；两个复杂 Debye 频散介质模型的模拟结果分析表明：相比于非频散介质，高频电磁波在频散介质中传播衰减更强、子波持续时间增大、分辨率降低、传播速度降低、直达波和反射波的主频更小。

4）从频散介质满足 Cole-Cole 频散关系出发，采用 Pade 逼近算法将含有时间域分数阶导数的方程进行了有理数函数逼近，详细推导了频率域和时间域下的 Cole-Cole 频散介质二阶电磁波动方程；采用 Galerkin 法推导了 Cole-Cole 频散介质下电磁波动方程的弱形式，以及弱形式的空间离散和时间离散方法，构建了 Cole-Cole 频散介质 GPR 时域有限元模拟算法。在此基础上，通过合理构造辅助微分方程，推导了 Cole-Cole 频散介质二阶电磁波动方程 GPR 时域有限元模拟的非分裂 CFS-PML 边界条件实现公式及其时域有限元求解方法。数值实验结果表明：Pade 逼近算法可有效估计 Cole-Cole 频散介质中的复相关介电常数，且具有较高精度；狭长均匀 Cole-Cole 频散介质模型试验验证了 CFS-PML 边界条件对 Cole-Cole 频散介质中的大角度掠射波与低频反射波具有良好的吸收效果；复杂 GPR 模型测试结果表明，构建的 Cole-Cole 频散介质 GPR 时域有限元模拟算法可有效应用于复杂 Cole-Cole 频散介质模拟，相比于矩形网格剖分的模拟结果，三角形网格剖分的模拟结果数值频散更弱、模拟精度更高。

7.2 不足之处及今后的研究工作

1）本书开展了二维频散介质 GPR 时域有限元数值模拟研究，实际 GPR 探测通常在三维空间中进行，为符合实际探测情况和指导实测资料的精确解译，开展三维 GPR 时域有限元数值模拟是后续研究工作重点。

2）本书采取线性插值基函数进行 GPR 时域有限元模拟研究，事实上，高阶拉格朗日插值基函数、小波基函数等更符合子波形态，可有效提高模拟精度。因此，将上述基函数引入频散介质 GPR 时域有限元模拟中是值得关注的问题之一。

参考文献

[1] 葛双成，邵长云．岩溶勘察中的探地雷达技术及应用[J]. 地球物理学进展，2005，20(2)：476-481.

[2] Xu X X，Wu J，Shen J Y，et al. Case study：application of GPR to detection of hidden dangers to underwater hydraulic structures[J]. Journal of Hydraulic Engineering，2006，132(1)：12-20.

[3] 刘澜波，钱荣毅．探地雷达：浅表地球物理科学技术中的重要工具[J]. 地球物理学报，2015，58(8)：2606-2617.

[4] Atef A，Zayed T，Hawari A，et al. Multi-tier method using infrared photography and GPR to detect and locate water leaks[J]. Automation in Construction，2016，61：162-170.

[5] 郭士礼，段建先，张建锋，等．探地雷达在城市道路塌陷隐患探测中的应用[J]. 地球物理学进展，2019，34(4)：1609-1613.

[6] 冯德山，王珣，戴前伟．探地雷达数值模拟及程序实现[M]. 长沙：中南大学出版社．2017.

[7] Zhou H，Sato M，Liu H. Migration velocity analysis and prestack migration of common-transmitter GPR data[J]. IEEE Transactions on Geoscience & Remote Sensing，2005，43(1)：86-91.

[8] Hansen T M，Cordua K S，Looms M C，et al. SIPPI：A Matlab toolbox for sampling the solution to inverse problems with complex prior information：Part 2—Application to crosshole GPR tomography[J]. Computers & Geosciences，2013，52：481-492.

[9] Meles G A，Van der Kruk J，Greenhalgh S A，et al. A new vector waveform inversion algorithm for simultaneous updating of conductivity and permittivity parameters from combination crosshole/borehole-to-surface GPR data[J]. IEEE Transactions on Geoscience and Remote Sensing，2010，48(9)：3391-3407.

[10] Liu Q H，Fan G X. Simulations of GPR in dispersive media using a frequency-dependent PSTD algorithm[J]. IEEE Transactions on Geoscience and Remote Sensing，1999，37(5)：2317-2324.

[11] 王洪华，戴前伟．频散介质中探地雷达有限元法正演模拟[J]. 中南大学学报(自然科学版)，2014，45(3)：790-797.

[12] Lu Y X，Peng S P，Cui X Q，et al. 3D FDTD anisotropic and dispersive modeling for GPR using rotated staggered grid method[J]. Computers&Geosciences，2020，136：1-11.

[13] Sena A R，Stoffa P L，Sen M K. Split-step Fourier migration of GPR data in lossy media

[J]. Geophysics, 2006, 71(4): K77-K91.

[14] Oden C P, Powers M H, Wright D L, et al. Improving GPR image resolution in lossy ground using dispersive migration[J]. IEEE Transactions on Geoscience and Remote Sensing, 2007, 45(8): 2492-2500.

[15] Bitri A, Grandjean G. Frequency-wavenumber modelling and migration of 2D GPR data in moderately heterogeneous dispersive media [J]. Geophysical Prospecting, 2008, 46 (3): 287-301.

[16] Deparis J, Garambois S. On the use of dispersive APVO GPR curves for thin-bed properties estimation: Theory and application to fracture characterization[J]. Geophysics, 2009, 74 (1): J1-J12.

[17] Wu Y X, Shen F, Zhang M H, et al. A novel FDTD-based3-D RTM imaging method for GPR working on dispersive medium[J]. IEEE Transactions on Geoscience and Remote Sensing, 2022, 60: 1-13.

[18] Liu H, Xing B A, Wang H H, et al. Simulation of ground penetrating radar on dispersive media by a finite element time domain algorithm[J]. Journal of Applied Geophysics, 2019, 170: 1-7.

[19] 雷建伟，方宏远，李银萍，等．基于共形辛 Euler 算法的非金属地下管道精细化高效探地雷达正演模型[J]．地球物理学报，2020，63(8)：3192-3204.

[20] Li Y, Wang N, Lei J, et al. Modeling GPR wave propagation in complex underground structures using conformal ADI-FDTD algorithm [J]. Applied Sciences, 2022, 12 (10): 793-816.

[21] 戴世坤，欧阳振崇，周印明，等．探地雷达频率域 2.5 维正演[J]．电子与信息学报，2021，43(1)：145-153.

[22] 王敏玲，王洪华．探地雷达波动方程数值模拟方法研究进展综述[J]．地球物理学进展，2018，33(5)：1974-1984.

[23] Yee K. Numerical solution of initial boundary value problems involving Maxwell's equations in isotropic media[J]. IEEE Transactions on Antennas and Propagation, 1966, 14 (3): 302-307.

[24] Chew W C, Teixeira F L, Straka M, et al. Parallel 3D PML-FDTD simulation of GPR on dispersive, inhomogeneous and conductive media[J]. IEEE Antennas and Propagation Society International Symposium, 1997, 380-383.

[25] Carcione J M. Wave propagation in anisotropic, saturated porous media: plane-wave theory and numerical simulation[J]. The Journal of the Acoustical Society of America, 1996, 99(5): 2655-2666.

[26] Irving J, Knight R. Numerical modeling of ground-penetrating radar in 2-D using MATLAB[J]. Computers and Geosciences, 2006, 32(9): 1247-1258.

[27] 冯晅，邹立龙，刘财，等．全极化探地雷达正演模[J]．地球物理学报，2011，54(2)：349-357.

[28] Warren C, Giannopoulos A, Giannakis I. An advanced GPR modelling framework: The

next generation of gprMax[C]. 2015 8th International Workshop on Advanced Ground Penetrating Radar (IWAGPR), IEEE, 2015, 1-4.
[29] Warren C, Pajewski L, Poljak D, et al. A comparison of finite-difference, finite-integration, and integral-equation methods in the time-domain for modelling ground penetrating radar antennas[C]. 2016 16th International Conference on Ground Penetrating Radar (GPR), IEEE, 2016, 1-5.
[30] Shaari A, Ahmad R S, Chew T H. Effects of antenna-target polarization and target-medium dielectric contrast on GPR signal from non-metal pipes using FDTD simulation [J]. NDT and E International, 2010, 43(5): 403-448.
[31] 舒志乐，刘新荣，刘保县，等．隧道衬砌病害探地雷达三维正演模拟及工程验证[J]. 中国铁道科学，2013，34(4)：46-53.
[32] 肖建平，吴旭东，柳建新，等．探地雷达隧道衬砌病害检测正演模拟及应用[J]. 物探化探计算技术，2017，39(4)：425-429.
[33] 郭士礼，闫飞，朱培民，等．裂缝宽度探地雷达波场响应的数值研究[J]. 地球物理学进展，2016，31(4)：1803-1808.
[34] 王欲成，王洪华，苏鹏锦，等．地下供水管线渗漏的探地雷达模拟探测试验分析[J]. 物探与化探，2023，47(3)：794-803.
[35] Liu H W, Liu H, Li B, et al. Pre-Stack Reverse Time Migration for Rugged Topography and GPU Acceleration Technology[J]. Chinese Journal of Geophysics, 2011, 54(4): 526-536.
[36] 曲英铭，黄建平，李振春，等．基于单元交错网格的变坐标系正演模拟方法在声-弹介质中的应用[J]. 石油物探，2015，54(5)：582-591.
[37] Lan H, Zhang Z, Chen J, et al. Reverse time migration from irregular surface by flattening surface topography[J]. Tectonophysics, 2014, 627: 26-37.
[38] Saenger E H, Gold N, Shapiro S A. Modeling the propagation of elastic waves using a modified finite-difference grid[J]. Wave Motion, 2000, 31(1): 77-92.
[39] Lu X L, Qian R Y, Liu L B. Ground-penetrating radar finite-difference reverse time migration from irregular surface by flattening surface topography[C]. 2016 16th International Conference on Ground Penetrating Radar, IEEE, 2016, 1-5.
[40] 张彬，戴前伟，尹小波．基于旋转交错网格的探地雷达正演数值模拟[J]. 中国有色金属学报，2015，25(7)：1943-1952.
[41] 冯德山，陈佳维，吴奇．混合 ADI-FDTD 亚网格技术在探地雷达频散媒质中的高效正演[J]. 地球物理学报，2014，57(4)：1322-1334.
[42] Diamanti N, Giannopoulos A. Implementation of ADI-FDTD subgrids in ground penetrating radar FDTD models[J]. Journal of Applied Geophysics, 2009, 67(4): 309-317.
[43] Feng D S, Dai Q W. GPR numerical simulation of full wave field based on UPML boundary condition of ADI-FDTD[J]. NDT & E International, 2011, 44(6): 495-504.
[44] Prokopidis K, Tsiboukis T. FDTD algorithm for microstrip antennas with lossy substrates using higher order schemes[J]. Electromagnetics, 2004, 24(5): 301-315.

[45] 李静，曾昭发，吴丰收，等．探地雷达三维高阶时域有限差分法模拟研究[J]. 地球物理学报，2010，53(4)：974-981.

[46] 韩晓冰，魏海亮，李奇．基于 UPML 边界条件的 LOD-FDTD 方法 GPR 波的数值模拟[J]. 西安科技大学学报，2016，36(5)：703-708.

[47] Kreiss H O，Oliger J. Comparison of accurate methods for the integration of hyperbolic equations[J]. Tellus，1972，24(3)：199-215.

[48] 李青阳，吴国忱，梁展源．基于 PML 边界的时间高阶伪谱法弹性波场模拟[J]. 地球物理学进展，2018，33(1)：228-235.

[49] 谭文卓，吴帮玉，李博，等．梯形网格伪谱法地震波场模拟[J]. 石油地球物理勘探，2020，55(6)：1282-1291.

[50] Chen H，Zhou H，Rao Y. Constant-Q wave propagation and compensation by pseudo-spectral time-domain methods[J]. Computers & Geosciences，2021，155：104861.

[51] Liu Q H. The PSTD algorithm：A time-domain method requiring only two cells per wave-length[J]. Microwave and Optical Technology Letters，1997，15(3)：158-165.

[52] Fan G X，Liu Q H，Hesthaven J S. Multidomain pseudospectral time-domain simulations of scattering by objects buried in lossy media[J]. IEEE Transactions on Geoscience and Remote sensing，2002，40(6)：1366-1373.

[53] 姜永金，毛钧杰，柴舜连．有耗媒质中 3D 目标体散射特性的 TSNU-PSTD 模拟[J]. 微波学报，2006，22(1)：9-13.

[54] Takenaka H，Wang Y，Furumura T. An efficient approach of the pseudospectral method for modelling of geometrically symmetric seismic wavefield[J]. Earth，Planets and Space，1999，51(2)：73-79.

[55] Yang B，Hesthaven J S. Multidomain pseudospectral computation of Maxwell's equations in 3-D general curvilinear coordinates[J]. Applied Numerical Mathematics，2000，33(1-4)：281-289.

[56] Tang Z，Liu Q H. The 2. 5 D FDTD and Fourier PSTD methods and applications[J]. Microwave and optical Technology letters，2003，36(6)：430-436.

[57] 李展辉，黄清华，王彦宾．三维错格时域伪谱法在频散介质井中雷达模拟中的应用[J]. 地球物理学报，2009，52(7)：1915-1922.

[58] Huang Q H，Wang Y B，Li Z H. A parallel 3-D staggered grid pseudospectral time domain method for ground-penetrating radar wave simulation[J]. Journal of Geophysical Research，Solid Earth，2010，115(B12)：1-13.

[59] 李展辉，黄清华，王彦宾．三维错格并行时域伪谱法模拟探地雷达[C]. 中国地球物理学会第二十六届年会暨中国地震学会第十三次学术大会，2010，685-685.

[60] Long G，Tian G，Jiang J. Accelerating three-dimensional electromagnetic wave modeling in dispersive media with staggered-grid fourier pseudospectral method on graphics processing unit [C]. 2012 14th International Conference on Ground Penetrating Radar (GPR)，IEEE，2012，204-208.

[61] 方宏远，林皋．基于辛算法模拟探地雷达在复杂地电模型中的传播[J]. 地球物理学

报，2013，56(2)：653-659.
[62] Zarei S，Oskooi B，Amini N，et al. 2D spectral element modeling of GPR wave propagation in inhomogeneous media[J]. Journal of Applied Geophysics，2016，133：92-97.
[63] 底青云，王妙月．雷达波有限元仿真模拟[J]. 地球物理学报，1999，42(6)：818-825.
[64] 冯德山，陈承申，王洪华．基于混合边界条件的有限单元法 GPR 正演模拟[J]. 地球物理学报，2012，55(11)：3774-3785.
[65] 冯德山，王洪华，戴前伟．基于无单元 Galerkin 法探地雷达正演模拟[J]. 地球物理学报，2013，56(1)：298-308.
[66] 王洪华．探地雷达二维无单元法正演模拟[D]. 长沙：中南大学．2012.
[67] 徐世浙．地球物理中的有限单元法[M]. 北京：科学出版社．1994.
[68] Padovani E，Priolo E，Seriani G. Low and high order finite element method：experience in seismic modeling[J]. Journal of Computational Acountics，1994，2：371-422.
[69] 周辉，徐世浙，刘斌，等．各向异性介质中波动方程有限元法模拟及其稳定性[J]. 地球物理学报，1997，(6)：833-841.
[70] Zhang J F，Verschuur D J. Elastic wave propagation in heterogeneous anisotropic media using the lumped finite-element method[J]. Geophysics，2002，67(2)：625-638.
[71] Gurel L，Oguz U. Three-dimensional FDTD modeling of a ground-penetrating radar[J]. IEEE Transactions on Geoscience and Remote Sensing，2000，38(4)：1513-1521.
[72] Giannakis I，Giannopoulos A，Warren C. A realistic FDTD numerical modeling framework of ground penetrating radar for landmine detection[J]. IEEE Journal of Selected Topics in Applied Earth Observations and Remote Sensing，2016，9(1)：37-51.
[73] Wei X K，Zhang X Q，Diamanti N，et al. Subgridded FDTD modeling of ground penetrating radar scenarios beyond the courant stability limit[J]. IEEE Transactions on Geoscience and Remote Sensing，2017，55(12)：7189-7198.
[74] Di Q，Wang M. Migration of ground-penetrating radar data with a finite-element method that considers attenuation and dispersion[J]. Geophysics，2004，69(2)：472-477.
[75] Di Q Y，Zhang M G，Wang M Y. Time-domain in version of GPR data containing attenuation due to conductive losses[J]. Geophysics，2006，71(5)：K103-K109.
[76] Diaz Angulo L D，Alvarez J，Garcia S G，et al. Discontinuous Galerkin time-domain method for GPR simulation of conducting objects[J]. Near Surface Geophysics，2011，9(3)：257-264.
[77] 冯德山，王珣．区间 B 样条小波有限元 GPR 模拟双相随机混凝土介质[J]. 地球物理学报，2016，59(8)：3098-3109.
[78] 王洪华，吕玉增，王敏玲，等．基于 PML 边界条件的二阶电磁波动方程 GPR 时域有限元模拟[J]. 地球物理学报，2019，62(5)：1929-1941.
[79] 沈飚，孙忠良，曲孝良．探地雷达波波动方程研究及其正演模拟[J]. 东南大学学报(自然科学版)，1994，24(2)：114-117.
[80] 底青云，许琨，王妙月．衰减雷达波有限元偏移[J]. 地球物理学报，2000，43(2)：

257-263.
[81] 谢辉，钟燕辉，蔡迎春．电磁场有限元法在 GPR 正演模拟中的应用[J]. 河南科学，2003，21(3)：295-298.
[82] Arias P，Armesto J，Di-Capua D，et al. Digital photogrammetry，GPR and computational analysis of structural damages in a mediaeval bridge[J]. Engineering Failure Analysis，2007，14(8)：1444-1457.
[83] Lubowiecka I，Armesto J，Arias P，et al. Historic bridge modelling using laser scanning，ground penetrating radar and finite element methods in the context of structural dynamics[J]. Engineering Structures，2009，31(11)：2667-2676.
[84] 陈承申，冯德山．探地雷达有限元数值模拟及衰减特性探讨[J]. 物探化探计算技术，2014，36(2)：152-157.
[85] 戴前伟，王洪华，冯德山，等．基于三角形剖分的复杂 GPR 模型有限元法正演模拟[J]. 中南大学学报(自然科学版)，2012，43(7)：2668-2673.
[86] 杜华坤，冯德山，汤井田．基于 Delaunay 三角形的非结构化有限元 GPR 正演[J]. 中南大学学报(自然科学版)，2015，46(4)：1326-1334.
[87] Cui F，Dong G，Chen Y，et al. Numerical modeling and data signal analysis of GPR array based on dual-field domain-decomposition time-domain finite element method[J]. Journal of Applied Geophysics，2023，208：1-15.
[88] 戴前伟，王洪华，冯德山，等．基于双二次插值的探地雷达有限元数值模拟[J]. 地球物理学进展，2012，27(2)：736-743.
[89] 冯德山，杨炳坤，王珣，等．Daubechies 小波有限元求解 GPR 波动方程[J]. 地球物理学报，2016，59(1)：342-354.
[90] 冯德山，杨道学，王珣．插值小波尺度法探地雷达数值模拟及四阶 Runge Kutta 辅助微分方程吸收边界条件[J]. 物理学报，2016，65(23)：109-119.
[91] Feng D S，Zhang H，Wang X. Second-generation wavelet finite element based on the lifting scheme for GPR simulation[J]. Applied Geophysics，2020，17(1)：143-153.
[92] Lu T，Cai W，Zhang P. Discontinuous Galerkin time-domain method for GPR simulation in dispersive media[J]. IEEE Transactions on Geoscience and Remote Sensing，2005，43(1)：72-80.
[93] Gedney S D，Young J C，Kramer T C，et al. A discontinuous Galerkin finite element time-domain method modeling of dispersive media[J]. IEEE Transactions on Antennas and Propagation，2012，60(4)：1969-1977.
[94] Giannopoulos A. Modelling ground penetrating radar by GprMax[J]. Construction and Building Materials，2005，19(10)：755-762.
[95] Drossaert F H，Giannopoulos A. A nonsplit complex frequency-shifted PML based on recursive integration for FDTD modeling of elastic waves[J]. Geophysics，2007，72(2)：T9-T17.
[96] Li J，Zeng Z F，Huang L，et al. GPR simulation based on complex frequency shifted recursive integration PML boundary of 3D high order FDTD[J]. Computers and Geosci-

ences，2012，49：121-130.
[97] 张彬，戴前伟，尹小波，等．衰减夹层 GPR 模拟的时频域全局反射误差[J]. 地球物理学报，2017，60(3)：1168-1178.
[98] Clayton R，Engquist B. Absorbing boundary conditions for acoustic and elastic wave equations[J]. Bulletin of the Seismological Society of America，1977，67(6)：1529-1540.
[99] Engquist B，Majda A. Absorbing boundary conditions for numerical simulation of waves[J]. Proceedings of the National Academy of Sciences，1977，74(5)：1765-1766.
[100] Sarma G S，Mallick K，Gadhinglajkar V R. Nonreflecting boundary condition in finite-element formulation for an elastic wave equation[J]. Geophysics，1998，63(3)：1006-1016.
[101] Mur G. Absorbing boundary conditions for the finite-difference approximation of the time-domain electromagnetic-field equations[J]. IEEE Transactions on Electromagnetic Compatibility，1981，23(4)：377-382.
[102] Mur G. The modeling of singularities in the finite-difference approximation of the time-domain electromagnetic-field equations[J]. IEEE Transactions on Microwave Theory and Techniques，1981，29(10)：1073-1077.
[103] Berenger J P. A perfectly matched layer for the absorption of electromagnetic waves[J]. Journal of Computational Physics，1994，114(9)：185-200.
[104] Roberts R L，Daniels J J. Modeling near-field GPR in three dimensions using the FDTD method[J]. Geophysics，1997，62(4)：1114-1126.
[105] Lee K H，Chen C C，Teixeira F L，et al. Modeling and investigation of a geometrically complex UWB GPR antenna using FDTD[J]. IEEE Transactions on Antennas and Propagation，2004，52(8)：1983-1991.
[106] 刘四新，曾昭发．频散介质中地质雷达波传播的数值模拟[J]. 地球物理学报，2007，50(1)：320-326.
[107] Millington T M，Cassidy N J. Optimising GPR modelling：A practical，multi-threaded approach to 3D FDTD numerical modelling[J]. Computers and Geosciences，2010，36(9)：1135-1144.
[108] Klysz G，Ferrieres X，Balayssac J P，et al. Simulation of direct wave propagation by numerical FDTD for a GPR coupled antenna[J]. NDT and E International，2006，39(4)：338-347.
[109] 李静，刘津杰，曾昭发，等．基于变换光学有限差分探地雷达数值模拟研究[J]. 地球物理学报，2016，59(6)：2280-2289.
[110] Hu Y，Egbert G，Ji Y，et al. A novel CFS-PML boundary condition for transient electromagnetic simulation using a fictitious wave domain method[J]. Radio Science，2017，52(1)：118-131.
[111] Chew W C，Liu Q H. Perfectly matched layers for elastodynamics：a new absorbing boundary condition[J]. Journal of Computational Acoustics，1996，4(4)：341-359.

[112] Sacks Z S, Kingsland D M, Lee R, et al. A perfectly matched anisotropic absorber for use as an absorbing boundary condition[J]. IEEE Transactions on Antennas and Propagation, 1995, 43(12): 1460-1463.

[113] Gedney S D. An anisotropic perfectly matched layer-absorbing medium for the truncation of FDTD lattices[J]. IEEE Transactions on Antennas and Propagation, 1996, 44(12): 1630-1639.

[114] Rappaport C M. Perfectly matched absorbing boundary conditions based on anisotropic lossy mapping of space[J]. IEEE Microwave and Guided Wave Letters, 1995, 5(3): 90-92.

[115] Bernard L, Torrado R R, Pichon L. Efficient implementation of the UPML in the generalized finite-difference time-domain method [J]. IEEE Transactions on Magnetics, 2010, 46(8): 3492-3495.

[116] Komatitsch D, Martin R. An unsplit convolutional perfectly matched layer improved at grazing incidence for the seismic wave equation[J]. Geophysics, 2007, 72(5): SM155-SM167.

[117] Kuzuoglu M, Mittra R. Frequency dependence of the constitutive parameters of causal perfectly matched anisotropic absorbers[J]. IEEE Microwave and Guided Wave Letters, 1996, 6(12): 447-449.

[118] 田坤，黄建平，李振春，等．多轴卷积完全匹配层吸收边界条件[J]. 石油地球物理勘探，2014，49(1)：143-152.

[119] Wrenger J P. Numerical reflection from FDTD-PMLs: A comparison of the split PML with the unsplit and CFS PMLs[J]. IEEE Transactions on Antennas and Propagation, 2002, 50(3): 258-265.

[120] Correia D, Jin J M. A simple and efficient implementation of CFS-PML in the FDTD analysis of periodic structures[J]. IEEE Microwave and Wireless Components Letters, 2005, 15(7): 487-489.

[121] Giannopoulos A. An improved new implementation of complex frequency shifted PML for the FDTD method[J]. IEEE Transactions on Antennas and Propagation, 2008, 56(9): 2995-3000.

[122] Roden J A, Gedney S D. Convolution PML (CPML): An efficient FDTD implementation of the CFS-PML for arbitrary media[J]. Microwave and Optical Technology Letters, 2000, 27(5): 334-339.

[123] Li J, Dai J. Modified Z-transform-based FDTD algorithm for the anisotropic perfectly matched layer[J]. International Journal of Numerical Modelling: Electronic Networks, Devices and Fields, 2008, 21(5): 279-286.

[124] 赵建国，史瑞其，陈竞一，等．黏性声波方程数值正演中的匹配 Z 变换完全匹配层吸收边界[J]. 地球物理学报，2014，57(4)：1284-1291.

[125] Feng D S, Wang X, Zhang B. Specific evaluation of tunnel lining multi-defects by all-refined GPR simulation method using hybrid algorithm of FETD and FDTD[J]. Construc-

tion and Building Materials，2018，185：220-229.
[126] 徐振旺．匹配 Z 变换完全匹配层在孔隙介质弹性波数值模拟中的应用[J]. 石油物探，2019，58(5)：661-668.
[127] Martin R，Komatitsch D. An unsplit convolutional perfectly matched layer technique improved at grazing incidence for the viscoelastic wave equation[J]. Geophysical Journal International，2009，179(1)：333-344.
[128] Basu U. Explicit finite element perfectly matched layer for transient three - dimensional elastic waves[J]. International Journal for Numerical Methods in Engineering，2009，77(2)：151-176.
[129] Matzen R. An efficient finite element time-domain formulation for the elastic second-order wave equation：A non-split complex frequency shifted convolutional PML[J]. International Journal for Numerical Methods in Engineering，2011，88(10)：951-973.
[130] Liu S，Lei L，Fu L，et al. Application of pre-stack reverse time migration based on FWI velocity estimation to ground penetrating radar data[J]. Journal of Applied Geophysics，2014，107(4)：1-7.
[131] 覃发兵，高志伟，解皓楠，等．完全匹配层在时域有限元弹性波数值模拟中的应用[J]. 石油物探，2019，58(4)：499-508.
[132] Doyon B，Giroux B. Weighted-averaging operators for accurate 2. 5D finite-difference frequency domain radar waves modeling[C]. 2018 17th International Conference on Ground Penetrating Radar（GPR），2018，1-6.
[133] Feng D S，Ding S Y，Wang X. An exact PML to truncate lattices with unstructured-mesh-based adaptive finite element method in frequency domain for ground penetrating radars imulation[J]. Journal of Applied Geophysics，2019，170：1-12.
[134] 荣波，李民权，彭猛，等．基于 FDFD 的色散介质传输特性分析[J]. 合肥工业大学学报(自然科学版)，2014，37(7)：818-821.
[135] Layek M K，Sengupta P. Erosional features identification along a recently prograding coastal barrier by ground penetrating radar facies analysis：Paradeep，Odisha，India[J]. Pure and Applied Geophysics，2019，23：121 -131.
[136] Layek M K，Sengupta P. An improved and novel approach for frequency domain forward modeling of GPR data using the finite difference staggered grid technique[J]. Pure and Applied Geophysics，2021，178：959 - 972.
[137] 王珣，朱磊，冯德山，等．最优系数有限单元法色散介质 GPR 频率域正演模拟[J]. 地球物理学报，2023，66(12)：5173-5186.
[138] Teixeira F L，Chew W C，Straka M，et al. Finite-difference time-domain simulation of ground penetrating radar on dispersive，inhomogeneous，and conductive soils[J]. IEEE Transactions on Geoscience and Remote Sensing，1998，36(6)：1928-1937.
[139] Bergmann T，Robertsson J O A，Holliger K. Finite-difference modeling of electromagnetic wave propagation in dispersive and attenuating media[J]. Geophysics，1998，63(3)：856-867.

[140] Cheng X, Shao W, Wang K, et al. Uncertainty analysis in dispersive and lossy media forground-penetrating radar modeling[J]. IEEE Antennas and Wireless Propagation Letters, 2019, 18(9): 1931-1935.

[141] ElMahgoub K, Elsherbeni A Z, Yang F. Dispersive periodic boundary conditions for finite-difference time-domain method[J]. IEEE Transactions on Antennas and Propagation, 2012, 60: 2118-2122.

[142] Gao X, Mirotznik M S, Prather D W. Dispersion-compensation techniques for the PSTD algorithm[J]. Microwave and Optical Technology Letters, 2004, 42(5): 357-361.

[143] Sha W, Huang Z X, Wu X L, et al. Application of the symplectic finite-difference time-domain scheme to electromagnetic simulation[J]. Journal of Computational Physics, 2007, 225(1): 33-50.

[144] Yang M, Fang H Y, Wang F M, et al. First-order symplectic Euler method for ground penetrating radar forward simulationsin dispersive medium[J]. Construction and Building Materials, 2021, 299: 93-98.

[145] Lei J, Fang H, Xue B, et al. A parallel conformal symplectic euler algorithm for GPR numerical simulation on dispersive media[J]. IEEE Geoscience and Remote Sensing Letters, 2022, 19: 1-5.

[146] Xu T, McMechan G A. GPR attenuation and its numerical simulation in 2. 5 dimensions [J]. Geophysics, 1997, 62(2): 403-414.

[147] Jung C H, Suh J H, Shin C S, et al. Two-dimensional GPR wave simulation in dispersive media by Cole-Cole approximation of dielectric constants[J]. Journal of Korean Institute of Mineral and Energy Resources Engineers, 1999, 36(3): 186-194.

[148] Wang T, Oristaglio M L. 3-D simulation of GPR surveys over pipes in dispersive soils [J]. Geophysics, 2000, 65(5): 1560-1568.

[149] Petropoulos P G. Onthetime-domain response of Cole-Cole dielectrics[J]. IEEE Transactions on Antennas and Propagation, 2005, 53(11): 3741-3746.

[150] Atteia G, Hussein K F A . Realistic model of dispersive soils using PLRC-FDTD with applications to GPR systems[J]. Progress in Electromagnetics Research B, 2010, 26 : 335-359.

[151] Giannakis I, Giannopoulos A, Davidson N. Incorporating dispersive electrical properties in FDTD GPR models using a general Cole-Cole dispersion function[C]. 2012 14th International Conference on Ground Penetrating Radar (GPR), Shanghai, China, 2012, 232-236.

[152] Giannakis I, Giannopoulos A, Davidson N. Realistic modelling of ground penetrating radar for landmine detection using FDTD[C]. Proceedings of the 15th International Conference on Ground Penetrating Radar, Brussels, Belgium, 2014, 954-959.

[153] 李鹏宇，王洪华，王欲成，等．探地雷达高频电磁波在频散介质中的传播特征分析[J]. 地球物理学进展，2023，38(5)：2276-2287.

[154] Chung H, Cho J, Ha S G, et al. Accurate FDTD dispersive modeling for concrete mate-

rials[J]. ETRI Journal，2013，35(5)：915-918.
[155] Rekanos I T，Papadopoulos T G. An auxiliary differential equation method for FDTD modeling of wave propagation in Cole-Cole dispersive media[J]. IEEE Transactions on Antennas and Propagation，2010，58：3666-3674.
[156] 王洪华，王敏玲，张智，等．基于 Pade 逼近的 Cole-Cole 频散介质 GPR 有限元正演[J]. 地球物理学报，2018，6l(10)：4136-4147.
[157] 曾昭发，刘四新，冯晅．探地雷达原理与应用[M]. 北京：电子工业出版社．2010.
[158] 王洪华，龚俊波，梁值欢，等．基于电磁波衰减补偿的探地雷达三维逆时偏移成像[J]. 地球物理学报，2021，64(6)：2141-2152.
[159] 冯德山，王珣．基于 GPU 并行的时间域全波形优化共轭梯度法快速 GPR 双参数反演[J]. 地球物理学报，2018，61(11)：4647-4659.
[160] 葛德彪，闫玉波．电磁波时域有限差分方法[M]. 西安：西安电子科技大学出版社．2002.
[161] 王洪华，戴前伟．基于 UPML 吸收边界条件的 GPR 有限元数值模拟[J]. 中国有色金属学报，2013，23(7)：2003-2011.
[162] 杨峰，彭苏萍．地质雷达探测原理与方法研究[M]. 北京：科学出版社．2010.
[163] 曹丹平，周建科，印兴耀．三角网格有限元法波动模拟的数值频散及稳定性研究[J]. 地球物理学报，2015，58(5)：1717-1730.
[164] 王珣，朱磊，冯德山，等．最优系数有限单元法色散介质 GPR 频率域正演模拟[J]. 地球物理学报，2023，66(12)：5173-5186.
[165] 刘有山，滕吉文，刘少林，等．稀疏存储的显式有限元三角网格地震波数值模拟及其 PML 吸收边界条件[J]. 地球物理学报，2013，56(9)：3085-3099.
[166] 刘少林，李小凡，汪文帅，等．Lax-Wendroff 集中质量有限元法地震波场模拟[J]. 石油地球物理勘探，2015，50(5)：905-911.
[167] 印兴耀，周建科，吴国忱，等．有限元算法在声波方程数值模拟中的频散分析[J]. 地震学报，2014，36(5)：944-955.
[168] Newmark N M. A method of computation for structural dynamics[J]. Journal of the Engineering Mechanics Division，1959，85(3)：67-94.
[169] 唐文，高秦，赖生华．波场分离互相关成像条件的叠前逆时偏移[J]. 石油天然气学报，2014，36(10)：59-64.
[170] Komatitsch D，Tromp J. A perfectly matched layer absorbing boundary condition for the second-order seismic wave equation[J]. Geophysical Journal International，2003，154(1)：146-153.
[171] 邢丽．地震声波数值模拟中的吸收边界条件[J]. 上海第二工业大学学报，2006，23(4)：272-278.
[172] 邢丽．PML 吸收边界条件中的角点处理方法[J]. 科学技术与工程，2011，11(16)：3769-3771.
[173] 马友能，余锦华，汪源源．二阶声场波动方程的非分裂完全匹配层算法[J]. 声学学报，2013，38(6)：681-686.

[174] Liu Y S, Liu S L, Zhang M G, et al. An improved perfectly matched layer absorbing boundary condition for second order elastic wave equation[J]. Progress in Geophysics, 2012, 27(5): 2113-2122.

[175] 周凤玺，高贝贝．多孔介质瞬态分析中非分裂 PML 及时域有限元实现[J]. 应用数学和力学，2016，37(2)：195-209.

[176] Zhao J G, Shi R Q. Perfectly matched layer-absorbing boundary condition for finite-element time-domain modeling of elastic wave equations [J]. Applied Geophysics, 2013, 10(3): 323-336.

[177] Collino F, Tsogka C. Application of the perfectly matched absorbing layer model to the linear elastodynamic problem in anisotropic heterogeneous media [J]. Geophysics, 2001, 66(1): 294-307.

[178] Ramadan O. Auxiliary differential equation formulation: an efficient implementation of the perfectly matched layer [J]. IEEE Microwave and Wireless Components Letters, 2003, 13(2): 69-71.

[179] 赵建国，史瑞其．时域有限元弹性波模拟中的位移格式完全匹配层吸收边界(英文)[J]. Applied Geophysics，2013，10(3)：323-336+359.

[180] 方修政，钮凤林．二阶声波方程非分裂式 CPML 实施新方法[J]. 中国科学：地球科学，2021，51(8)：1341-1354.

[181] 张显文，韩立国，黄玲，等．基于递归积分的复频移 PML 弹性波方程交错网格高阶差分法[J]. 地球物理学报，2009，52(7)：1800-1807.

[182] 田坤，黄建平，李振春，等．实现复频移完全匹配层吸收边界条件的递推卷积方法[J]. 吉林大学学报(地球科学版)，2013，43(3)：1022-1032.

[183] 张玉强．复杂色散介质电磁特性分析的扩展 Newmark-FDTD 方法[J]. 计算物理，2017，34(6)：673-678.

[184] Cole K S, Cole R H. Dispersion and absorption in dielectrics I. Alternating current characteristics[J]. The Journal of chemical physics, 1941, 9(4): 341-351.

[185] Rekanos I T. FDTD modeling of Havriliak-Negami media[J]. IEEE Microwave and Wireless Components Letters, 2012, 22: 49-51.

附　　录

附录 1　非频散介质模型模拟程序

```
%基于 PML 边界条件的非频散介质二阶电磁波方程时域有限元数值模拟%
%从 COMSOL 中读取网格和网格节点信息
clear
clc
global vertex_num elem_num bndr_num
global elem_node bndr_node
global x z sxz
global amp la lb sn
global sigma1
filename1='model1. mphtxt';
fid1=fopen(filename1);
SkipText=textscan(fid1,'%s',1,'Delimiter','\n','CommentStyle','//');
while(~strcmp(SkipText{1,1}{1,1},'2# sdim'))
   SkipText=textscan(fid1,'%s',1,'Delimiter','\n','CommentStyle','//');
end
LoadText=textscan(fid1,'%s', 1,'Delimiter','\n','CommentStyle','//');
spilt=strsplit(LoadText{1,1}{1,1},' ');vertex_num=str2num(spilt{1,1});
SkipText=textscan(fid1,'%s',1,'Delimiter','\n','CommentStyle','//');
while(~strcmp(SkipText{1,1}{1,1},'# Mesh vertex coordinates'))
   SkipText=textscan(fid1,'%s',1,'Delimiter','\n','CommentStyle','//');
end
x=zeros(vertex_num,1);z=zeros(vertex_num,1);
point=zeros(vertex_num,3);
for i=1:vertex_num
   xz_cord=textscan(fid1,'%f%f',1,'Delimiter','\n','CommentStyle','//');
   x(i)=xz_cord{1,1};z(i)=xz_cord{1,2};
   point(i,1)=i;point(i,2)=x(i);point(i,3)=z(i);
```

```
end
SkipText=textscan(fid1,'%s',1,'Delimiter','\n','CommentStyle','//');
while(~strcmp(SkipText{1,1}{1,1},'2 # number of vertices per element'))
   SkipText=textscan(fid1,'%s',1,'Delimiter','\n','CommentStyle','//');
end
LoadText=textscan(fid1,'%s', 1,'Delimiter','\n','CommentStyle','//');
spilt=strsplit(LoadText{1,1}{1,1},' ');
bndr_num =str2num(spilt{1,1});bndr_node=zeros(bndr_num,2);
SkipText=textscan(fid1,'%s',1,'Delimiter','\n','CommentStyle','//');
for i=1:bndr_num
   bndry_line=textscan(fid1,'%d%d',1,'Delimiter','\n','CommentStyle','//');
   bndr_node(i,1)=bndry_line{1,1};bndr_node(i,2)=bndry_line{1,2};
end
bndr_node=bndr_node+1;
SkipText=textscan(fid1,'%s',1,'Delimiter','\n','CommentStyle','//');
while(~strcmp(SkipText{1,1}{1,1},'3 # number of vertices per element'))
   SkipText=textscan(fid1,'%s',1,'Delimiter','\n','CommentStyle','//');
end
LoadText=textscan(fid1,'%s', 1,'Delimiter','\n','CommentStyle','//');
spilt=strsplit(LoadText{1,1}{1,1},' ');
elem_num=str2num(spilt{1,1});elem_node=zeros(elem_num,4);
SkipText=textscan(fid1,'%s',1,'Delimiter','\n','CommentStyle','//');
for i=1:elem_num
   element=textscan(fid1,'%d%d%d',1,'Delimiter','\n','CommentStyle','//');
   elem_node(i,1)=i-1;elem_node(i,2)=element{1,1};
   elem_node(i,3)=element{1,2};elem_node(i,4)=element{1,3};
end
elem_node=elem_node+1;
SkipText=textscan(fid1,'%s',1,'Delimiter','\n','CommentStyle','//');
while(~strcmp(SkipText{1,1}{1,1},'# Geometric entity indices'))
   SkipText=textscan(fid1,'%s',1,'Delimiter','\n','CommentStyle','//');
end
elem_rho=zeros(elem_num,1);
for i=1:elem_num
   element=textscan(fid1,'%d',1,'Delimiter','\n','CommentStyle','//');
   elem_rho(i,1)=element{1,1};
```

```
end
load elem_node                          %单元对应节点编号
load elem_rho                           %单元区域划分
load point                              %节点编号对应 x，y 坐标
%读取划分区域
[A1,~]=find(elem_rho==1);[A2,~]=find(elem_rho==2);
[A3,~]=find(elem_rho==3);[A4,~]=find(elem_rho==4);
[A5,~]=find(elem_rho==5);[A6,~]=find(elem_rho==6);
[A7,~]=find(elem_rho==7);[A8,~]=find(elem_rho==8);
[A9,~]=find(elem_rho==9);[A10,~]=find(elem_rho==10);
[A11,~]=find(elem_rho==11);[A12,~]=find(elem_rho==12);
[A13,~]=find(elem_rho==13);[A14,~]=find(elem_rho==14);
left=[A1;A2;A3;A4];right=[A13;A10;A11;A12];down=[A1;A5;A10];up=[A4;A8;
A13];%PML
layer=[A1;A2;A5;A6;A10;A11];%分层
abnorm=[A9;A14];                   %异常体
[NE,~]=size(elem_node);            %存储行数，模型的单元个数
[ND,~]=size(point);                %模型的节点数
%相对介电常数
REBU1=[1/4,1/8,1];
EBU0=8. 854187817620389850536563031710750260608370166599449808...
1024171524053950954599821142852891607182008932e-12; %真空介电常数
Rsigama=[0. 0001,0. 0005,0];       %电导率
Axi=1/REBU(1)
MIU=4*pi*1e-7;                     %磁导率
freq=600. 0*10^6;                  %雷克子波的中心频率 Hz
T=40*10^(-9);                      %传播时间
tt=0. 01*10^(-9);                  %时间步长
gama=0. 5;beta=0. 25;              %控制参数
m=2;p=1;                           %调解因子
Rc=1. 0e-6;                        %理论反射系数
K0=3;Amax=1*pi*freq;               %衰减因子、频移因子
%相对介电常数与电导率、介电常数、ND 为节点数
ebu=zeros(ND,1);ebu(1:ND,1)=REBU1(1);
sigama=zeros(ND,1);sigama(1:ND,1)=Rsigama(1);
[N_1,~]=size(layer);
```

```
j1=1;
for i=1:N_1
    m1=layer(i, 1); point1=elem_node(m1, 2); point2=elem_node(m1, 3); point3=
elem_node(m1,4);
   point_1(j1,1:3)=point(point1,1:3);point_1(j1+1,1:3)=point(point2,1:3);
point_1(j1+2,1:3)=point(point3,1:3);
   j1=j1+3;
end
unique_point_1=unique(point_1,'rows','stable');
[N_unique_point_1,~]=size(unique_point_1);
for i=1:N_unique_point_1
   m2=unique_point_1(i,1);ebu1(m2,1)=REBU1(2);
   sigama(m2,1)=Rsigama(2);
end
[N_1,~]=size(abnorm);
j1=1;
for i=1:N_1
   m1=abnorm (i,1);
   point1=elem_node(m1,2);point2=elem_node(m1,3);
   point3=elem_node(m1,4);point_1(j1,1:3)=point(point1,1:3);
   point_1(j1+1,1:3)=point(point2,1:3);point_1(j1+2,1:3)=point(point3,1:3);
   j1=j1+3;
end
unique_point_1=unique(point_1,'rows','stable');
[N_unique_point_1,~]=size(unique_point_1);
for i=1:N_unique_point_1
   m2=unique_point_1(i,1);
   ebu(m2,1)=REBU1(3);
   sigama(m2,1)=Rsigama(3);
end
clear m1 N_1 point1 point2 point3 point_1 unique_point_1 N_unique_point_1 m2
%pml 边界条件
dx=zeros(1,ND);dy=zeros(1,ND);
kx=ones(1,ND);ky=ones(1,ND);
ax=zeros(1,ND);ay=zeros(1,ND);
%左右边界
```

```
j1=1;
[N_Ele_pml_1,~]=size(left);
for i=1:N_Ele_pml_1
  m1=left(i,1);                          %m1 按照顺序索引取 A1 中的值
  %m1 为单元索引，point1、2、3 为单元 m1 的三个节点
  point1=elem_node(m1,2);point2=elem_node(m1,3);point3=elem_node(m1,4);
  %节点坐标，按照 point1、2、3 的节点号索引在 point 中取值
  point_L(j1,1:3)=point(point1,1:3);point_L(j1+1,1:3)=point(point2,1:3);
  point_L(j1+2,1:3)=point(point3,1:3);
  j1=j1+3;
end
unique_point_L=unique(point_L,'rows','stable');          %所有左边界节点，去除
重复编号的节点
[N_L_Point,~]=size(unique_point_L);
Pml_L=max(unique_point_L(:,2))-min(unique_point_L(:,2));        %pml 层厚度
for i=1:N_L_Point
  m2=unique_point_L(i,1);                       %左边界所有节点编号
  mx=unique_point_L(i,2);                       %x 轴坐标
%电磁波在左边界处传播时是沿 x 轴方向传播的，(max(unique_point_L(:,2))-
mx)=x(节点到 pml 内界面的距离)
dx(1,m2)=(m+1). *log(Rc)*(1/sqrt(Axi *EBU0*MIU))/(2*(Pml_L))*. . .
((max(unique_point_L(:,2))-mx)/(Pml_L))^m;%衰减系数
  kx(1,m2)=1+(K0-1)*(((max(unique_point_L(:,2))-mx))/(Pml_L))^m; %收缩因子
  ax(1,m2)=Amax. *(1-((max(unique_point_L(:,2))-mx)/(Pml_L))^p); %频移因子
end
%左右边界
j1=1;
[N_Ele_pml_7,~]=size(right);
for i=1:N_Ele_pml_7
  m1=right(i,1);
  point1=elem_node(m1,2);point2=elem_node(m1,3);point3=elem_node(m1,4);
  point_R(j1,1:3)=point(point1,1:3);point_R(j1+1,1:3)=point(point2,1:3);
  point_R(j1+2,1:3)=point(point3,1:3);
  j1=j1+3;
end
unique_point_R=unique(point_R,'rows','stable');          %所有右边界节点
```

```
[N_R_Point,~]=size(unique_point_R);
Pml_R=max(unique_point_R(:,2))-min(unique_point_R(:,2));
for i=1:N_R_Point
   m2=unique_point_R(i,1);mx=unique_point_R(i,2);
   dx(1,m2)=-(m+1). *log(Rc)*(1/sqrt(Axi*EBU0*MIU))/(2*(Pml_L))*. . .
((mx-min(unique_point_R(:,2)))/(Pml_R))^m;
   kx(1,m2)=1+(K0-1)*(((mx-min(unique_point_R(:,2))))/(Pml_R))^m;
   ax(1,m2)=Amax. *(1-((mx-min(unique_point_R(:,2)))/(Pml_R))^p);
end
%上下边界
j1=1;
[N_Ele_pml_3,~]=size(up);
for i=1:N_Ele_pml_3
   m1=up(i,1);
   point1=elem_node(m1,2);point2=elem_node(m1,3);point3=elem_node(m1,4);
   point_U(j1,1:3)=point(point1,1:3);point_U(j1+1,1:3)=point(point2,1:3);
   point_U(j1+2,1:3)=point(point3,1:3);
   j1=j1+3;
end
unique_point_U=unique(point_U,'rows','stable');           %所有上边界节点
[N_U_Point,~]=size(unique_point_U);
Pml_U=max(unique_point_U(:,3))-min(unique_point_U(:,3));
for i=1:N_U_Point
   m2=unique_point_U(i,1);my=unique_point_U(i,3);
   dy(1,m2)=-(m+1). *log(Rc)*(1/sqrt(Axi*EBU0*MIU))/(2*(Pml_U))*. . .
((my-min(unique_point_U(:,3)))/(Pml_U))^m;
   ky(1,m2)=1+(K0-1)*(((my-min(unique_point_U(:,3))))/(Pml_U))^m;
   ay(1,m2)=Amax. *(1-((my-min(unique_point_U(:,3)))/(Pml_U))^p);
end
%上下边界
j1=1;
[N_Ele_pml_1,~]=size(down);
for i=1:N_Ele_pml_1
   m1=down(i,1);
   point1=elem_node(m1,2);point2=elem_node(m1,3);point3=elem_node(m1,4);
   point_D(j1,1:3)=point(point1,1:3);point_D(j1+1,1:3)=point(point2,1:3);
```

```
  point_D(j1+2,1:3)=point(point3,1:3);
  j1=j1+3;
end
unique_point_D=unique(point_D,'rows','stable');            %所有下边界节点
[N_D_Point,~]=size(unique_point_D);
Pml_D=max(unique_point_D(:,3))-min(unique_point_D(:,3));
for i=1:N_D_Point
  m2=unique_point_D(i,1);my=unique_point_D(i,3);
  dy(1,m2)=(m+1). *log(Rc)*(1/sqrt(Axi*EBU0*MIU))/(2*(Pml_D))*. . .
((max(unique_point_D(:,3))-my)/(Pml_D))^m;
  ky(1,m2)=1+(K0-1)*(((max(unique_point_D(:,3))-my))/(Pml_D))^m;
  ay(1,m2)=Amax. *(1-((max(unique_point_D(:,3))-my)/(Pml_D))^p);
end
%%%%%%%%%%%%%%%模型建立信息%%%%%%%%%%%%%%%
%对每个网格的节点进行编号
I3(1,:)=elem_node(:,2);I3(2,:)=elem_node(:,3);I3(3,:)=elem_node(:,4);
for i=1:3
  sigamax(1:NE,i)= dx(I3(i,1:NE));sigamay(1:NE,i)= dy(I3(i,1:NE));
  sx(1:NE,i)= kx(I3(i,1:NE));sy(1:NE,i)= ky(I3(i,1:NE));
  fx(1:NE,i)= ax(I3(i,1:NE));fy(1:NE,i)= ay(I3(i,1:NE));
  Sigama(1:NE,i)=sigama(I3(i,1:NE));EBU(1:NE,i)=ebu1(I3(i,1:NE))/EBU0;
end
index=0;
for i=1:3
  for j=1:3
    ii(index+1:index+NE)=I3(i,:);jj(index+1:index+NE)=I3(j,:);
      for iii=1:NE
      a=elem_node(iii,2);b=elem_node(iii,3);c=elem_node(iii,4);
      xi=point(a,2);yi=point(a,3);xj=point(b,2);
      yj=point(b,3);xm=point(c,2);ym=point(c,3);
      ai=yj-ym;bi=xm-xj;ci=xj*ym-xm*yj;aj=ym-yi;bj=xi-xm;cj=xm*yi-xi*ym;
      am=yi-yj;bm=xj-xi;cm=xi*yj-xj*yi;
      KI=0. 5*(ai*bj-aj*bi)/12*[2 1 1;1 2 1;1 1 2];
      KII1=1. 0/6*[ai ai ai;aj aj aj;am am am];
      KII2=1. 0/6*[bi bi bi;bj bj bj;bm bm bm];
      KIII=1. 0/(4*0. 5*(ai*bj-aj*bi))*[ai*ai+bi*bi ai*aj+bi*bj ai*am+bi*bm;. . .
```

```
    aj*ai+bj*bi aj*aj+bj*bj aj*am+bj*bm;am*ai+bm*bi am*aj+bm*bj am*am+
bm*bm];
        sa1(index+iii)=KI(i,j);                                          %M
        sa2(index+iii)=Sigama(iii,i)/EBU(iii,i). *KI(i,j);               %M1
        sa3(index+iii)=1. 0/(MIU)*EBU(iii,i). *KII1(i,j);                %Kx
        sa4(index+iii)=1. 0/(MIU)*BU(iii,i). *KII2(i,j);                 %Kz
        sa5(index+iii)=1. 0/(MIU)*EBU(iii,i). *(KIII(i,j));              %K
        sa6(index+iii)=(fx(iii,i)+fy(iii,i))*KI(i,j);                    %M2
        sa7(index+iii)=(fx(iii,i). *fy(iii,i)). *KI(i,j);                %M3
        sa8(index+iii)=sx(iii,i). *sy(iii,i). *KI(i,j);                  %C1
        sa9(index+iii)=(sx(iii,i). *sy(iii,i). *(fx(iii,i). . .
+fy(iii,i))+sx(iii,i). *sigamay(iii,i)+sy(iii,i). *sigamax(iii,i)). *KI(i,j);   %C2
        sa10(index+iii)=(sx(iii,i). *sy(iii,i). *fx(iii,i). *fy(iii,i). . .
+sx(iii,i). *sigamay(iii,i). *fx(iii,i)+sy(iii,i). *sigamax(iii,i). *fy(iii,i). . .
+sigamax(iii,i). *sigamay(iii,i)). *KI(i,j);                             %C3
        sa11(index+iii)=(fx(iii,i)-fy(iii,i)). *KII1(i,j);               %Cx1
        sa12(index+iii)=((fx(iii,i)+fy(iii,i))*(sy(iii,i)-sx(iii,i))+sigamay(iii,i). . .
-sigamax(iii,i))*KII1(i,j);                                              %Cx2
        sa13(index+iii)=((fx(iii,i)*fy(iii,i)*(sy(iii,i)-sx(iii,i))). . .
+(sigamay(iii,i)*fx(iii,i)-sigamax(iii,i)*fy(iii,i)))*KII1(i,j);         % Cx3
        sa14(index+iii)=sx(iii,i)*KI(i,j);                               %Cx4
        sa15(index+iii)=(sx(iii,i)*(fx(iii,i)+fy(iii,i))+sigamax(iii,i))*KI(i,j);   %Cx5
        sa16(index+iii)=(sx(iii,i)*fx(iii,i)*fy(iii,i). . .
+fy(iii,i)* sigamax(iii,i))*KI(i,j);                                     %Cx6
        sa17(index+iii)=(sx(iii,i)-sy(iii,i))*KII2(i,j);                 %Cz1
        sa18(index+iii)=((fx(iii,i)+fy(iii,i))*(sx(iii,i)-sy(iii,i))+sigamax(iii,i). . .
-sigamay(iii,i))*KII2(i,j);                                              %Cz2
        sa19(index+iii)=((fx(iii,i)*fy(iii,i)*(sx(iii,i)-sy(iii,i))). . .
+(sigamax(iii,i)*fy(iii,i)-sigamay(iii,i)*fx(iii,i))). *KII2(i,j);       %Cz3
        sa20(index+iii)=sy(iii,i)*KI(i,j);                               %Cz4
      sa21(index+iii)=(sy(iii,i)*(fx(iii,i)+fy(iii,i))+sigamay(iii,i))*KI(i,j);   %Cz5
      sa22(index+iii)=(sy(iii,i). *fx(iii,i). *fy(iii,i). . .
+fx(iii,i). *sigamay(iii,i)). *KI(i,j);                                  %Cz6
      end
      index=index+NE;
    end
```

```
end
GA1=sparse(ii,jj,sa1,ND,ND);GA2=sparse(ii,jj,sa2,ND,ND);
GA3=sparse(ii,jj,sa3,ND,ND);GA4=sparse(ii,jj,sa4,ND,ND);
GA5=sparse(ii,jj,sa5,ND,ND);GA6=sparse(ii,jj,sa6,ND,ND);
GA7=sparse(ii,jj,sa7,ND,ND);GA8=sparse(ii,jj,sa8,ND,ND);
GA9=sparse(ii,jj,sa9,ND,ND);GA10=sparse(ii,jj,sa10,ND,ND);
GA11=sparse(ii,jj,sa11,ND,ND);GA12=sparse(ii,jj,sa12,ND,ND);
GA13=sparse(ii,jj,sa13,ND,ND);GA14=sparse(ii,jj,sa14,ND,ND);
GA15=sparse(ii,jj,sa15,ND,ND);GA16=sparse(ii,jj,sa16,ND,ND);
GA17=sparse(ii,jj,sa17,ND,ND);GA18=sparse(ii,jj,sa18,ND,ND);
GA19=sparse(ii,jj,sa19,ND,ND);GA20=sparse(ii,jj,sa20,ND,ND);
GA21=sparse(ii,jj,sa21,ND,ND);GA22=sparse(ii,jj,sa22,ND,ND);
clear sa1 sa2 sa3 sa4 sa5 sa6 sa7 sa8 sa9 sa10 sa11 sa12 sa13 sa14 sa15 sa16 sa17
sa18 sa19 sa20 sa21 sa21 sa22 ii jj I8 KI KII KII1 KII2 KIII1 KIII2
clear RES XY index i j simgax1 simgax2
%*****************************source*****************************%
t=0:tt:T;t0=1/freq;
s=(1-2*(pi. *freq. *(t-t0)). ^2). *(exp(-((pi. *freq. *(t-t0)). ^2)))/(4*EBU0*MIU);%
雷克子波
n=length(s);                              %向量 s 的长度,传播时刻
Px=zeros(ND,n);Py=zeros(ND,n);Q=zeros(ND,n);R=zeros(ND,n);E=zeros(ND,n);
%***********************iteration of electral field*********************%
%迭代
tol=1*10^(-10);                           %迭代精度
maxit=1000;                               %最大迭代次数
[LTE1,UTE1]=lu(1. 0/(tt^2)*GA8+gama/tt*GA9+beta*GA10,0);
[LTE2,UTE2]=lu(1. 0/(tt^2)*GA1+1/tt*GA2,0);
[LTE3,UTE3]=lu(1. 0/(tt^2)*GA14+gama/tt*GA15+beta*GA16,0);
[LTE4,UTE4]=lu(1. 0/(tt^2)*GA20+gama/tt*GA21+beta*GA22,0);
for II=13318                              %选取节点编号设置激励源位置
  riker=zeros(ND,n);
  riker(II,:)=s(:);
  riker=sparse(riker);
  for I=3:n
    b2=(2. 0/(tt^2)*GA1+1. 0/tt*GA2)*Q(:,I-1)-1. 0/(tt^2)*GA1*Q(:,I-2). . .
+GA3*Px(:,I-1)+GA4*Py(:,I-1)-GA5*E(:,I-1)+riker(:,I-1);
```

```
        [x2,res3,res4]=bicgstab(1. 0/(tt^2)*GA1+1/tt*GA2,b2,tol,maxit,LTE2,UTE2);
        Q(:,I)=x2;
        b1=(2. 0/(tt^2)*GA8-(1-2*gama)/tt*GA9. . .
-(0. 5+gama-2*beta)*GA10)*E(:,I-1)-(1. 0/(tt^2)*GA8. . .
+(gama-1)/tt*GA9+(beta+0. 5-gama)*GA10)*E(:,I-2). . .
+(1. 0/(t^2)*GA1+gama/tt*GA6+beta*GA7)*Q(:,I)-(2. 0/(tt^2)*GA1. . .
-(1-2*gama)/tt*GA6-(0. 5+gama-2*beta)*GA7)*Q(:,I-1). . .
+(1. 0/(tt^2)*GA1+(gama-1)/tt*GA6+(beta+0. 5-gama)*GA7)*Q(:,I-2);
        [x1,res1,res2]=bicgstab(1. 0/(tt^2)*GA8+gama/tt*GA9. . .
+beta*GA10,b1,tol,maxit,LTE1,UTE1);
        E(:,I)=x1;
        b3=(2. 0/(tt^2)*GA14-(1-2*gama)/tt*GA15. . .
-(0. 5+gama-2*beta)*GA16)*Px(:,I-1)-(1. 0/(tt^2)*GA14. . .
+(gama-1)/tt*GA15+(beta+0. 5-gama)*GA16)*Px(:,I-2)+(1. 0/(tt^2)*GA11. . .
+gama/tt*GA12+beta*GA13)*E(:,I)-(2. 0/(tt^2)*GA11-(1-2*gama)/tt*GA12. . .
-(0. 5+gama-2*beta)*GA13)*E(:,I-1)+(1. 0/(tt^2)*GA11+(gama-1)/tt*GA12. . .
+(beta+0. 5-gama)*GA13)*E(:,I-2);
        [x3,res5,res6]=bicgstab(1. 0/(tt^2)*GA14+gama/tt*GA15. . .
+beta*GA16,b3,tol,maxit,LTE3,UTE3);
        Px(:,I)=x3;
        b4=(2. 0/(tt^2)*GA20-(1-2*gama)/tt*GA21. . .
-(0. 5+gama-2*beta)*GA22)*Py(:,I-1)-(1. 0/(tt^2)*GA20. . .
+(gama-1)/tt*GA21+(beta+0. 5-gama)*GA22)*Py(:,I-2)+(1. 0/(tt^2)*GA17. . .
+gama/tt*GA18+beta*GA19)*E(:,I)-(2. 0/(tt^2)*GA17-(1-2*gama)/tt*GA18. . .
-(0. 5+gama-2*beta)*GA19)*E(:,I-1)+(1. 0/(tt^2)*GA17+(gama-1)/tt*GA18. . .
+(beta+0. 5-gama)*GA19)*E(:,I-2);
        [x4,res7,res8]=bicgstab(1. 0/(tt^2)*GA20+gama/tt*GA21. . .
+beta*GA22,b4,tol,maxit,LTE4,UTE4);
        Py(:,I)=x4;
    end
    toc
end
A20=E(:,2000);point(:,4)=A20;
figure
trisurf(elem_node(:,[2 3 4]),point(:,2),point(:,3),point(:,4),. . .
'FaceColor','interp','EdgeColor','interp');
```

```
xlabel('X(m)');ylabel('Y(m)')
zlabel('E (V/m)');axis image
caxis([-0. 001,0. 001])
view
colormap jet
toc
```

附录 2　Debye 频散介质模型模拟程序

```
%基于 CFS-PML 边界条件的 Debye 频散介质二阶电磁波方程时域有限元数值模拟
%从 COMSOL 中读取网格和网格节点信息
clear
clc
global vertex_num elem_num bndr_num
global elem_node bndr_node
global x z sxz
global amp la lb sn
global sigma1
filename1='model1. mphtxt';
fid1=fopen(filename1);
SkipText=textscan(fid1,'%s',1,'Delimiter','\n','CommentStyle','//');
while(~strcmp(SkipText{1,1}{1,1},'2 # sdim'))
   SkipText=textscan(fid1,'%s',1,'Delimiter','\n','CommentStyle','//');
end
LoadText=textscan(fid1,'%s';1,'Delimiter','\n','CommentStyle','//');
spilt=strsplit(LoadText{1,1}{1,1},' ');vertex_num=str2num(spilt{1,1});
SkipText=textscan(fid1,'%s',1,'Delimiter','\n','CommentStyle','//');
while(~strcmp(SkipText{1,1}{1,1},'# Mesh vertex coordinates'))
   SkipText=textscan(fid1,'%s',1,'Delimiter','\n','CommentStyle','//');
end
x=zeros(vertex_num,1);z=zeros(vertex_num,1);
point=zeros(vertex_num,3);
for i=1:vertex_num
   xz_cord=textscan(fid1,'%f%f',1,'Delimiter','\n','CommentStyle','//');
```

```
    x(i)=xz_cord{1,1};z(i)=xz_cord{1,2};
    point(i,1)=i;point(i,2)=x(i);point(i,3)=z(i);
end
SkipText=textscan(fid1,'%s',1,'Delimiter','\n','CommentStyle','//');
while(~strcmp(SkipText{1,1}{1,1},'2 # number of vertices per element'))
    SkipText=textscan(fid1,'%s',1,'Delimiter','\n','CommentStyle','//');
end
LoadText=textscan(fid1,'%s';1,'Delimiter','\n','CommentStyle','//');
spilt=strsplit(LoadText{1,1}{1,1},' ');
bndr_num=str2num(spilt{1,1});bndr_node=zeros(bndr_num,2);
SkipText=textscan(fid1,'%s',1,'Delimiter','\n','CommentStyle','//');
for i=1:bndr_num
    bndry_line=textscan(fid1,'%d%d',1,'Delimiter','\n','CommentStyle','//');
    bndr_node(i,1)=bndry_line{1,1};bndr_node(i,2)=bndry_line{1,2};
end
bndr_node=bndr_node+1;
SkipText=textscan(fid1,'%s',1,'Delimiter','\n','CommentStyle','//');
while(~strcmp(SkipText{1,1}{1,1},'3 # number of vertices per element'))
    SkipText=textscan(fid1,'%s',1,'Delimiter','\n','CommentStyle','//');
end
LoadText=textscan(fid1,'%s';1,'Delimiter','\n','CommentStyle','//');
spilt=strsplit(LoadText{1,1}{1,1},' ');
elem_num=str2num(spilt{1,1});elem_node=zeros(elem_num,4);
SkipText=textscan(fid1,'%s',1,'Delimiter','\n','CommentStyle','//');
for i=1:elem_num
    element=textscan(fid1,'%d%d%d',1,'Delimiter','\n','CommentStyle','//');
    elem_node(i,1)=i-1;elem_node(i,2)=element{1,1};
    elem_node(i,3)=element{1,2};elem_node(i,4)=element{1,3};
end
elem_node=elem_node+1;
SkipText=textscan(fid1,'%s',1,'Delimiter','\n','CommentStyle','//');
while(~strcmp(SkipText{1,1}{1,1},'# Geometric entity indices'))
    SkipText=textscan(fid1,'%s',1,'Delimiter','\n','CommentStyle','//');
end
elem_rho=zeros(elem_num,1);
for i=1:elem_num
```

```
    element=textscan(fid1,'%d',1,'Delimiter','\n','CommentStyle','//');
    elem_rho(i,1)=element{1,1};
end
load elem_node                              %单元对应节点编号
load elem_rho                               %单元区域划分
load point                                  %节点编号对应 x，y 坐标
%读取划分区域
[A1,~]=find(elem_rho==1);[A2,~]=find(elem_rho==2);
[A3,~]=find(elem_rho==3);[A4,~]=find(elem_rho==4);
[A5,~]=find(elem_rho==5);[A6,~]=find(elem_rho==6);
[A7,~]=find(elem_rho==7);[A8,~]=find(elem_rho==8);
[A9,~]=find(elem_rho==9);[A10,~]=find(elem_rho==10);
[A11,~]=find(elem_rho==11);[A12,~]=find(elem_rho==12);
left=[A1;A2;A3;A4];right=[A9;A10;A11;A12];
up=[A4;A6;A12];down=[A1;A5;A9];        %PML 层
layer=[A1;A2;A5;A6;A9;A10];             %分层
[NE,~]=size(elem_node);                 %存储行数，模型的单元个数
[ND,~]=size(point);                     %模型的节点数
%相对介电常数
REBU1=[6,10];                           %等于 0 时
REBU2=[4,8,];                           %等于无穷大时
EBU0=8. 854187817620389850536563031710750260608370166599449808...
1024171524053950954599821142852891607182008932e-12;   %真空介电常数
Rsigama=[0. 005,0. 01];                 %电导率
MIU=4*pi*1e-7;                          %磁导率
Rtao=[0. 1*10^(-9),0. 2*10^(9)];        %弛豫时间
Axi=REBU2(1);
freq=600. 0*10^6;                       %雷克子波的中心频率 Hz
T=20*10^(-9);                           %传播时间
tt=0. 01*10^(-9);                       %时间步长
gama=0. 5;beta=0. 25;                   %控制参数
m=2;p=1;                                %调解因子
Rc=1. 0e-6;                             %理论反射系数
K0=3;Amax=1*pi*freq;                    %衰减因子、频移因子
%相对介电常数与电导率、介电常数、ND 为节点数
ebu1=zeros(ND,1);ebu1(1:ND,1)=REBU1(1);
```

```
ebu2=zeros(ND,1);ebu2(1:ND,1)=REBU2(1);
sigama=zeros(ND,1);sigama(1:ND,1)=Rsigama(1);Tao(1:ND,1)=Rtao(1);
[N_1,~]=size(layer);
j1=1;
for i=1:N_1
  m1=layer(i,1);
  point1=elem_node(m1,2);
  point2=elem_node(m1,3);
  point3=elem_node(m1,4);
  point_1(j1,1:3)=point(point1,1:3);
  point_1(j1+1,1:3)=point(point2,1:3);
  point_1(j1+2,1:3)=point(point3,1:3);
  j1=j1+3;
end
unique_point_1=unique(point_1,'rows','stable');
[N_unique_point_1,~]=size(unique_point_1);
for i=1:N_unique_point_1
  m2=unique_point_1(i,1);ebu1(m2,1)=REBU1(2);ebu2(m2,1)=REBU2(2);
  sigama(m2,1)=Rsigama(2);Tao(m2,1)=Rtao(2);
end
clear m1 N_1 point1 point2 point3 point_1 unique_point_1 N_unique_point_1 m2
%pml 边界条件
dx=zeros(1,ND);dy=zeros(1,ND);
kx=ones(1,ND);ky=ones(1,ND);
ax=zeros(1,ND);ay=zeros(1,ND);
%左右边界
j1=1;
[N_Ele_pml_1,~]=size(left);
for i=1:N_Ele_pml_1
  m1=left(i,1);                %m1 按照顺序索引取 A1 中的值
  %m1 为单元索引，point1、2、3 为单元 m1 的三个节点
  point1=elem_node(m1,2);point2=elem_node(m1,3);point3=elem_node(m1,4);
  %节点坐标，按照 point1、2、3 的节点号索引在 point 中取值
  point_L(j1,1:3)=point(point1,1:3);point_L(j1+1,1:3)=point(point2,1:3);
  point_L(j1+2,1:3)=point(point3,1:3);
  j1=j1+3;
```

```
end
%所有左边界节点，去除重复编号的节点
unique_point_L=unique(point_L,'rows','stable');
[N_L_Point,~]=size(unique_point_L);
Pml_L=max(unique_point_L(:,2))-min(unique_point_L(:,2));  %pml 层厚度
for i=1:N_L_Point
  m2=unique_point_L(i,1); %左边界所有节点编号
  mx=unique_point_L(i,2); % x 轴坐标
%电磁波在左边界处传播时是沿 x 轴方向传播的，(max(unique_point_L(:,2))-
mx)=x(节点到 pml 内界面的距离)
  dx(1,m2)=(m+1). *log(Rc)*(1/sqrt(Axi*EBU0*MIU))/(2*(Pml_L))*. . .
((max(unique_point_L(:,2))-mx)/(Pml_L))^m;     %衰减系数
  kx(1,m2)=1+(K0-1)*(((max(unique_point_L(:,2))-mx))/(Pml_L))^m; %收缩因子
  ax(1,m2)=Amax. *(1-((max(unique_point_L(:,2))-mx)/(Pml_L))^p); %频移因子
end
%左右边界
j1=1;
[N_Ele_pml_7,~]=size(right);
for i=1:N_Ele_pml_7
  m1=right(i,1);
  point1=elem_node(m1,2);point2=elem_node(m1,3);point3=elem_node(m1,4);
  point_R(j1,1:3)=point(point1,1:3);point_R(j1+1,1:3)=point(point2,1:3);
  point_R(j1+2,1:3)=point(point3,1:3);
  j1=j1+3;
end
unique_point_R=unique(point_R,'rows','stable');            %所有右边界节点
[N_R_Point,~]=size(unique_point_R);
Pml_R=max(unique_point_R(:,2))-min(unique_point_R(:,2));
for i=1:N_R_Point
  m2=unique_point_R(i,1);mx=unique_point_R(i,2);
  dx(1,m2)=-(m+1). *log(Rc)*(1/sqrt(Axi*EBU0*MIU))/(2*(Pml_L))*. . .
((mx-min(unique_point_R(:,2)))/(Pml_R))^m;
  kx(1,m2)=1+(K0-1)*(((mx-min(unique_point_R(:,2)))))/(Pml_R))^m;
  ax(1,m2)=Amax. *(1-((mx-min(unique_point_R(:,2)))/(Pml_R))^p);
end
%上下边界
```

```
j1=1;
[N_Ele_pml_3,~]=size(up);
for i=1:N_Ele_pml_3
   m1=up(i,1);
   point1=elem_node(m1,2);point2=elem_node(m1,3);point3=elem_node(m1,4);
   point_U(j1,1:3)=point(point1,1:3);point_U(j1+1,1:3)=point(point2,1:3);
   point_U(j1+2,1:3)=point(point3,1:3);
   j1=j1+3;
end
unique_point_U=unique(point_U,'rows','stable');          %所有上边界节点
[N_U_Point,~]=size(unique_point_U);
Pml_U=max(unique_point_U(:,3))-min(unique_point_U(:,3));
for i=1:N_U_Point
   m2=unique_point_U(i,1);my=unique_point_U(i,3);
   dy(1,m2)=-(m+1). *log(Rc)*(1/sqrt(Axi*EBU0*MIU))/(2*(Pml_U))*. . .
((my-min(unique_point_U(:,3)))/(Pml_U))^m;
   ky(1,m2)=1+(K0-1)*(((my-min(unique_point_U(:,3))))/(Pml_U))^m;
   ay(1,m2)=Amax. *(1-((my-min(unique_point_U(:,3)))/(Pml_U))^p);
end
%上下边界
j1=1;
[N_Ele_pml_1,~]=size(down);
for i=1:N_Ele_pml_1
   m1=down(i,1);
   point1=elem_node(m1,2);point2=elem_node(m1,3);point3=elem_node(m1,4);
   point_D(j1,1:3)=point(point1,1:3);point_D(j1+1,1:3)=point(point2,1:3);
   point_D(j1+2,1:3)=point(point3,1:3);
   j1=j1+3;
end
unique_point_D=unique(point_D,'rows','stable');             %所有下边界节点
[N_D_Point,~]=size(unique_point_D);
Pml_D=max(unique_point_D(:,3))-min(unique_point_D(:,3));
for i=1:N_D_Point
   m2=unique_point_D(i,1);my=unique_point_D(i,3);
   dy(1,m2)=(m+1). *log(Rc)*(1/sqrt(Axi*EBU0*MIU))/(2*(Pml_D))*. . .
((max(unique_point_D(:,3))-my)/(Pml_D))^m;
```

```
    ky(1,m2)=1+(K0-1)*(((max(unique_point_D(:,3))-my))/(Pml_D))^m;
    ay(1,m2)=Amax. *(1-((max(unique_point_D(:,3))-my)/(Pml_D))^p);
end
%%%%%%%%%%%%%%模型建立信息%%%%%%%%%%%%%%%%
%对每个网格的节点进行编号
I3(1,:)=elem_node(:,2);I3(2,:)=elem_node(:,3);I3(3,:)=elem_node(:,4);
for i=1:3
    sigamax(1:NE,i)=dx(I3(i,1:NE));sigamay(1:NE,i)=dy(I3(i,1:NE));
    sx(1:NE,i)=kx(I3(i,1:NE));sy(1:NE,i)=ky(I3(i,1:NE));
    fx(1:NE,i)=ax(I3(i,1:NE));fy(1:NE,i)=ay(I3(i,1:NE));
    Sigama(1:NE,i)=sigama(I3(i,1:NE));tao(1:NE,i)=Tao(I3(i,1:NE));
    EBU1(1:NE,i)=ebu1(I3(i,1:NE));EBU2(1:NE,i)=ebu2(I3(i,1:NE));
end
index=0;
for i=1:3
    for j=1:3
        ii(index+1:index+NE)=I3(i,:);jj(index+1:index+NE)=I3(j,:);
        for iii=1:NE
            a=elem_node(iii,2);b=elem_node(iii,3);c=elem_node(iii,4);
            xi=point(a,2);yi=point(a,3);xj=point(b,2);
            yj=point(b,3);xm=point(c,2);ym=point(c,3);
            ai=yj-ym;bi=xm-xj;ci=xj*ym-xm*yj;aj=ym-yi;bj=xi-xm;cj=xm*yi-xi*ym;
            am=yi-yj;bm=xj-xi;cm=xi*yj-xj*yi;
            KI=0. 5*(ai*bj-aj*bi)/12*[2 1 1;1 2 1;1 1 2];
            KII1=1. 0/6*[ai ai ai;aj aj aj;am am am];
            KII2=1. 0/6*[bi bi bi;bj bj bj;bm bm bm];
            KIII=1. 0/(4*0. 5*(ai*bj-aj*bi))*[ai*ai+bi*bi ai*aj+bi*bj ai*am+bi*bm;. . .
aj*ai+bj*bi aj*aj+bj*bj aj*am+bj*bm;m*ai+bm*bi am*aj+bm*bj am*am+bm*bm];
            sa1(index+iii)=KI(i,j);                                              %M
            sa2(index+iii)=1. 0/tao(iii,i). *KI(i,j);                            %M1
            sa3(index+iii)=1. 0/(MIU*EBU0*EBU2(iii,i)). *KII1(i,j);              %Kx
            sa4(index+iii)=1. 0/(MIU*EBU0*EBU2(iii,i)). *KII2(i,j);              %Kz
            sa5(index+iii)=1. 0/(MIU*EBU0*EBU2(iii,i)). *(KIII(i,j));            %K
            sa6(index+iii)=(Sigama(iii,i)/(EBU0*EBU2(iii,i))+EBU1(iii,i)/. . .
(tao(iii,i)*EBU2(iii,i)))*KI(i,j);                                               %C1
            sa7(index+iii)=Sigama(iii,i)/(EBU0*EBU2(iii,i)*tao(iii,i))*KI(i,j);  %C2
```

```
        sa8(index+iii)=sx(iii,i). *sy(iii,i). *KI(i,j);                          %C3
        sa9(index+iii)=(sx(iii,i). *sy(iii,i). *(fx(iii,i)+fy(iii,i))
+sx(iii,i). *sigamay(iii,i)+sy(iii,i). *sigamax(iii,i)). *KI(i,j);              %C4
        sa10(index+iii)=(sx(iii,i). *sy(iii,i). *fx(iii,i). *fy(iii,i). . .
+sx(iii,i). *sigamay(iii,i). *fx(iii,i)+sy(iii,i). *sigamax(iii,i). *fy(iii,i). . .
+sigamax(iii,i). *sigamay(iii,i)). *KI(i,j);                                    %C5
        sa11(index+iii)=(fx(iii,i)+fy(iii,i)). *KI(i,j);                         %M2
        sa12(index+iii)=(fx(iii,i). *fy(iii,i)). *KI(i,j);                       %M3
        sa13(index+iii)=(sy(iii,i)-sx(iii,i)). *KII1(i,j);                      %Mx1
        sa14(index+iii)=((fx(iii,i)+fy(iii,i)). *(sy(iii,i)-sx(iii,i))+sigamay(iii,i). . .
-sigamax(iii,i)). *KII1(i,j);                                                   %Mx2
        sa15(index+iii)=((fx(iii,i). *fy(iii,i). *(sy(iii,i)-sx(iii,i))). . .
+(sigamay(iii,i). *fx(iii,i) -sigamax(iii,i). *fy(iii,i))). *KII1(i,j);         %Mx3
        sa16(index+iii)=sx(iii,i). *KI(i,j);                                    %Cx1
        sa17(index+iii)=(sx(iii,i). *(fx(iii,i)+fy(iii,i)). . .
+sigamax(iii,i)). *KI(i,j);                                                     %Cx2
        sa18(index+iii)=(sx(iii,i). *fx(iii,i). *fy(iii,i). . .
+fy(iii,i). *sigamax(iii,i)). *KI(i,j);                                         %Cx3
        sa19(index+iii)=(sx(iii,i)-sy(iii,i)). *KII2(i,j);                      %Mz1
        sa20(index+iii)=((fx(iii,i)+fy(iii,i)). *(sx(iii,i)-sy(iii,i))+sigamax(iii,i). . .
-sigamay(iii,i)). *KII2(i,j);                                                   %Mz2
        sa21(index+iii)=((fx(iii,i). *fy(iii,i). *(sx(iii,i)-sy(iii,i))). . .
+(sigamax(iii,i). *fy(iii,i)-sigamay(iii,i). *fx(iii,i))). *KII2(i,j);          %Mz3
        sa22(index+iii)=sy(iii,i). *KI(i,j);                                    %Cz1
        sa23(index+iii)=(sy(iii,i). *(fx(iii,i)+fy(iii,i)). . .
+sigamay(iii,i)). *KI(i,j);                                                     %Cz2
        sa24(index+iii)=(sy(iii,i). *fx(iii,i). *fy(iii,i). . .
+fx(iii,i). *sigamay(iii,i)). *KI(i,j);                                         %Cz3
      end
      index=index+NE;
  end
end
GA1=sparse(ii,jj,sa1,ND,ND);GA2=sparse(ii,jj,sa2,ND,ND);
GA3=sparse(ii,jj,sa3,ND,ND);GA4=sparse(ii,jj,sa4,ND,ND);
GA5=sparse(ii,jj,sa5,ND,ND);GA6=sparse(ii,jj,sa6,ND,ND);
GA7=sparse(ii,jj,sa7,ND,ND);GA8=sparse(ii,jj,sa8,ND,ND);
```

```
GA9=sparse(ii,jj,sa9,ND,ND);GA10=sparse(ii,jj,sa10,ND,ND);
GA11=sparse(ii,jj,sa11,ND,ND);GA12=sparse(ii,jj,sa12,ND,ND);
GA13=sparse(ii,jj,sa13,ND,ND);GA14=sparse(ii,jj,sa14,ND,ND);
GA15=sparse(ii,jj,sa15,ND,ND);GA16=sparse(ii,jj,sa16,ND,ND);
GA17=sparse(ii,jj,sa17,ND,ND);GA18=sparse(ii,jj,sa18,ND,ND);
GA19=sparse(ii,jj,sa19,ND,ND);GA20=sparse(ii,jj,sa20,ND,ND);
GA21=sparse(ii,jj,sa21,ND,ND);GA22=sparse(ii,jj,sa22,ND,ND);
GA23=sparse(ii,jj,sa23,ND,ND);GA24=sparse(ii,jj,sa24,ND,ND);
clear sa1 sa2 sa3 sa4 sa5 sa6 sa7 sa8 sa9 sa10 sa11 sa12 sa13 sa14 sa15 sa16 sa17
sa18 sa19 sa20 sa21 sa21 sa22 sa23 sa24 ii jj I8 KI KII KII1 KII2 KIII1 KIII2
clear RES XY index i j simgax1 simgax2
%**************************source*******************************%
t=0:tt:T;t0=1/freq;
s=(1-2*(pi. *freq. *(t-t0)). ^2). *(exp(-((pi. *freq. *(t-t0)). ^2)))/(4*EBU0*MIU);%
雷克子波
n=length(s);                              %向量 s 的长度，传播时刻
Px=zeros(ND,n);Py=zeros(ND,n);Q=zeros(ND,n);R=zeros(ND,n);E=zeros(ND,n);
%******************iteration of electral field*************************%
%迭代
tol=1*10^(-10);                           %迭代精度
maxit=1000;                               %最大迭代次数
[LTE1,UTE1]=lu(1. 0/(tt^2)*GA1,0);
[LTE2,UTE2]=lu(1. 0/(tt^2)*GA8+gama/tt*GA9+beta*GA10,0);
[LTE3,UTE3]=lu(1. 0/(tt^2)*GA16+gama/tt*GA17+beta*GA18,0);
[LTE4,UTE4]=lu(1. 0/(tt^2)*GA22+gama/tt*GA23+beta*GA24,0);
[LTE5,UTE5]=lu(1. 0/(tt^2)*GA1+1. 0/tt*GA6,0);
for II=13318                              %选取节点编号设置激励源位置
   riker=zeros(ND,n);
   riker(II,:)=s(:);
   riker=sparse(riker);
   for I=3:n
      b1=(2. 0/(tt^2)*GA1)*Q(:,I-1)-1. 0/(tt^2)*GA1*Q(:,I-2)+GA3*Px(:,I-1). . .
+GA4*Py(:,I-1)-GA5*E(:,I-1)+riker(:,I-1);
      [x1,res1,res2]=bicgstab(1. 0/(tt^2)*GA1,b1,tol,maxit,LTE1,UTE1);
      Q(:,I)=x1;
      b5=(2. 0/(tt^2)*GA1+1. 0/tt*GA6-GA7)*R(:,I-1)-1. 0/(tt^2)*GA1*R(:,I-2). . .
```

```
+(1. 0/(tt^2)*GA1+1. 0/tt*GA2)*Q(:,I)-(2. 0/(tt^2)*GA1+1. 0/tt*GA2)...
*Q(:,I-1)+(1. 0/(tt^2)*GA1)*Q(:,I-2);
        [x5, res9, res10] =bicgstab(1. 0/(tt^2)*GA1+1. 0/tt*GA6, b5, tol, maxit, LTE5,
UTE5);
      R(:,I)=x5;
      b2=(2. 0/(tt^2)*GA8-(1-2*gama)/tt*GA9...
-(0. 5+gama-2*beta)*GA10)*E(:,I-1)-(1. 0/(tt^2)*GA8+(gama-1)/tt*GA9...
+(beta+0. 5-gama)*GA10)*E(:,I-2)+(1. 0/(tt^2)*GA1+gama/tt*GA11...
+beta*GA12)*R(:,I)-(2. 0/(tt^2)*GA1-(1-2*gama)/tt*GA11...
-(0. 5+gama-2*beta)*GA12)*R(:,I-1)+(1. 0/(tt^2)*GA1+(gama-1)/tt*GA11...
+(beta+0. 5-gama)*GA12)*R(:,I-2);
      [x2,res3,res4]=bicgstab(1. 0/(tt^2)*GA8+gama/tt*GA9...
+beta*GA10,b2,tol,maxit,LTE2;UTE2);
      E(:,I)=x2;
      b3=(2. 0/(tt^2)*GA16-(1-2*gama)/tt*GA17...
-(0. 5+gama-2*beta)*GA18)*Px(:,I-1)-(1. 0/(tt^2)*GA16+(gama-1)/tt*GA17...
+(beta+0. 5-gama)*GA18)*Px(:,I-2)+(1. 0/(tt^2)*GA13+gama/tt*GA14...
+beta*GA15)*E(:,I)-(2. 0/(tt^2)*GA13-(1-2*gama)/tt*GA14...
-(0. 5+gama-2*beta)*GA15)*E(:,I-1)+(1. 0/(tt^2)*GA13+(gama-1)/tt*GA14...
+(beta+0. 5-gama)*GA15)*E(:,I-2);
      [x3,res5,res6]=bicgstab(1. 0/(tt^2)*GA16+gama/tt*GA17...
+beta*GA18,b3,tol,maxit,LTE3,UTE3);
      Px(:,I)=x3;
      b4=(2. 0/(tt^2)*GA22-(1-2*gama)/tt*GA23-(0. 5+gama-2*beta)...
*GA24)*Py(:,I-1)-(1. 0/(tt^2)*GA22+(gama-1)/tt*GA23...
+(beta+0. 5-gama)*GA24)*Py(:,I-2)+(1. 0/(tt^2)*GA19+gama/tt*GA20...
+beta*GA21)*E(:,I)-(2. 0/(tt^2)*GA19-(1-2*gama)/tt*GA20...
-(0. 5+gama-2*beta)*GA21)*E(:,I-1)+(1. 0/(tt^2)*GA19+(gama-1)/tt*GA20...
+(beta+0. 5-gama)*GA21)*E(:,I-2);
      [x4,res7,res8]=bicgstab(1. 0/(tt^2)*GA22+gama/tt*GA23...
+beta*GA24,b4,tol,maxit,LTE4,UTE4);
      Py(:,I)=x4;
   end
   toc
end
A20=E(:,2000);point(:,4)=A20;
```

```
figure
trisurf(elem_node(:,[2 3 4]),point(:,2),point(:,3),point(:,4),. . .
'FaceColor','interp','EdgeColor','interp');
xlabel('X(m)');ylabel('Y(m)')
zlabel('E (V/m)');axis image
caxis([-0. 001,0. 001])
view
colormap jet
toc
```

附录 3　Cole-Cole 频散介质模型模拟程序

```
%基于 PML 边界条件的 Cole-Cole 频散介质二阶电磁波方程时域有限元数值模
拟%
%从 COMSOL 中读取网格和网格节点信息
clear
clc
global vertex_num elem_num bndr_num
global elem_node bndr_node
global x z sxz
global amp la lb sn
global sigma1
filename1='model1. mphtxt';
fid1=fopen(filename1);
SkipText=textscan(fid1,'%s',1,'Delimiter','\n','CommentStyle','//');
while(~strcmp(SkipText{1,1}{1,1},'2 # sdim'))
   SkipText=textscan(fid1,'%s',1,'Delimiter','\n','CommentStyle','//');
end
LoadText=textscan(fid1,'%s';1,'Delimiter','\n','CommentStyle','//');
spilt=strsplit(LoadText{1,1}{1,1},' ');vertex_num=str2num(spilt{1,1});
SkipText=textscan(fid1,'%s',1,'Delimiter','\n','CommentStyle','//');
while(~strcmp(SkipText{1,1}{1,1},'# Mesh vertex coordinates'))
   SkipText=textscan(fid1,'%s',1,'Delimiter','\n','CommentStyle','//');
end
x=zeros(vertex_num,1);z=zeros(vertex_num,1);
```

```
point=zeros(vertex_num,3);
for i=1:vertex_num
   xz_cord=textscan(fid1,'%f%f',1,'Delimiter','\n','CommentStyle','//');
   x(i)=xz_cord{1,1};z(i)=xz_cord{1,2};
   point(i,1)=i;point(i,2)=x(i);point(i,3)=z(i);
end
SkipText=textscan(fid1,'%s',1,'Delimiter','\n','CommentStyle','//');
while(~strcmp(SkipText{1,1}{1,1},'2 # number of vertices per element'))
   SkipText=textscan(fid1,'%s',1,'Delimiter','\n','CommentStyle','//');
end
LoadText=textscan(fid1,'%s';1,'Delimiter','\n','CommentStyle','//');
spilt=strsplit(LoadText{1,1}{1,1},' ');
bndr_num=str2num(spilt{1,1});bndr_node=zeros(bndr_num,2);
SkipText=textscan(fid1,'%s',1,'Delimiter','\n','CommentStyle','//');
for i=1:bndr_num
   bndry_line=textscan(fid1,'%d%d',1,'Delimiter','\n','CommentStyle','//');
   bndr_node(i,1)=bndry_line{1,1};bndr_node(i,2)=bndry_line{1,2};
end
bndr_node=bndr_node+1;
SkipText=textscan(fid1,'%s',1,'Delimiter','\n','CommentStyle','//');
while(~strcmp(SkipText{1,1}{1,1},'3 # number of vertices per element'))
   SkipText=textscan(fid1,'%s',1,'Delimiter','\n','CommentStyle','//');
end
LoadText=textscan(fid1,'%s';1,'Delimiter','\n','CommentStyle','//');
spilt=strsplit(LoadText{1,1}{1,1},' ');
elem_num=str2num(spilt{1,1});elem_node=zeros(elem_num,4);
SkipText=textscan(fid1,'%s',1,'Delimiter','\n','CommentStyle','//');
for i=1:elem_num
   element=textscan(fid1,'%d%d%d',1,'Delimiter','\n','CommentStyle','//');
   elem_node(i,1)=i-1;elem_node(i,2)=element{1,1};
   elem_node(i,3)=element{1,2};elem_node(i,4)=element{1,3};
end
elem_node=elem_node+1;
SkipText=textscan(fid1,'%s',1,'Delimiter','\n','CommentStyle','//');
while(~strcmp(SkipText{1,1}{1,1},'# Geometric entity indices'))
   SkipText=textscan(fid1,'%s',1,'Delimiter','\n','CommentStyle','//');
```

```
end
elem_rho=zeros(elem_num,1);
for i=1:elem_num
   element=textscan(fid1,'%d',1,'Delimiter','\n','CommentStyle','//');
   elem_rho(i,1)=element{1,1};
end
load elem_node                                   %单元对应节点编号
load elem_rho                                    %单元区域划分
load point                                       %节点编号对应 x，y 坐标
%读取划分区域
[A1,~]=find(elem_rho==1);[A2,~]=find(elem_rho==2);
[A3,~]=find(elem_rho==3);[A4,~]=find(elem_rho==4);
[A5,~]=find(elem_rho==5);[A6,~]=find(elem_rho==6);
[A7,~]=find(elem_rho==7);[A8,~]=find(elem_rho==8);
[A9,~]=find(elem_rho==9);[A10,~]=find(elem_rho==10);
[A11,~]=find(elem_rho==11);[A12,~]=find(elem_rho==12);
[A13,~]=find(elem_rho==13);[A14,~]=find(elem_rho==14);
left=[A1;A2;A3;A4];right=[A13;A10;A11;A12];
down=[A1;A5;A10];up=[A4;A8;A13];                 %PML
layer=[A1;A2;A5;A6;A10;A11];                     %分层
abnorm=[A9;A14];                                 %异常体
[NE,~]=size(elem_node);                          %模型的单元个数
[ND,~]=size(point);                              %模型的节点数
%相对介电常数
REBU1=[6,10,1];                                  %等于 0 时
REBU2=[4,8,1];                                   %等于无穷大时
Rsigama=[0. 0001,0. 0005,0];                     %电导率
Rtao=[0. 08*10^(-9),0. 11*10^(-9),0];            %弛豫时间
Axi=REBU2(1);
MIU=4*pi*1e-7;                                   %磁导率
EBU0=8. 854187817620389850536563031710750260608370166599449808. . .
1024171524053950954599821142852891607182008932e-12;   %真空介电常数
freq=600. 0*10^6;                                %雷克子波的中心频率 Hz
T=20*10^(-9);                                    %传播时间
tt=0. 01*10^(-9);                                %时间步长
gama=0. 5;beta=0. 25;                            %控制参数
```

```
m=2;p=1;                                    %调解因子
Rc=1. 0e-6;                                 %理论反射系数
K0=3;Amax=1*pi*freq;                        %衰减因子、频移因子
%Pade 逼近系数
Ra_1=[4. 064114890227268e-09,1. 733128851358340e-09,. . .
1. 234837665847870e-09];
Ra_2=[2. 524532543575901e-18,1. 416213861395207e-18,. . .
6. 421155862406817e-19];
Ra_3=[2. 580633266766619e-28,1. 911888712883723e-28,. . .
5. 516356627250052e-29];
Ra_4=[4. 835781256643428e-39,4. 673505742604712e-39,. . .
8. 580999197944624e-40];
Ra_5=[6. 173337774438717e-51,6. 764284627454886e-51,. . .
7. 903551892844549e-52];
Rb_1=[1. 507162542589068e-10,4. 620097416477011e-11,. . .
3. 291775049085875e-11];
Rb_2=[7. 555908213506028e-19,3. 862401440169331e-19,
1. 751224326111215e-19];
Rb_3=[2. 580633266766528e-28,1. 911888712883563e-28,. . .
5. 516356627249589e-29];
Rb_4=[1. 615700827888666e-38,1. 713618772288402e-38,. . .
3. 146366372579711e-39];
Rb_5=[1. 664661459036660e-49,2. 537473951273186e-49,. . .
2. 964845235700083e-50];
%相对介电常数与电导率、ND 为节点数
ebu1=zeros(ND,1);ebu1(1:ND,1)=REBU1(1);
ebu2=zeros(ND,1);ebu2(1:ND,1)=REBU2(1);
sigama=zeros(ND,1);sigama(1:ND,1)=Rsigama(1);
a_1=zeros(ND,1);a_1(1:ND,1)=Ra_1(1);
a_2=zeros(ND,1);a_2(1:ND,1)=Ra_2(1);
a_3=zeros(ND,1);a_3(1:ND,1)=Ra_3(1);
a_4=zeros(ND,1);a_4(1:ND,1)=Ra_4(1);
a_5=zeros(ND,1);a_5(1:ND,1)=Ra_5(1);
b_1=zeros(ND,1);b_1(1:ND,1)=Rb_1(1);
b_2=zeros(ND,1);b_2(1:ND,1)=Rb_2(1);
b_3=zeros(ND,1);b_3(1:ND,1)=Rb_3(1);
```

```
b_4=zeros(ND,1);b_4(1:ND,1)=Rb_4(1);
b_5=zeros(ND,1);b_5(1:ND,1)=Rb_5(1);
[N_1,~]=size(layer);
j1=1;
for i=1:N_1
   m1=layer (i,1);
   point1=elem_node(m1,2);point2=elem_node(m1,3);point3=elem_node(m1,4);
   point_1(j1,1:3)=point(point1,1:3);point_1(j1+1,1:3)=point(point2,1:3);
   point_1(j1+2,1:3)=point(point3,1:3);
   j1=j1+3;
end
unique_point_1=unique(point_1,'rows','stable');
[N_unique_point_1,~]=size(unique_point_1);
for i=1:N_unique_point_1
   m2=unique_point_1(i,1);
   ebu1(m2,1)=REBU1(2);ebu2(m2,1)=REBU2(2);
   sigama(m2,1)=Rsigama(2);
   a_1(m2,1)=Ra_1(2);a_2(m2,1)=Ra_2(2);a_3(m2,1)=Ra_3(2);
a_4(m2,1)=Ra_4(2);a_5(m2,1)=Ra_5(2);
   b_1(m2,1)=Rb_1(2);b_2(m2,1)=Rb_2(2);b_3(m2,1)=Rb_3(2);
   b_4(m2,1)=Rb_4(2);b_5(m2,1)=Rb_5(2);
end
clear m1 N_1 point1 point2 point3 point_1 unique_point_1 N_unique_point_1 m2
[N_1,~]=size(abnorm);
j1=1;
for i=1:N_1
   m1=abnorm (i,1);
   point1=elem_node(m1,2);point2=elem_node(m1,3);
   point3=elem_node(m1,4);point_1(j1,1:3)=point(point1,1:3);
   point_1(j1+1,1:3)=point(point2,1:3);point_1(j1+2,1:3)=point(point3,1:3);
   j1=j1+3;
end
unique_point_1=unique(point_1,'rows','stable');
[N_unique_point_1,~]=size(unique_point_1);
for i=1:N_unique_point_1
   m2=unique_point_1(i,1);
```

```
  ebu1(m2,1)=REBU1(3);ebu2(m2,1)=REBU2(3);
  sigama(m2,1)=Rsigama(3);
  a_1(m2,1)=Ra_1(3);a_2(m2,1)=Ra_2(3);a_3(m2,1)=Ra_3(3);
  a_4(m2,1)=Ra_4(3);a_5(m2,1)=Ra_5(3);
  b_1(m2,1)=Rb_1(3);b_2(m2,1)=Rb_2(3);b_3(m2,1)=Rb_3(3);
  b_4(m2,1)=Rb_4(3);b_5(m2,1)=Rb_5(3);
end
clear m1 N_1 point1 point2 point3 point_1 unique_point_1 N_unique_point_1 m2
%pml 边界条件
dx=zeros(1,ND);dy=zeros(1,ND);
kx=ones(1,ND);ky=ones(1,ND);
ax=zeros(1,ND);ay=zeros(1,ND);
%左右边界
j1=1;
[N_Ele_pml_1,~]=size(left);
for i=1:N_Ele_pml_1
   m1=left (i,1);
   point1=elem_node(m1,2);point2=elem_node(m1,3);point3=elem_node(m1,4);
   point_L(j1,1:3)=point(point1,1:3);point_L(j1+1,1:3)=point(point2,1:3);
   point_L(j1+2,1:3)=point(point3,1:3);
   j1=j1+3;
end
unique_point_L=unique(point_L,'rows','stable');              %所有左边界节点
[N_L_Point,~]=size(unique_point_L);
Pml_L=max(unique_point_L(:,2))-min(unique_point_L(:,2));
for i=1:N_L_Point
   m2=unique_point_L(i,1);mx=unique_point_L(i,2);
   dx(1,m2)=(m+1). *log(Rc)*(1/sqrt(Axi*EBU0*MIU))/(2*(Pml_L)). . .
*((max(unique_point_L(:,2))-mx)/(Pml_L))^m;
   kx(1,m2)=1+(K0-1)*(((max(unique_point_L(:,2))-mx))/(Pml_L))^m;
   ax(1,m2)=Amax. *(1-((max(unique_point_L(:,2))-mx)/(Pml_L))^p);
end
j1=1;
[N_Ele_pml_10,~]=size(right);
for i=1:N_Ele_pml_10
   m1=right(i,1);
```

```
    point1=elem_node(m1,2);point2=elem_node(m1,3);point3=elem_node(m1,4);
    point_R(j1,1:3)=point(point1,1:3);point_R(j1+1,1:3)=point(point2,1:3);
    point_R(j1+2,1:3)=point(point3,1:3);
    j1=j1+3;
end
unique_point_R=unique(point_R,'rows','stable');          %所有右边界节点
[N_R_Point,~]=size(unique_point_R);
Pml_R=max(unique_point_R(:,2))-min(unique_point_R(:,2));
for i=1:N_R_Point
    m2=unique_point_R(i,1);mx=unique_point_R(i,2);
    dx(1,m2)=-(m+1). *log(Rc)*(1/sqrt(Axi*EBU0*MIU))/(2*(Pml_L))*. . .
((mx-min(unique_point_R(:,2)))/(Pml_R))^m;
    kx(1,m2)=1+(K0-1)*(((mx-min(unique_point_R(:,2))))/(Pml_R))^m;
    ax(1,m2)=Amax. *(1-((mx-min(unique_point_R(:,2)))/(Pml_R))^p);
end
%上下边界
j1=1;
[N_Ele_pml_4,~]=size(up);
for i=1:N_Ele_pml_4
    m1=up(i,1);
    point1=elem_node(m1,2);point2=elem_node(m1,3);
    point3=elem_node(m1,4);
    point_U(j1,1:3)=point(point1,1:3);point_U(j1+1,1:3)=point(point2,1:3);
    point_U(j1+2,1:3)=point(point3,1:3);
    j1=j1+3;
end
unique_point_U=unique(point_U,'rows','stable');          %所有上边界节点
[N_U_Point,~]=size(unique_point_U);
Pml_U=max(unique_point_U(:,3))-min(unique_point_U(:,3));
for i=1:N_U_Point
    m2=unique_point_U(i,1);my=unique_point_U(i,3);
    dy(1,m2)=-(m+1). *log(Rc)*(1/sqrt(Axi*EBU0*MIU))/(2*(Pml_U)). . .
*((my-min(unique_point_U(:,3)))/(Pml_U))^m;
    ky(1,m2)=1+(K0-1)*(((my-min(unique_point_U(:,3))))/(Pml_U))^m;
    ay(1,m2)=Amax. *(1-((my-min(unique_point_U(:,3)))/(Pml_U))^p);
end
```

```
j1=1;
[N_Ele_pml_1,~]=size(down);
for i=1:N_Ele_pml_1
  m1=down(i,1);
  point1=elem_node(m1,2);point2=elem_node(m1,3);point3=elem_node(m1,4);
  point_D(j1,1:3)=point(point1,1:3);point_D(j1+1,1:3)=point(point2,1:3);
  point_D(j1+2,1:3)=point(point3,1:3);
  j1=j1+3;
end
unique_point_D=unique(point_D,'rows','stable');          %所有下边界节点
[N_D_Point,~]=size(unique_point_D);
Pml_D=max(unique_point_D(:,3))-min(unique_point_D(:,3));
for i=1:N_D_Point
  m2=unique_point_D(i,1);my=unique_point_D(i,3);
  dy(1,m2)=-(m+1). *log(Rc)*(1/sqrt(Axi*EBU0*MIU))/(2*(Pml_D))*. . .
((max(unique_point_D(:,3))-my)/(Pml_D))^m;
  ky(1,m2)=1+(K0-1)*(((max(unique_point_D(:,3))-my))/(Pml_D))^m;
  ay(1,m2)=Amax. *(1-((max(unique_point_D(:,3))-my)/(Pml_D))^p);
end
%%%%%%%%%%%%%%%%%模型建立信息%%%%%%%%%%%%%%%
I3(1,:)=elem_node(:,2);I3(2,:)=elem_node(:,3);I3(3,:)=elem_node(:,4);
for i=1:3
  Dx(1:NE,i)=dx(I3(i,1:NE));Dy(1:NE,i)=dy(I3(i,1:NE));
  Kx(1:NE,i)=kx(I3(i,1:NE));Ky(1:NE,i)=ky(I3(i,1:NE));
  Ax(1:NE,i)=ax(I3(i,1:NE));Ay(1:NE,i)=ay(I3(i,1:NE));
  Sigama(1:NE,i)=sigama(I3(i,1:NE));
  EBU1(1:NE,i)=ebu1(I3(i,1:NE));EBU2(1:NE,i)=ebu2(I3(i,1:NE));
  A_1(1:NE,i)=a_1(I3(i,1:NE));A_2(1:NE,i)=a_2(I3(i,1:NE));
  A_3(1:NE,i)=a_3(I3(i,1:NE));A_4(1:NE,i)=a_4(I3(i,1:NE));
  A_5(1:NE,i)=a_5(I3(i,1:NE));
  B_1(1:NE,i)=b_1(I3(i,1:NE));B_2(1:NE,i)=b_2(I3(i,1:NE));
  B_3(1:NE,i)=b_3(I3(i,1:NE));B_4(1:NE,i)=b_4(I3(i,1:NE));
  B_5(1:NE,i)=b_5(I3(i,1:NE));
end
%%%%%%%%%%%%%%%%%模型建立完成%%%%%%%%%%%%%%%%%
index=0;
```

```
for i=1:3
    for j=1:3
        ii(index+1:index+NE)=I3(i,:);jj(index+1:index+NE)=I3(j,:);
            for iii=1:NE
                a=elem_node(iii,2);b=elem_node(iii,3);c=elem_node(iii,4);
                xi=point(a,2);yi=point(a,3);
                xj=point(b,2);yj=point(b,3);
                xm=point(c,2);ym=point(c,3);
                ai=yj-ym;bi=xm-xj;ci=xj*ym-xm*yj;
                aj=ym-yi;bj=xi-xm;cj=xm*yi-xi*ym;
                am=yi-yj;bm=xj-xi;cm=xi*yj-xj*yi;
                KI=0. 5*(ai*bj-aj*bi)/12*[2 1 1;1 2 1;1 1 2];
                KII1=1. 0/6*[ai ai ai;aj aj aj;am am am];
                KII2=1. 0/6*[bi bi bi;bj bj bj;bm bm bm];
                KIII=1. 0/(4*0. 5*(ai*bj-aj*bi))*[ai*ai+bi*bi ai*aj. . .
+bi*bj ai*am+bi*bm;aj*ai+bj*bi aj*aj+bj*bj aj*am+bj*bm;. . .
am*ai+bm*bi am*aj+bm*bj am*am+bm*bm];
                sa1(index+iii)=KI(i,j);                                        %M
                sa2(index+iii)=1. 0/(MIU)*KIII(i,j);                          %K
                sa3(index+iii)=1. 0/(MIU)*KII1(i,j);                          %K1
                sa4(index+iii)=1. 0/(MIU)*KII2(i,j);                          %K2
                sa5(index+iii)=Kx(iii,i)*KI(i,j);                             %Cx1
                sa6(index+iii)=(Kx(iii,i)*(Ax(iii,i)+Ay(iii,i))+Dx(iii,i))*KI(i,j);   %Cx2
                sa7(index+iii)=(Kx(iii,i)*Ax(iii,i)*Ay(iii,i)
+Ay(iii,i)*Dx(iii,i)). *KI(i,j);                                              %Cx3
                sa8(index+iii)=(Ky(iii,i)-Kx(iii,i))*KII1(i,j);              %Cx4
                sa9(index+iii)=((Ky(iii,i)-Kx(iii,i))*(Ax(iii,i)+Ay(iii,i))+(Dy(iii,i). . .
-Dx(iii,i)))*KII1(i,j);                                                       %Cx5
                sa10(index+iii)=((Ky(iii,i)-Kx(iii,i))*Ax(iii,i)*Ay(iii,i). . .
+Ax(iii,i)*Dy(iii,i)-Ay(iii,i)*Dx(iii,i)). *KII1(i,j);                        %Cx6
                sa11(index+iii)=Ky(iii,i)*KI(i,j);                           %Cz1
                sa12(index+iii)=(Ky(iii,i)*(Ax(iii,i)+Ay(iii,i))+Dy(iii,i)). *KI(i,j);  %Cz2
                sa13(index+iii)=(Ky(iii,i)*Ax(iii,i)*Ay(iii,i). . .
+Ax(iii,i)*Dy(iii,i)). *KI(i,j);                                              %Cz3
                sa14(index+iii)=(Kx(iii,i)-Ky(iii,i))*KII2(i,j);             %Cy4
                sa15(index+iii)=((Kx(iii,i)-Ky(iii,i))*(Ax(iii,i)+Ay(iii,i))+(Dx(iii,i). . .
```

```
-Dy(iii,i)))*KII2(i,j);                                             %Cz5
            sa16(index+iii)=((Kx(iii,i)-Ky(iii,i))*Ax(iii,i)*Ay(iii,i). . .
+Ay(iii,i)*Dx(iii,i)-Ax(iii,i)*Dy(iii,i))*KII2(i,j);                %Cz6
            sa17(index+iii)=Kx(iii,i)*Ky(iii,i)*KI(i,j);            %C1
            sa18(index+iii)=(Kx(iii,i)*Ky(iii,i)*(Ax(iii,i)+Ay(iii,i)). . .
+Kx(iii,i)*Dy(iii,i)+Ky(iii,i)*Dx(iii,i)). *KI(i,j);                %C2
            sa19(index+iii)=(Kx(iii,i)*Ky(iii,i)*Ax(iii,i)*Ay(iii,i). . .
+Kx(iii,i)*Dy(iii,i)*Ax(iii,i) +Dx(iii,i)*Ky(iii,i)*Ay(iii,i). . .
+Dx(iii,i)*Dy(iii,i))*KI(i,j);                                      %C3
            sa20(index+iii)=(Ax(iii,i)+Ay(iii,i))*KI(i,j);          %C4
            sa21(index+iii)=Ax(iii,i)*Ay(iii,i)*KI(i,j);            %C5
            sa22(index+iii)=EBU0*EBU2(iii,i)*KI(i,j);               %C6
            sa23(index+iii)=Sigama(iii,i)*KI(i,j);                  %C7
            sa24(index+iii)=A_1(iii,i)*KI(i,j);                     %K1,0
            sa25(index+iii)=A_2(iii,i)*KI(i,j);                     %K1,1
            sa26(index+iii)=A_3(iii,i)*KI(i,j);                     %K1,2
            sa27(index+iii)=A_4(iii,i)*KI(i,j);                     %K1,3
            sa28(index+iii)=A_5(iii,i)*KI(i,j);                     %K1,4
            sa29(index+iii)=B_1(iii,i)*KI(i,j);                     %K2,0
            sa30(index+iii)=B_2(iii,i)*KI(i,j);                     %K2,1
            sa31(index+iii)=B_3(iii,i)*KI(i,j);                     %K2,2
            sa32(index+iii)=B_4(iii,i)*KI(i,j);                     %K2,3
            sa33(index+iii)=B_5(iii,i)*KI(i,j);                     %K2,4
            sa34(index+iii)=(EBU1(iii,i)-EBU2(iii,i))*EBU0. . .
*A_1(iii,i)*KI(i,j);                                                %K3,0
            sa35(index+iii)=(EBU1(iii,i)-EBU2(iii,i))*EBU0. . .
*A_2(iii,i)*KI(i,j);                                                %K3,1
            sa36(index+iii)=(EBU1(iii,i)-EBU2(iii,i))*EBU0. . .
*A_3(iii,i)*KI(i,j);                                                %K3,2
            sa37(index+iii)=(EBU1(iii,i)-EBU2(iii,i))*EBU0. . .
*A_4(iii,i)*KI(i,j);                                                %K3,3
            sa38(index+iii)=(EBU1(iii,i)-EBU2(iii,i))*EBU0. . .
*A_5(iii,i)*KI(i,j);                                                %K3,4
        end
        index=index+NE;
    end
```

```
end
GA1=sparse(ii,jj,sa1,ND,ND);GA2=sparse(ii,jj,sa2,ND,ND);
GA3=sparse(ii,jj,sa3,ND,ND);GA4=sparse(ii,jj,sa4,ND,ND);
GA5=sparse(ii,jj,sa5,ND,ND);GA6=sparse(ii,jj,sa6,ND,ND);
GA7=sparse(ii,jj,sa7,ND,ND);GA8=sparse(ii,jj,sa8,ND,ND);
GA9=sparse(ii,jj,sa9,ND,ND);GA10=sparse(ii,jj,sa10,ND,ND);
GA11=sparse(ii,jj,sa11,ND,ND);GA12=sparse(ii,jj,sa12,ND,ND);
GA13=sparse(ii,jj,sa13,ND,ND);GA14=sparse(ii,jj,sa14,ND,ND);
GA15=sparse(ii,jj,sa15,ND,ND);GA16=sparse(ii,jj,sa16,ND,ND);
GA17=sparse(ii,jj,sa17,ND,ND);GA18=sparse(ii,jj,sa18,ND,ND);
GA19=sparse(ii,jj,sa19,ND,ND);GA20=sparse(ii,jj,sa20,ND,ND);
GA21=sparse(ii,jj,sa21,ND,ND);GA22=sparse(ii,jj,sa22,ND,ND);
GA23=sparse(ii,jj,sa23,ND,ND);GA24=sparse(ii,jj,sa24,ND,ND);
GA25=sparse(ii,jj,sa25,ND,ND);GA26=sparse(ii,jj,sa26,ND,ND);
GA27=sparse(ii,jj,sa27,ND,ND);GA28=sparse(ii,jj,sa28,ND,ND);
GA29=sparse(ii,jj,sa29,ND,ND);GA30=sparse(ii,jj,sa30,ND,ND);
GA31=sparse(ii,jj,sa31,ND,ND);GA32=sparse(ii,jj,sa32,ND,ND);
GA33=sparse(ii,jj,sa33,ND,ND);GA34=sparse(ii,jj,sa34,ND,ND);
GA35=sparse(ii,jj,sa35,ND,ND);GA36=sparse(ii,jj,sa36,ND,ND);
GA37=sparse(ii,jj,sa37,ND,ND);GA38=sparse(ii,jj,sa38,ND,ND);
clear sa1 sa2 sa3 sa4 sa5 sa6 sa7 sa8 sa9 sa10 sa11 sa12 sa13 sa14 sa15 sa16 sa17
sa18 sa19 sa20 sa21 sa21 sa22 sa23 sa24 sa25 sa26 sa27 sa28 sa29 sa30 sa31 sa32
sa33 sa34 sa35 sa36 sa37 ii jj I8 KI KII KII1 KII2 KIII1 KIII2
clear RES  XY index i j simgax1 simgax2
%*************************source***********************************%
t=0:tt:T;t0=1/freq;
s=(1-2*(pi. *freq. *(t-t0)). ^2). *(exp(-((pi. *freq. *(t-t0)). ^2)))/(4*EBU0*MIU);%
雷克子波
n=length(s);                                %向量s的长度，传播时刻
Px=zeros(ND,n);Py=zeros(ND,n);
Q=zeros(ND,n);R=zeros(ND,n);E=zeros(ND,n);J=zeros(ND,n);
%*********************iteration of electral field***********************%
%迭代
tol=1*10^(-10);                                      %迭代精度
maxit=1000;                                          %最大迭代次数
[LTE1,UTE1]=lu(1. 0/(tt^2)*GA1,0);
```

```
[LTE2,UTE2]=lu(1. 0/(tt^2)*GA5+1. 0/(2*tt)*GA6+1. 0/4*GA7,0);
[LTE3,UTE3]=lu(1. 0/(tt^2)*GA11+1. 0/(2*tt)*GA12+1. 0/4*GA13,0);
[LTE4,UTE4]=lu(1. 0/(tt^2)*GA17+1. 0/(2*tt)*GA18+1. 0/4*GA19,0);
[LTE5,UTE5]=lu(1. 0/(2*tt)*GA22,0);
[LTE6,UTE6]=lu(((1. 0/(2*tt)*GA25)+(1. 0/(tt^2)*GA26)+(1. 0/(2*tt^3)*GA27)...
+(1. 0/(2*tt^3)*GA32)+(1. 0/(2*tt)*GA30)+(1. 0/(tt^2)*GA31)...
+(1. 0/(tt^4)*GA28)+(1. 0/(tt^4)*GA33)),0);
for II=128819                          %选取节点编号设置激励源位置
  riker=zeros(ND,n);riker(II,:)=s(:);riker=sparse(riker);
  for I=6:n
    b1=(2. 0/(tt^2)*GA1)*Q(:,I-1)-1. 0/(tt^2)*GA1*Q(:,I-2)+GA3*Px(:,I-1)...
      +GA4*Py(:,I-1)-GA2*E(:,I-1)+riker(:,I-1);
    [x1,res1,res2]=bicgstab(1. 0/(tt^2)*GA1,b1,tol,maxit,LTE1,UTE1);
    Q(:,I)=x1;
    b4=(2. 0/(tt^2)*GA17-1. 0/2*GA19)*R(:,I-1)(1. 0/(tt^2)*GA17...
-1. 0/(2*tt)*GA18+1. 0/4*GA19)*R(:,I-2)+(1. 0/(tt^2)*GA1+1. 0/(2*tt)*GA20...
+1. 0/4*GA21)*Q(:,I)-(2. 0/(tt^2)*GA1-1. 0/2*GA21)*Q(:,I-1)...
+(1. 0/(tt^2)*GA1-1. 0/(2*tt)*GA20+1. 0/4*GA21)*Q(:,I-2);
    [x4,res7,res8]=bicgstab(1. 0/(tt^2)*GA17+1. 0/(2*tt)*GA18...
+1. 0/4*GA19,b4,tol,maxit,LTE4,UTE4);
    b6=-(GA24+GA29-(2. 0/(tt^2)*GA26)-(2. 0/(tt^2)*GA31)...
-(1. 0/(tt^3)*GA27)-(1. 0/(tt^3)*GA32)-(4. 0/(tt^4)*GA28)...
-(4. 0/(tt^4)*GA33))*J(:,I-1)+((1. 0/(2*tt)*GA25)+(1. 0/(2*tt)*GA30)...
-(1. 0/(tt^2)*GA26)-(1. 0/(tt^2)*GA31)-(6. 0/(tt^4)*GA28)...
-(6. 0/(tt^4)*GA33))*J(:,I-2)-((1. 0/(tt^3)*GA27)+(1. 0/(tt^3)*GA32)...
-(4. 0/(tt^4)*GA28)-(4. 0/(tt^4)*GA33))*J(:,I-3)+((1. 0/(2*tt^3)*GA27)...
+(1. 0/(2*tt^3)*GA32)-(1. 0/(tt^4)*GA28)-(1. 0/(tt^4)*GA33))*J(:,I-4)...
+(GA34+1. 0/(2*tt)*GA35+1. 0/(tt^2)*GA36+1. 0/(2*tt^3)*GA37...
+1. 0/(tt^4)*GA38)*E(:,I-1)-(2. 0/(tt^2)*GA36+1. 0/(tt^3)*GA37...
+4. 0/(tt^4)*GA38)*E(:,I-2)-(1. 0/(2*tt)*GA35-1. 0/(tt^2)*GA36...
-6. 0/(tt^4)*GA38)*E(:,I-3)+(1. 0/(tt^3)*GA37-4. 0/(tt^4)*GA38)*E(:,I-4)...
-(1. 0/(2*tt^3)*GA37-1. 0/(tt^4)*GA38)*E(:,I-5);
    [x6,res11,res12]=bicgstab(((1. 0/(2*tt)*GA25)+(1. 0/(tt^2)*GA26)...
+(1. 0/(2*tt^3)*GA27)+(1. 0/(2*tt^3)*GA32)+(1. 0/(2*tt)*GA30)...
+(1. 0/(tt^2)*GA31)+(1. 0/(tt^4)*GA28)+(1. 0/(tt^4)*GA33)),...
b6,tol,maxit,LTE6,UTE6);
```